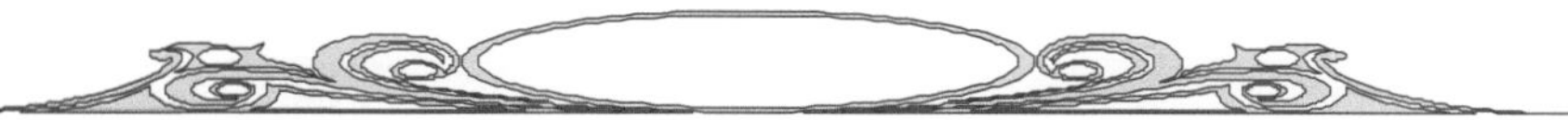

Britta Kienle

Tarot leicht erlernbar

Kompaktkurs
einfach und schnell mit den großen Arkanen

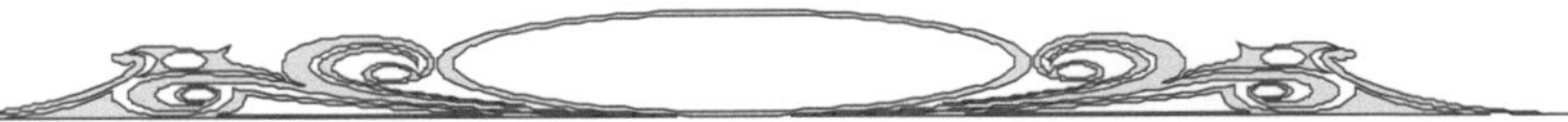

Herstellung:
Books on Demand
Norderstedt

ISBN: 978-3-936568-20-2

www.brika-verlag.de

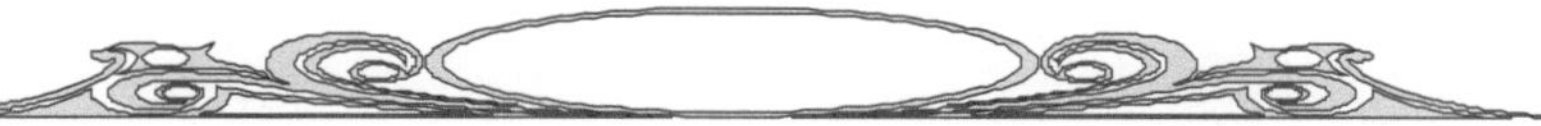

Liebe Leserin, lieber Leser,

das vorliegende Lehrbuch bietet Ihnen einen Leitfaden für den professionellen Umgang mit Karten. Jeder Mensch ist ein Individuum.
Dies bedeutet unter anderem, dass jede/r Kartenleger/in im Laufe der Zeit sein oder ihr persönliches System entwickeln wird.

Es gibt kein allgemeingültiges Rezept, wie oder womit Sie Ihre Beratungen durchführen können.

Daher kann seitens des Verlages oder der Autorin für eventuell ergebende Fehlinterpretationen oder Fehlberatungen der Leserschaft keine Verantwortung übernommen werden.

Abbildungsnachweis: Mlle. Lenormand Wahrsagekarten©AGM AGMüller Neuhausen/Schweiz. Weitere Reproduktion nicht gestattet.

Quellennachweis: Günter Hager, Numerologie und Tarot Urania Verlag, 1992. ISBN 3-908 644-84-4 (mit freundlicher Genehmigung des Urania Verlages)

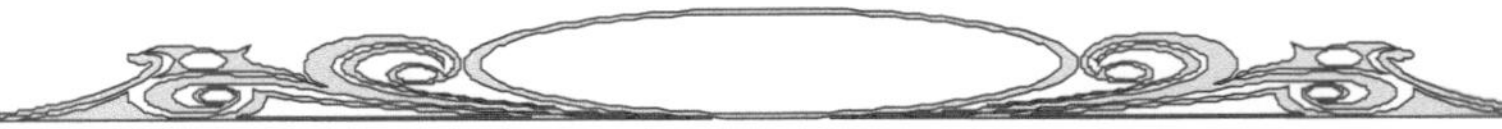

Inhalt

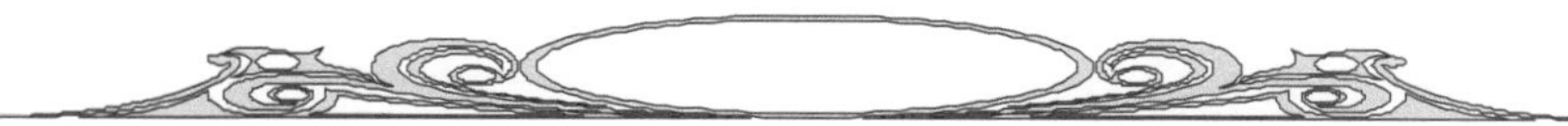

Vorwort

Lieber Kartenleger, Lieben Kartenlegerin!

Über 20 Jahre ist es nun her, dass ich meinen ersten Tarotkurs besuchte und begann, mich mit diesem Wahrsagekartensystem auseinander zu setzen.

In diesem Kurs wurden wir angehalten, gleich zu Beginn zur Übung eine Tageskarte zu ziehen.

Meine damalige Lebenslage war alles andere als rosig. Die Mauern meines Lebens begannen zu diesem Zeitpunkt gewissermaßen zu bröckeln.
Alles, was ich mir aufgebaut hatte, war im Zerfall begriffen.

Faszinierenderweise zog ich gleich als allererste Karte die Turmkarte, die genau diese Situation beschreibt.
Unter diesem Motto stand also nicht nur meine allererste Tarotstunde, sondern auch mein gesamtes Leben.

Auch im weiteren Verlauf des Kurses schienen sich diese Ereignisse zu wiederholen, so dass sich am Ende ein Gesamtbild ergab, das mein Leben an sich, mit all seinen Verwicklungen und möglichen Lösungen aufzeichnete.

So lernte ich in diesem Kurs nicht nur die Karten, sondern auch mich selbst besser kennen und verstehen.

Diese Erfahrung faszinierte mich so sehr, dass ich neben den von mir hauptsächlich genutzten Lenormand-Wahrsagekarten auch immer wieder zu meinem Tarotdeck griff.

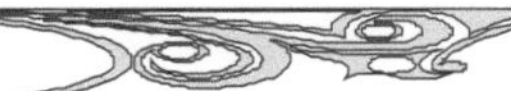

Allerdings fiel es mir von Anbeginn an schwerer, mich mit diesen Karten auseinanderzusetzen, als mit den Karten der Madame Lenormand, da die Aussagen der Lenormand-Karten weit weniger geheimnisvoll, dafür aber klar und präzise sind.

Auch meine Besuche in Bibliotheken und auf Esoterikmessen brachten mich in dieser Sache kaum weiter.

Die meisten Bücher, die ich zu diesem Thema in die Hände bekam, waren für mich selbst schwer nachzuvollziehen und mir mangelte es an der nötigen Geduld, mich lange und ausführlich genug in die Thematik hineinzuknien.

Auch die ebenso zahlreichen Kurse, die ich zu dieser Thematik besuchte, vermochten es nicht, mich wesentlich weiter zu bringen.

Mir fehlte einfach der rechte Einstieg, das für mich persönlich nachvollziehbare System, eine klare Struktur, an der ich mich entlang hangeln konnte.

Im Gegensatz dazu erlernte ich den Umgang mit den Lenormand-Karten quasi im Handumdrehen.

Diese Art der Kartendeutung lag mir einfach mehr als das Geheimnisumwobene des Tarots.

Das Tarot ist ein komplexes System aus einer Vielzahl von Karten und Zusammenhängen, das mich in seiner Undurchschaubarkeit zu diesem Zeitpunkt überforderte.

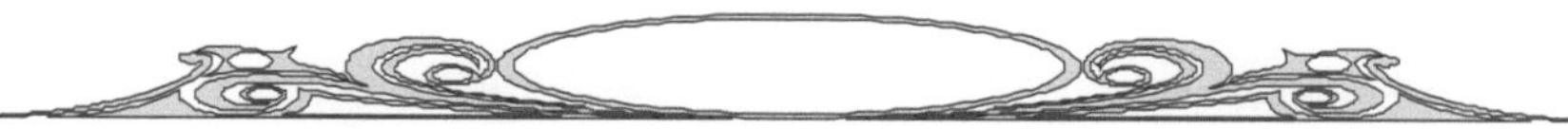

Kartenlegern, die das Deuten dieser Karten beherrschten, begegnete ich mit viel Respekt, fragte mich zugleich aber auch immer wieder, ob es nicht auch eine Möglichkeit gäbe, das Tarotsystem zu vereinfachen und verständlicher zu machen.

Ein enges Mitglied meiner Familie, ein hoch begabter Wissenschaftler, löste bei mir zuweilen ein ähnliches Gefühl aus.

Bei Gesprächen oder Telefonaten überschwemmte er mich zuweilen geradezu mit Formulierungen und speziellen Termini, die er in seinem beruflichen Umfeld täglich nutzte, und die dort auch zur normalen Alltagssprachen gehörten.

Ich selbst fühlte mich von all diesen Fremdwörtern und Formulierungen jedoch häufig überfordert.

Immer wieder mahnte ich ihn deshalb, doch in klaren und einfachen Worten auszudrücken, was er mir eigentlich sagen wollte.

Wer mit dem Kartenlegen beginnt, braucht einen klaren und einfachen Leitfaden, der ihn durch das Labyrinth der Interpretationsmöglichkeiten und Kartenbedeutungen führt.

Unter den zahlreichen Tarotbüchern, die ich mir im Laufe der Jahre zulegte, befand sich auch ein kleines, einfach verarbeitetes Taschenbuch, das mir persönlich jedoch den größten Nutzen brachte.

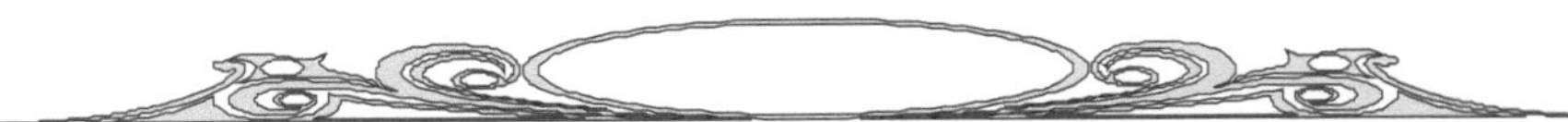

Wie schon die von mir verfassten Bücher über das Wahrsagen mit den Karten der Madame Lenormand, so arbeitete auch dieses kleine Büchlein mit Schlüsselwörtern und wies einen leicht verständlichen und umsetzbaren sprachlichen Stil auf.

Ich beschloss diese von mir bisher genutzte Vorgehensweise auch im Umgang mit den Tarotkarten aufzugreifen und ein System aus Stichworten und möglichen Interpretationen zu schaffen, das leicht nachzuvollziehen war und den Einstieg in die Welt der Tarotkarten nachvollziehbar und verständlich machte.

Wie bereits bei der Legung mit den Lenormand-Karten, so galt es auch hier für mich zwei Grundfragen zu klären:

- Was will mir diese Karte sagen?
- Wie kann ich sie sinnvoll in einen Gesamtzusammenhang einordnen?

Nach einiger Zeit gelang es mir, ein System zu schaffen, aufgrund dessen sich auch die Tarotkarten von einem Anfänger auf einfache Weise erlernen und interpretieren lassen.

Im vorliegenden Band meiner Serie Kartenlegen leicht erlernbar möchte ich dieses System nun auch an alle interessierten Kartenleger weitergeben.

Ich wünsche Ihnen daher an dieser Stelle viel Erfolg mit meinem Buch

Tarot leicht erlernbar

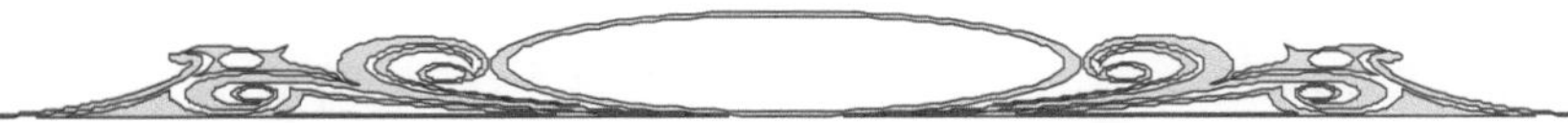

In diesem Band befassen wir uns lediglich mit den großen Arkanen, die Ihnen die nötigen Antworten auf Ihre Fragen vermitteln können.

Zu jeder dieser Karten werde ich Ihnen nicht nur die erwähnten Stichwörter, sondern auch gleich eine kleine Interpretationshilfe mit auf den Weg geben.

Diese Art der Aufstellung finden Sie auch in meinem Buch Zigeuner-Wahrsagekarten leicht erlernbar.

Da sich diese Technik bewährt und viel Anklang gefunden hat, habe ich sie auch im vorliegenden Werk angewandt.

Diese Interpretationen können Sie zur Klärung von Fragen zu Themenbereichen, wie etwa

- *allgemeine Charaktereigenschaften*
- *Liebe*
- Arbeit
- *Geld usw.*

anwenden.

Wichtig:
Lassen Sie auch diesmal wieder Ihrer Intuition freien Lauf und hören Sie auf das, was Ihr Gefühl Ihnen zur jeweiligen Karte sagt.
Achtung:
Bei der Tarotlegung sollten Sie sich nicht nur mit der Frage an sich, sondern auch der bestehenden Gesamtsituation auseinandersetzen.
Ebenfalls sollten Sie beachten, keine Ja/Nein. Fragen zu stellen.

Bitte interpretieren Sie die Aussagen der Karten wie immer mit Ihren eigenen Worten und lassen Sie sich nicht verunsichern, wenn meine Musterlösung einmal nicht genau mit Ihrer Interpretation übereinstimmen sollte.

Lediglich der Sinn der beiden Aussagen sollte sich decken, die Formulierung selbst bleibt Ihnen selbstverständlich persönlich überlassen.

Sollte Ihnen der Band nicht ausreichen, würde ich Ihnen zur Vertiefung weiterführende Lektüre empfehlen.

Im Handel sind zahlreiche gute Tarotbücher erhältlich, die Sie auf Ihrem weiteren Weg zum Tarotkenner begleiten werden.

Die Kehrbedeutungen der Karten

Sicherlich kennen Sie den Ausspruch „Wo Licht ist, ist auch Schatten!".

Jede Situation, jede Sache und jedes Individuum hat eine helle und eine dunkle Seite.
Jede Eigenschaft kann auf eine positive und eine negative Weise interpretiert werden, je nachdem, von welcher Warte aus sie betrachtet wird.

Dies gilt auch im Umgang mit den Tarotkarten.

Jede Aussage, die Ihnen eine einzelne Karte vermittelt kann sowohl gut, als auch unwillkommen für Sie sein.

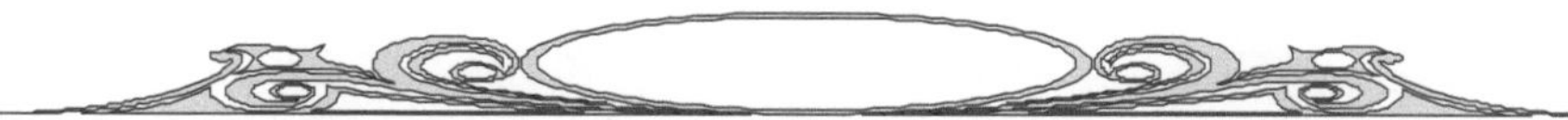

Was Ihnen persönlich nutzt, kann einem anderen hingegen Schaden zufügen.

Achten Sie deshalb immer darauf, in welcher Position sich die Karte bei Ihrer Legung befindet!

Liegt die Karte richtig herum, so werden ihre Eigenschaften durchweg positiv gedeutet.
Steht sie hingegen auf dem Kopf, so müssen die Eigenschaften der Karte eher negativ gedeutet werden.

Die jeweilige positive oder negative Bedeutung finden Sie unter der entsprechenden Karteaussage aufgelistet.

12
Der Gehängte

12
Der Gehängte

TIPP:
Viele Kartenleger fürchten sich geradezu vor umgedreht liegenden Karten.
Sobald sie sehen, dass eine der Karten auf dem Kopf steht, beginnen sie, sich innerlich zu verkrampfen, da sie eine schlimme Aussage befürchten.

Stellen Sie sich die Karte noch einmal vor und machen Sie sich klar, welche grundsätzlichen Eigenschaften ihr zugeordnet werden.

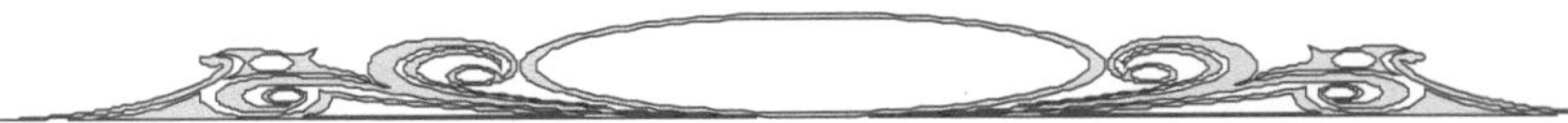

In der Regel handelt es sich bei der Kehrbedeutung um dieselben Grundcharakteristika, allerdings in überzogener und viel zu dominanter Form.

Die umgedreht liegende Karte warnt uns also davor, allzu übertrieben zu reagieren und dabei das rechte Maß, den Bezug zur Realität aus den Augen zu verlieren.

Dann kann alles wieder gut werden.

Insofern geben es uns auch auf
dem Kopf stehende Karten
einen guten Rat,
der uns letzten Endes zum Erfolg führen
kann.

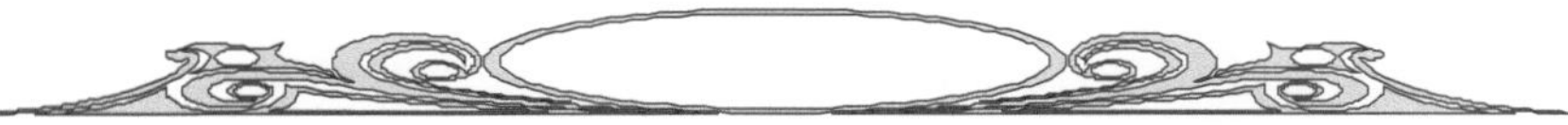

Die Bedeutung der Tarotkarten heute

Heutzutage gilt das Tarot als das Wahrsagekartenset schlechthin.

Fast jeder, der sich schon einmal mit diesem Thema befasst hat, hat mindestens eines dieser mittlerweile sehr zahlreichen Kartensets bei sich zuhause.

Die Zahl der im Handel erhältlichen unterschiedlichen Tarotkartensets beläuft sich mittlerweile auf etwa 200 Stück, von denen das Rider, das Waithe und das Crowley-Tarot wohl die bekanntesten sind.

Auch die Literatur über dieses Wahrsagesystem könnte mittlerweile wahrscheinlich ganze Bibliotheken füllen.

Gerade diese Vielzahl an Werken trägt allerdings nicht unerheblich zur Verwirrung vieler Anfänger auf dem Gebiet der Tarotkartenlegungen bei, da die Karten je nach Werk und Autor nicht nur unterschiedlich benannt, sondern auch unterschiedlich gedeutet werden.

So hat Rider beispielsweise die Reihenfolge der Karten in seinem Deck geändert, und das altägyptische Ur-Tarot weicht bezüglich der Benennungen der einzelnen Arkanen von den moderneren Tarotsets ab.

Einige Beispiele hierfür wären:

Der Hohepriesert → der Papst, der Priester, der Hierophant
Die Welt → das Weltalter, das Aeon
Die Mäßigkeit → der Ausgleich

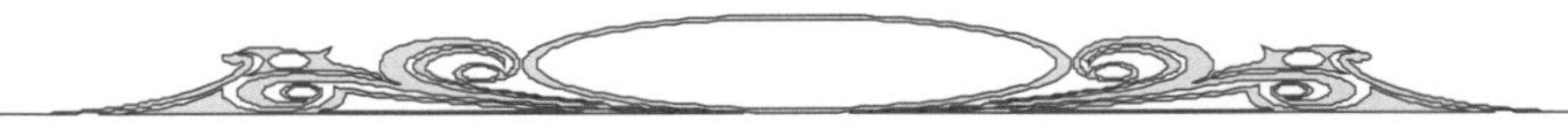

Auch die Deutungen können unterschiedlich ausfallen.

Im Laufe der Zeit wird jeder Interessierte jedoch ohnehin ein ganz eigenes Gefühl für die Karten und ihre jeweilige Bedeutung entwickeln.

Weshalb also ein weiteres Werk über die Tarotkarten?

Viele zunächst interessierte Kartenleger lassen die Tarotkarten aufgrund des allzu komplizierten Systems recht bald wieder hinter sich und wenden sich anderen Orakeln zu.

Auch die große Anzahl an Karten mit ihren oft unklaren, symbolischen Bedeutungen trägt nicht eben zur Vereinfachung der Angelegenheit bei.

Aus diesem Grund habe ich mich entschlossen ein Werk zu verfassen, das jedem am Kartenlegen interessierten Menschen die Möglichkeit gibt, anhand eines klaren, einfachen und logisch strukturierten Systems den Umgang mit den Tarotkarten von Grund auf zu erlernen.

So enthält dieses Buch nicht nur die Bedeutungen der Karten im Einzelnen, sowie mögliche Legesysteme, sondern vor allem auch zahlreiche Übungen, die Ihnen helfen werden, das Gelesene auch zu verinnerlichen und praktisch umzusetzen.

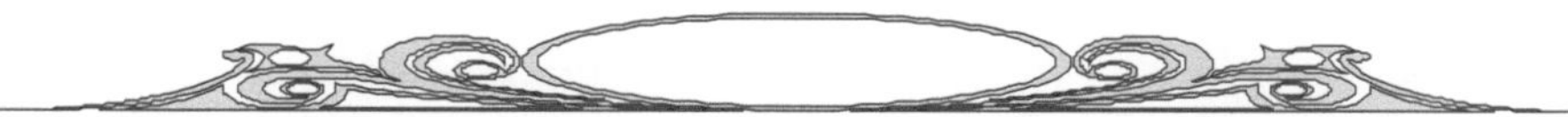

Das Tarotkartenlegen erfordert weder besonderes Geschick, noch magische Fähigkeiten.

Lediglich drei Dinge sind von Nöten:

- ein Grundverständnis für die Karten
- Intuition und Phantasie
- die Bereitschaft, stetig mit den Karten zu üben.

Sicherlich lässt sich das Wahrsagen mit Karten auch mit Hilfe dieses Systems nicht von heute auf morgen und ohne stetes Üben erreichen.

Jedoch besteht keinerlei Veranlassung, die Anwendung dieser Karten unnötig zu verkomplizieren und damit für viele Menschen geradezu unmöglich zu machen.

Zunächst einmal sehe ich keinerlei Grund, Sie bereits an dieser Stelle mit den zuweilen recht bildhaften und komplizierten Bedeutungen aller 78 Karten zu überfallen.

Wer zur Deutung jeder einzelnen Karte zunächst einmal sein Handbuch heranziehen und einen langen Text über die mögliche Bedeutung nachschlagen muss, blockiert sowohl sich selbst, als auch seine Intuition.
Leider ist dieses Verfahren jedoch auch nach vielen Jahren noch immer gängige Praxis bei einer Vielzahl von Hobbykartenlegern.

Auf diese wiese kann man sich und sein Unterbewusstsein nicht frei entfalten und wird kein befriedigendes Ergebnis erhalten.

Daher habe ich mich entschlossen, zunächst einmal mit den 22 großen Arkanen zu arbeiten und Ihnen deren Bedeutung in einfach zu erlernenden Legeweisen nahe zu bringen.

Dies ist in den meisten Fällen ausreichend zur Befragung Ihrer Tarotkarten.

Erst nachdem Sie sich im Umgang mit diesen Karten sicher und frei bewegen können, macht es Sinn, die übrigen Arkanen und Hofkarten zur Legung hinzuzuziehen.

Ich wünsche Ihnen nun viel Erfolg mit dem von Ihnen gewählten Tarotspiel und möchte Ihnen an dieser Stelle den Rat mit auf den Weg geben, die Angst vor den Tarotkarten so schnell wie möglich zu verlieren.

Machen Sie sich das Folgende bitte immer wieder klar:

Weder sind diese Karten besonders kompliziert, noch sollte Ihnen irgendeine unangenehme, mystische Macht angedichtet werden.

Die Karten selbst können Ihnen lediglich dabei helfen, den Zugang zu Ihrem Unterbewusstsein wieder zu aktivieren und vermehrt auf Ihre Intuition und Ihr Bauchgefühl zu hören.

Was Sie sich selbst gegenüber nicht preisgeben wollen, können Ihnen auch die Karten nicht vermitteln.

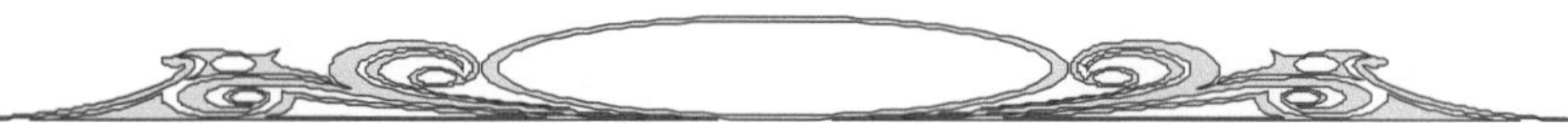

Fürchten Sie sich also nicht vor dem, was da kommen möge, sondern nehmen Sie den Rat der Karten zum Anlass, sich Gedanken zu dem von Ihnen aufgeworfenen Thema zu machen.

Ihr Unterbewusstsein kennt die Antworten auf Ihre Fragen ohnehin bereits. Die Frage ist nur, inwieweit Sie selbst bereit sind, sich diese Antworten einzugestehen.

Übrigens:
Einige Tarotsets beginnen die großen Arkanen mit der Karte des Magiers, andere wiederum mit der des Narren.
Dies ist lediglich eine Frage der Einstellung des jeweiligen Herstellers und sollte keinerlei Einfluss auf Ihre persönliche Legeweise haben.

Tipp:
Auf den Karten der 22 großen Arkanen finden Sie sowohl weibliche als auch männliche Gestalten abgebildet.
Diese beziehen sich jedoch nicht auf weibliche oder männliche Personen, sondern können auf beide Geschlechter gleichermaßen angewandt werden.

Die Namen und Bilder der Karten stellen lediglich Symbole für menschliche Eigenschaften dar.
So kann auch ein Mann durchaus die Tatkraft und das Selbstbewusstsein der Herrscherin besitzen und eine Frau genauso theoretisch und weltfremd denken, wie es der Hohepriester tut.

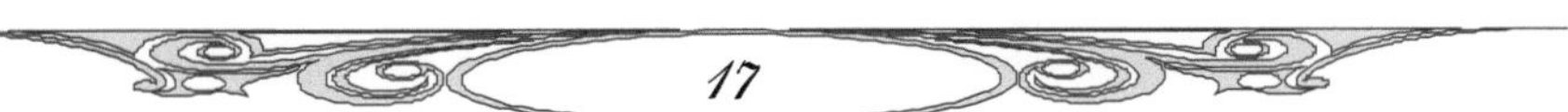

Die Bedeutung der 22 großen Arkanen mit Interpretationshilfe

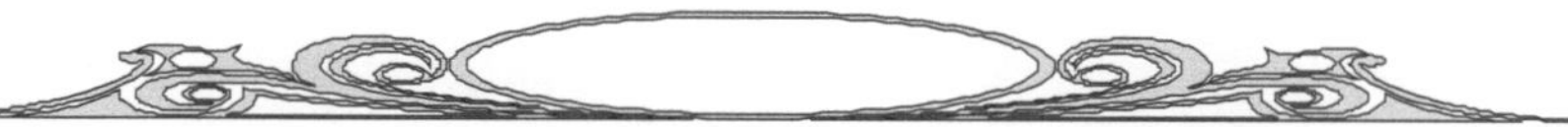

Bitte beachten Sie, dass einige Tarot -Kartensets mit der Karte des Narren beginnen.
Diese Karte trägt dann die Ziffer 0.

Die 22 Großen Arkanen lauten wie folgt:

1 Der Magier

2 Die Hohepriesterin

3 Die Herrscherin

4 Der Herrscher

5 Der Hohepriester

6 Die Liebenden

7 Der Wagen

8 Die Gerechtigkeit (bei einigen Sets findet sich hier auch die Karte *Die Kraft*)

9 Der Einsiedler (Eremit)

10 Das Rad

11 Die Kraft (bei einigen Sets auch *Die Gerechtigkeit*)

12 Der Gehängte

13 Der Tod

14 Der Ausgleich

15 Der Teufel

16 Der Turm

17 Der Stern

18 Der Mond

19 Die Sonne

20 Das Gericht

21 Die Welt

22 / 0 Der Narr

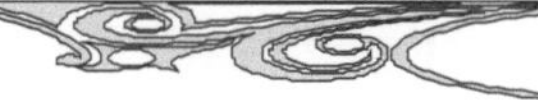

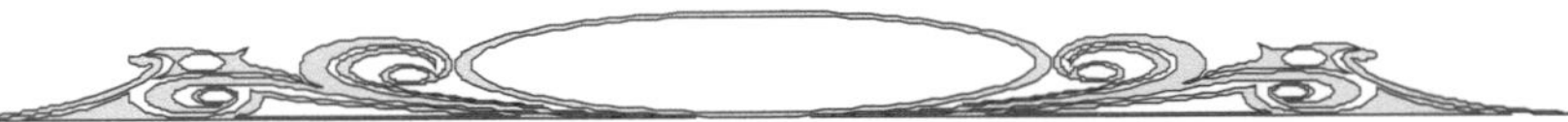

Die Bedeutungen der einzelnen Tarotkarten in Kurzform
~aufrecht~

Der Magier
geschickt
clever
selbstsicher
willenstark
guter Redner
überzeugend

Die Hohepriesterin
mächtig, weise
Vernunft
Spiritualität
gute Ratshchläge
Hilfsbereitschaft

Die Kaiserin
Fortschritt
Entwicklung
Schutz, Treue
schöpferisch
Selbstsicherheit
tatkräftig
delegationsfähig

Der Kaiser
Willenskraft
Autorität
Ausdauer
Disziplin
Ordnung
Vorgesetzter
Vaterfigur

Der Hohepriester
Gnade
guter Ratgeber
Wissen
geistiger Führer
intellektuell

Die Liebenden
Entscheidung
Prüfung
Lebensweg
Suche
Harmonie
Verbindung von
Herz und Kopf

Der Wagen
Durchsetzungs-
vermögen
Kraft
Sieg
Erfolg

Gerechtigkeit
Abwägung
Prüfung
Vernunft
Verstand
Gleichgewicht

Der Eremit
Ruhe
Zurückgezogen-
heit
Überlegungen
Rückbesinnung
Schlichtheit

Das Rad des Schicksals
Lebensweg
Schicksal
Vorankommen
Kreislauf des
Lebens
Auf und Ab

Kraft
Kraft,Stärke
Mut
Kräftegleich-
gewicht
innere Ausge-
glichenheit

Der Gehängte
Kopfstand
Perspektiven-
wechsel
Umkehrung
neue Horizonte
Völlige
Veränderung

Der Tod
Neubeginn
neue Chance
etwas ist end-
gültig vorüber
Loslösung

Mäßigkeit
Sparsamkeit
Anpassung
das richtige Maß
finden
Bescheidenheit

Der Teufel
Urinstinkte
Intuition
Überlebenstrieb
Sexualität

Der Turm
Zerstörung
Unglück
Not, Ruin
Enttäuschung
Selbstüber-
schätzung

Der Stern
Neue
Hoffnungen
neues
Selbstvertrauen
Licht am Ende
des Tunnels
Leuchtfeuer

Der Mond
Dunkelheit
Undurch-
schaubarkeit
Einsamkeit
Kummer
kranke Gefühle
Depression

Die Sonne
Erfolg
Geld
Gewinn
Hoffnung
Freude
guter Ausgang

Gericht
Entscheidung
Urteil
Ergebnis
Ausgang
Neuanfang

Die Welt
das
Allumfassende
Vollendung
Summe aller
Erfahrungen
das große Ziel

Der Narr
Kindlichkeit
Naivität
Bauchgefühl
vor Vernunft
unerwartetes
Handeln

Die Bedeutungen der einzelnen Tarotkarten in Kurzform ~umgekehrt~

Der Magier
täuscht
lügt
stielt
auf seinen Vorteil bedacht
Scharlatan

Die Hohepriesterin
schlechte Ratschläge
Schwäche
keine Vernunft
unlogisch
Helfersyndrom

Die Kaiserin
Festgefahrenheit
übereilte Handlungen
Arroganz
Starre statt Stärke

Der Kaiser
Tyrann
Gewalt
Hochmut
Missbrauch von Recht und Ordnung

Der Hohepriester
Theoretiker
weltfremd
unflexibel
Dogmatiker
unzeitgemäß

Die Liebenden
unausgereifte Entscheidungen
übertriebene Erwartungen
Verblendung

Der Wagen
Kampf
Rücksichtslosigkeit
Grausamkeit
Niederlage

Gerechtigkeit
Ungerechtigkeit
unüberlegtes Handeln
falsche Entscheidungen
Ungleichgewicht
Disbalance

Der Eremit
Abkapselung
Rückzug aus dem Leben
Einsamkeit
Kargheit

Das Rad des Schicksals
falsche Richtung
Gegenbewegung
versäumte Chance
Rückschlag
falscher Weg

Kraft
Ungleichgewicht
Gefühl der Zerrissenheit
Verlust der Balance
Schwäche

Der Gehängte
Mob
Pöbel
Hilflosigkeit
Auslieferung
Einer gegen alle

Der Tod
Ende
Verlust
Fäulnis
Zerstörung
etwas geht kaputt

Mäßigkeit
Geiz
Zurückschrauben gerechtfertigter Ansprüche
Demut
Interessenskonflikte

Der Teufel
Wut
unzügelbare Kraft
unterdrückte Triebe
blinde Rage

Der Turm
Zerstörung
Unglück
Not, Ruin
Enttäuschung
Selbstüberschätzung

Der Stern
trügerische Hoffnung
Arroganz
Überheblichkeit
Einbildung
Hochmut
Scheinwelt

Der Mond
Dunkelheit
Undurchschaubarkeit
Einsamkeit
Kummer
kranke Gefühle
Depression

Die Sonne
Erfolg
Geld
Gewinn
Hoffnung
Freude
guter Ausgang

Gericht
unangenehmes Ergebnis
Ungerechtigkeit
sich fügen müssen
schlechte Resultate

Die Welt
Ungleichgewicht
vergebliche Mühe
Ziellosigkeit
Verzettelung
Irrfahrt

Der Narr
Kindlichkeit
Naivität
Bauchgefühl vor Vernunft
unerwartetes Handeln

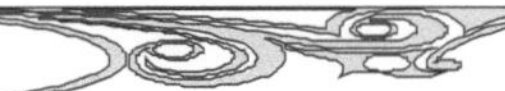

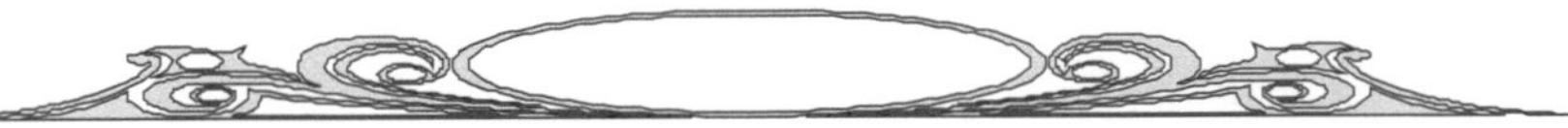

1 Der Magier
Allgemeine Charaktereigenschaften

geschickt, clever
selbstsicher, willenstark
guter Redner, überzeugend

Der Magier

Ein geschickter, cleverer, selbstsicherer, willenstarker Mensch mit der Fähigkeit, seine Mitmenschen zu überzeugen und für eine Sache zu begeistern.

Der Magier ist ein guter Redner, der seine Worte geschickt einzusetzen vermag. Er ist somit wie geschaffen für eine Arbeit als Politiker oder Journalist.

Der Magier – umgekehrt

täuscht, lügt, stiehlt
auf seinen Vorteil bedacht
Scharlatan

Der Magier – umgekehrt

Liegt die Karte umgekehrt, so setzt der Magier seine Fähigkeiten geschickt zu seinem eigenen Vorteil ein.

Unbemerkt manipuliert er seine Mitmenschen und schafft es, ihnen, wo nötig, ein „x“ für ein „u“ vorzumachen.

Er besitzt die Fähigkeit, andere zu täuschen und zu belügen, sie unbemerkt ihrer Habseligkeiten zu berauben und vermag sein Gewissen in vielen Dingen auszuschalten.

Achtung: Der Magier ist ein Mensch, der seine Umgebung leicht manipulieren oder täuschen kann. Er setzt seine Worte geschickt ein und vermag sich unbemerkt über Regeln und Konventionen hinweg zu setzen.

Tipp: Stellen Sie sich einen Jahrmarktsgaukler vor – oder einen Vertreter, der es schafft, Eskimos einen Kühlschrank zu verkaufen.

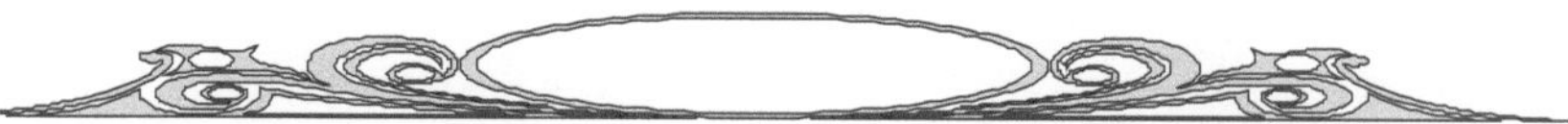

Interpretationshilfe
In Bezug auf

- ***Liebe***

positiv:
Findet die richtigen Worte
guter Liebhaber / gute Liebhaberin
macht Komplimente
negativ:
untreu
egoistisch
lügt, um Diskussionen aus dem Weg zu gehen

- ***Finanzen***:

positiv:
geschickt im Umgang mit Geld
negativ:
skrupellos
raffinierter Verhandlungspartner
manipuliert Daten, hinterzieht Gelder

- ***Beruf***:

positiv:
Verhandlungsgeschick
guter Verkäufe/r / Verkäuferin
geschickter Vertreter / geschickte Vertreterin
negativ:
täuscht Erfolge vor
unseriöse/r Verkäufer/Verkäuferin

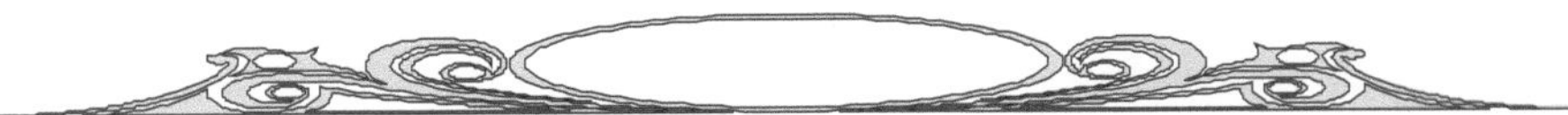

2 Die Hohepriesterin
Allgemeine Charaktereigenschaften

Macht
Weisheit, Vernunft
Spiritualität
gute Ratschläge
Hilfsbereitschaft

Die Hohepriesterin
Die Hohepriesterin ist eine sehr spirituelle und weibliche Person. Sie steht für Intuition, Feingefühl und den Zugang zu unserer Seele.
Diese Figur ist hilfsbereit und vertrauenswürdig, eine Art gute Fee, die unsere Gefühle kennt und versteht.
Geheimnisse vermag sie für sich zu behalten und wer ihren Ratschlag beherzigt, wird nicht enttäuscht werden.

Die Hohepriesterin – umgekehrt

schlechte Ratschläge
Schwäche
keine Vernunft, unlogisch
Helfersyndrom

Die Hohepriesterin – umgekehrt
Steht die Hohepriesterin auf dem Kopf, so kehren sich die positiven Eigenschaften der Karte ins Gegenteil um.
Die Ratschläge, die uns diese Person erteilt, sind weder durchdacht, noch sinnvoll.
Sie hat den Kontakt zu ihrem Unterbewusstsein verloren und ähnelt so eher einer Hobbyhexe als einer weisen Frau.

Tipp: Die Hohepriesterin ist eine geborene Briefkastentante, die stets zur Stelle ist, wenn man sich Sorgen von der Seele reden möchte. Benötigt man praktische Hilfe, ist sie allerdings die falsche Person. Hier wäre eher die Herrscherin gefragt.

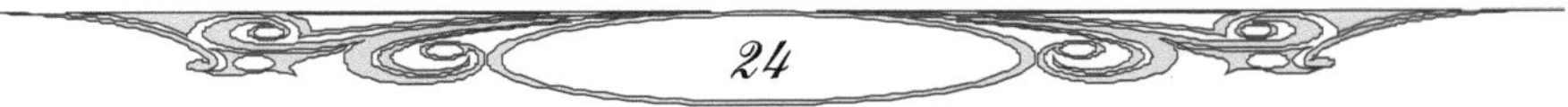

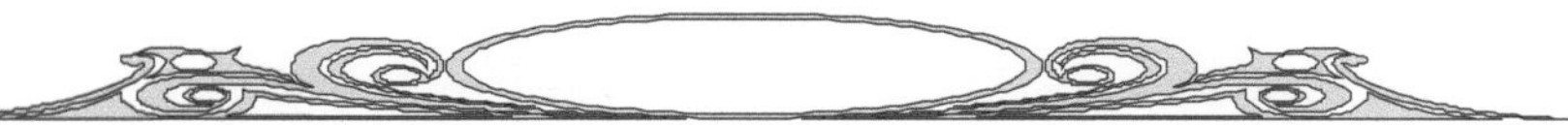

Interpretationshilfe
In Bezug auf

- ***Liebe***

positiv:
einfühlsam
faszinierendes Wesen
vertrauenswürdige Person
negativ:
unlogisch
macht unhaltbare Vorwürfe
festgefahrene Vorstellungen

- ***Finanzen***:

positiv:
Vernünftiger, vorsichtiger Umgang mit Geld
negativ:
übereilte Ausgaben
übereifrig im Umgang mit Geld
Neigt dazu, sich aus Hilfsbereitschaft selbst in Schulden zu stürzen.

- ***Beruf***:

positiv:
mit Leib und Seele bei der Sache
Beruf ist Berufung
negativ:
übereilte berufliche Entscheidungen
Fehlendes Durchsetzungsvermögen bei Verhandlungen

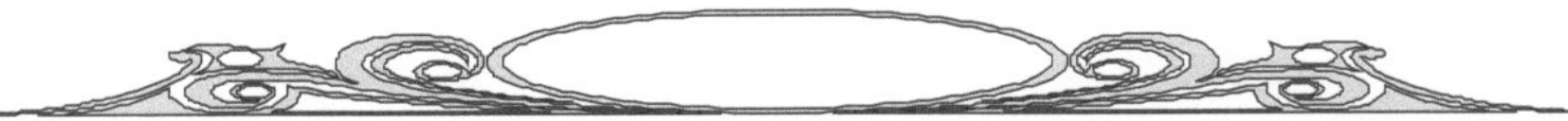

3 Die Kaiserin (Herrscherin)
Allgemeine Charaktereigenschaften

Fortschritt und Entwicklung, Schutz
Treue, schöpferisches Wesen
Selbstsicherheit, Tatkraft und Delegationsfähigkeit

Die Kaiserin
Die Kaiserin ist eine ausgesprochen selbstsichere Person.
Neuem gegenüber ist sie aufgeschlossen und zeigt sich sehr fortschrittlich in vielen Bereichen des Lebens.
Sie bietet Sicherheit und Schutz, wobei Treue und Loyalität eine zentrale Rolle spielen.
Problemen und Aufgaben des Lebens begegnet sie selbstsicher und mit einer zuweilen erstaunlichen Kreativität.
Im Gegensatz zur Priesterin oder dem Hohepriester ist sie jedoch eine Person der Tat. Wenn nötig krempelt sie die Ärmel hoch, verteilt Aufgaben und macht sich daran, Missstände zu beheben und alles wieder auf den rechten Weg zurückzuführen.

Die Kaiserin (Herrscherin) – umgekehrt

Festgefahrenheit,
übereilte Handlungen
Arroganz, Starre statt Stärke

Die Kaiserin – umgekehrt
Steht die Karte auf dem Kopf, so sollte man vermehrt darauf achten, dass sich die Eigenschaften der Herrscherin nicht verselbständigen.
So kann sie anstatt ein gesundes Maß an Selbstsicherheit zu zeigen, durchaus herablassend, arrogant, unnachgiebig und geradezu krankhaft eifersüchtig werden.
Auch sollte man darauf achten, sich nicht Hals über Kopf an eine Veränderung machen zu wollen.

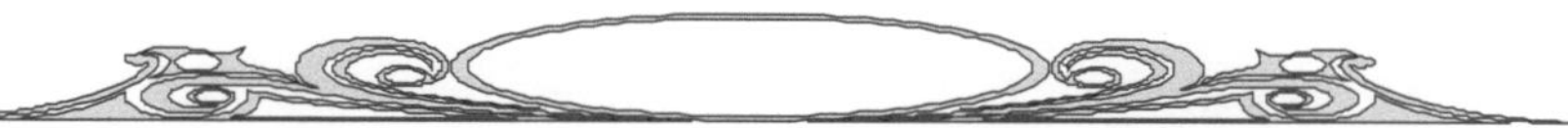

Interpretationshilfe
In Bezug auf

- ***Liebe***

<u>positiv</u>:
treu
beschützend
Mutterinstinkt
<u>negativ</u>:
untreu
herablassend
krankhaft eifersüchtig

- ***Finanzen***:

<u>positiv</u>:
sparsam
bereit, in gute Ideen zu investieren
<u>negativ</u>:
übereilte Geldanlagen
konservativer Umgang mit Geld
unflexibel

- ***Beruf***:

<u>positiv</u>:
selbstsicheres Auftreten
Bereitschaft, neue Aufgaben zu übernehmen
offen für technische und personelle Neuerungen
<u>negativ</u>:
unflexible/r, nörglerische/r Kollege/in oder Vorgesetze/r
Neigung zum Mobbing, aus Angst, den Arbeitsplatz zu verlieren
aggressives Geschäftsgebaren
Weigerung, sich mit Neuentwicklungen auseinanderzusetzen
vorschnelles Handeln

4 Der Kaiser (Herrscher)

Allgemeine Charaktereigenschaften

Willenskraft
Autorität
Ausdauer
Disziplin
Ordnung
Behörde, Vorgesetzter, auch Vaterfigur

Der Kaiser

Die Figur des Kaisers steht für weltliche Macht.
Es symbolisiert Willensstärke, Autorität und Disziplin.
Erfolg, besonders materieller Natur, und gesellschaftliches Ansehen spielen im Leben dieser Figur eine wesentliche Rolle.
Auch Institutionen wie Ämter oder andere Einrichtungen der Staatsgewalt, sowie Vorgesetzte und Respektspersonen können durch diese Karte ausgedrückt werden.

Der Kaiser – umgekehrt

Tyrann
Gewalt
Hochmut
Missbrauch von Recht und Ordnung

Der Kaiser – umgekehrt

Die umgekehrte Herrscherkarte spiegelt den Missbrauch von Recht und Ordnung wieder.
Dieser Kaiser beherrscht seine Untertanen unter Anwendung von Gewalt und Grausamkeit, dessen Überzeugungen nicht angezweifelt werden dürfen.
Notfalls spielt er seine Macht rücksichtslos aus und greift auch schon einmal zu unlauteren Mitteln, um seine Vormachtstellung zu erhalten.

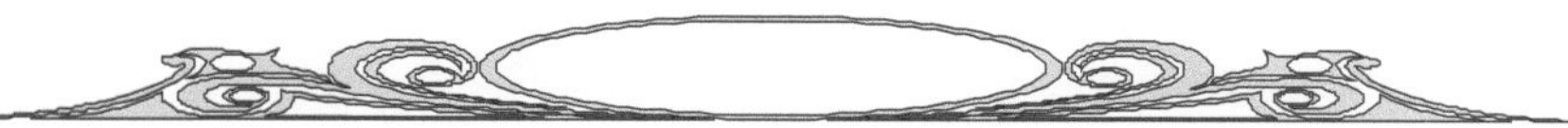

Interpretationshilfe
In Bezug auf

- ***Liebe***

positiv:
väterliche Zuneigung
Liebe zu einer älteren Person
Liebe zu einer Respektsperson, einer vorgesetzten Person oder einem sehr dominanten Menschen
negativ:
unduldsam
will seinen Willen durchsetzen
übermäßig dominanter Partner

- ***Finanzen***:

positiv:
Großzügigkeit
finanziell gut gestellt
mächtiges Vermögen
negativ:
verschwenderisch
gibt viel Geld für Statussymbole aus
kontrolliert und regelt anderer Leute Ausgaben

- ***Beruf***:

positiv:
Vorgesetzte/r
Beförderung
hohe berufliche Stellung
Führungspersönlichkeit
negativ:
übermäßiger Ehrgeiz
tyrannische/r Vorgesetzte/r

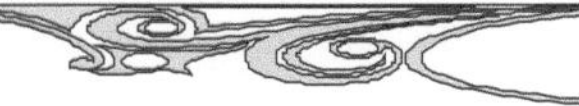

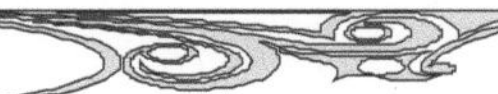

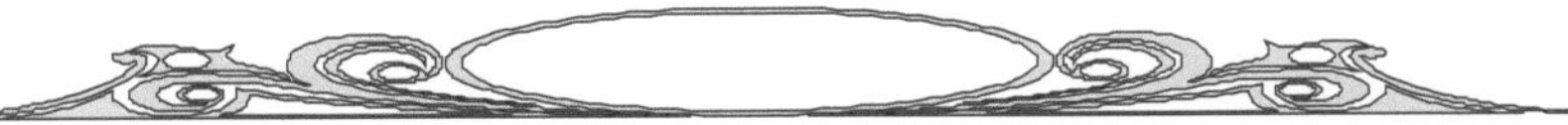

5 Der Hohepriester
Allgemeine Charaktereigenschaften

Gnade
guter Ratgeber
Wissen
geistiger Führer
intellektuell

Der Hohepriester

Der Hohepriester ist eine gelehrte und gebildete Figur.
Die Regeln der Gesellschaft werden von ihr in jedem Falle eingehalten und auch an Andere weitergegeben.

Ratschläge erteilt er nach langer und gründlicher Überlegung und ist gerne bereit, sich auf tief schürfende theoretische Diskussionen einzulassen.

Der Hohepriester – umgekehrt

Theoretiker, weltfremd
hält an veralteten Verhaltens- und Glaubensmustern fest
unflexibel
Dogmatiker

Der Hohepriester - umgekehrt

Liegt die Priesterkarte umgekehrt, so handelt es sich um eine übertrieben geistige Person, der jeder Bezug zur Realität abhanden gekommen ist.

Dieser Priester klammert sich an überholte Vorstellungen und weicht nicht von seinen, zuweilen längst veralteten, Moralansprüchen ab.

Tipp: In manchen Kartendecks wird diese Karte auch als „Der Papst“ bezeichnet. Stellen Sie sich einen Priester vor, der sein Leben hinter Klostermauern verbracht und nie einen Blick auf das wahre Leben der Bürger geworfen hat.

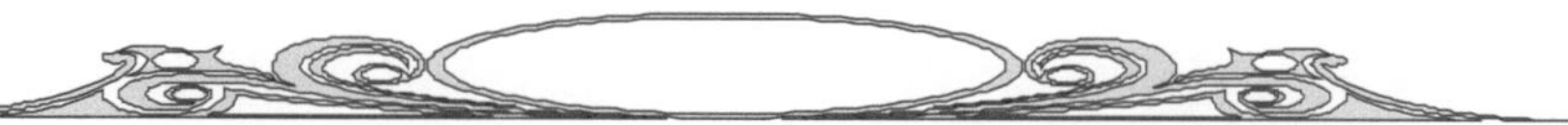

Interpretationshilfe
In Bezug auf

- Liebe
positiv:
bedächtiger Partner
Liebe zum Geistigen
Philosophischer Aspekt der Liebe
Gedanken über die Liebe
negativ:
vergeistigte Liebe
unflexible, veraltete Vorstellungen von
Partnerschaft und Zusammenleben

- ***Finanzen***:
positiv:
Geistiger Reichtum
wohlüberlegte finanzielle Entscheidungen
Überwindung materialistischer Gedanken
Spenden- und Opferbereitschaft
negativ:
unflexibel im Umgang mit Finanzen
Sparer der alten Schule
Kleinkrämerei

- ***Beruf***:
positiv:
Gelehrte/r, Lehrer/in, Theoretiker/in
Wissenschaftler/in
Akademiker/in
negativ:
Typ: zerstreuter Professor
zu vergeistigt
zu unflexibel
realitätsfremde berufliche Entscheidungen

6 Die Liebenden
Allgemeine Charaktereigenschaften
Entscheidung
Prüfung
Lebensweg
Suche
Harmonie
Verbindung von Herz und Kopf

Die Liebenden
Diese Karte symbolisiert weniger die Liebe zwischen zwei Personen, als die Richtigkeit der Entscheidung, die sie zueinander geführt hat.
In jeder Phase des Lebens müssen neue Entscheidungen getroffen werden und nur, wer Herz und Verstand gleichermaßen zu gebrauchen weiß, kann auf dem richtigen Weg ans endgültige Ziel gelangen.

Tipp: Denken Sie an den Spruch „Drum prüfe, wer sich ewig bindet"

Die Liebenden – umgekehrt
unausgereifte Entscheidungen
übertriebene Erwartungen
Rücksichtslosigkeit
Verblendung

Die Liebenden - umgekehrt
Steht diese Karte auf dem Kopf, so warnt sie vor den zuweilen fatalen Folgen übereilt getroffener Entscheidungen.

Wer sich vorschnell von einer hübschen Fassade blenden lässt, läuft Gefahr, die falsche Entscheidung zu treffen und in die Irre zu laufen.

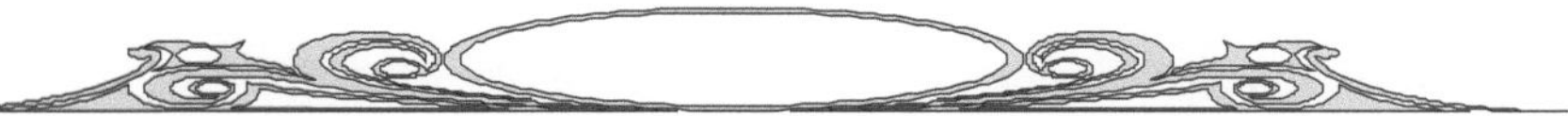

Interpretationshilfe
In Bezug auf

- ***Liebe***

<u>positiv</u>:
Partnerschaft fürs Leben
Harmonie
<u>negativ</u>:
falscher Partner
unglückliche Partnerschaft
Ausbrechen aus bestehender Beziehung
Trennung

- ***Finanzen***:

<u>positiv</u>:
kluge finanzielle Entscheidung
Konten überprüfen
Anlagen, Aktien und andere Wertpapiere genau prüfen und sinnvoll einsetzen
<u>negativ</u>:
übereilte Geldausgabe
unbedachter finanzieller Schritt
Kaufrausch

- ***Beruf***:

<u>positiv</u>:
Lebensweg, berufliche Entscheidung
Ausbildung
Berufsberatung
<u>negativ</u>:
falsche Berufswahl
unüberlegter beruflicher Schritt

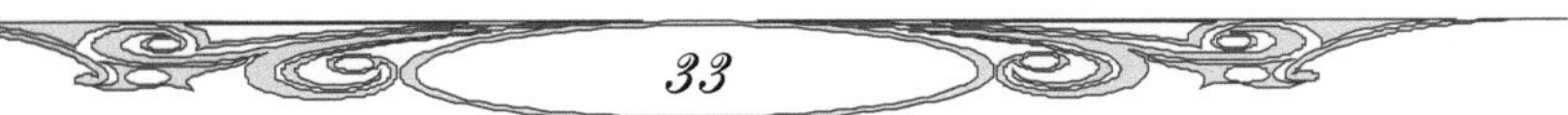

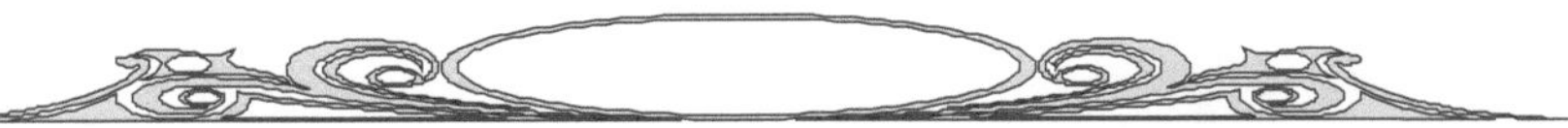

7 Der Wagen
Allgemeine Charaktereigenschaften

Durchsetzungsvermögen
Kraft
Sieg
Erfolg

Der Wagen
Der Wagen symbolisiert Kraft, Überzeugung, Mut und Stärke. Siegreiche Herrscher lassen sich auf ihm durch die Straßen ihrer Herrschaftsgebiete ziehen und noch heute fahren Oberhäupter aller Nationen in großen und aufwändigen Staatskarossen zu offiziellen Anlässen.

Tipp: Denken Sie an einen römischen Kaiser, der eine Siegesparade anführt und dabei von seinen Untertanen verehrt und bejubelt wird.

Der Wagen - umgekehrt

Kampf
Rücksichtslosigkeit
Grausamkeit
Niederlage

Der Wagen - umgekehrt
Der umgekehrte Wagen ist ein Kriegswagen, der Kampf und Zerstörung mit sich bringt und rücksichtslos alles niederwalzt, was sich ihm in den Weg stellt.

Dieser Kampf kann allerdings längst nicht mehr gewonnen werden. Die Niederlage ist nur noch eine Frage der Zeit.

Tipp: Stellen Sie sich das Wagenrennen aus dem Film „Ben Hur“ vor.
Möchten Sie diesem Wagen vor die Räder kommen?

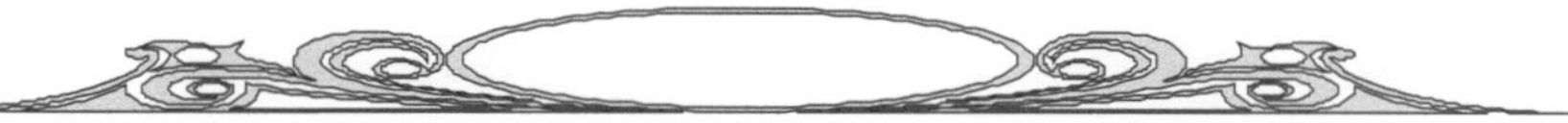

Interpretationshilfe
In Bezug auf

- ***Liebe***
positiv:
Erringen des Traumpartners
Überwindung einer Krisenphase
Triumph der Liebe
negativ:
rücksichtslose Durchsetzung eigener Interessen
Zerstörung einer fremden Beziehung
Streit und Beziehungskrise
Verlust der Liebe

- ***Finanzen***:
positiv:
Gewinn
Vermögen
Überwindung finanzieller Krisen
negativ:
finanzieller Ruin
rücksichtslose Ausbeutung

- ***Beruf***:
positiv:
Beförderung
beruflicher Aufstieg
hohe Position, Chef, Führungspersönlichkeit
wirtschaftlicher Aufschwung
negativ:
Bankrott
Rücksichtslose/r Vorgesetzte/r oder Kollegen
Verlust der Arbeitsstelle
taktisch ungeschicktes Vorgehen

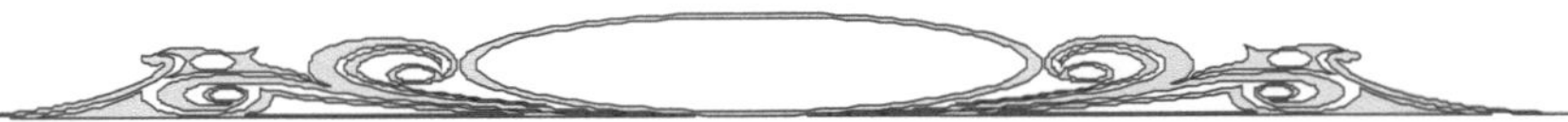

8 Gerechtigkeit
Allgemeine Charaktereigenschaften
Abwägung, Prüfung
Vernunft, Verstand
Gleichgewicht

Gerechtigkeit
Diese Karte mahnt zur reiflichen Überlegung, ehe eine eventuell folgenschwere Entscheidung getroffen wird.
Sämtliche Argumente sollten in Betracht gezogen und gewissenhaft gegeneinander abgewägt werden, ehe ein Entschluss gefasst werden kann.
Wo immer diese Karte in Erscheinung tritt, sind Balance, Ausgleich und Harmonie die Werte, die es anzustreben gilt.

Gerechtigkeit – umgekehrt
Ungerechtigkeit
unüberlegtes Handeln
falsche Entscheidungen
Ungleichgewicht
Disbalance

Gerechtigkeit – umgekehrt
Das Gefühl, im Recht zu sein, kann zuweilen recht trügerisch sein.
Wer sich ungerecht behandelt fühlt, reagiert schnell enttäuscht und verbittert.
Dabei sollten wir auch unsere eigenen Entscheidungen noch einmal einer genaueren Prüfung unterziehen.
Wenn einmal etwas aus dem Gleichgewicht geraten ist, zieht dies nämlich unausweichlich weitere unangenehme Folgen nach sich.

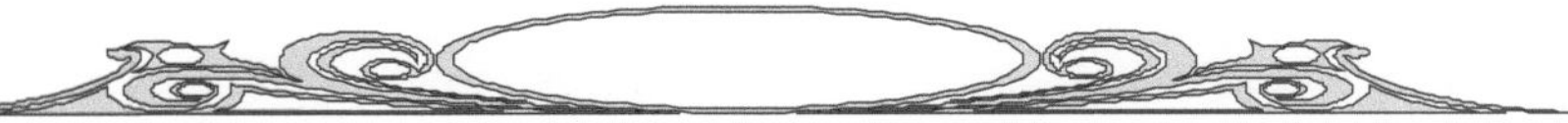

Interpretationshilfe
In Bezug auf

- ***Liebe***

positiv:
harmonische Partnerschaft
Gleichberechtigung
Ausgeglichenheit
gegenseitige Unterstützung
negativ:
gestörtes Gleichgewicht
ungerechtfertigte Vorwürfe
ungerechte Behandlung

- ***Finanzen***:

positiv:
wohlüberlegte finanzielle Entscheidung
gerechte Verteilung des Geldes
angemessene Bezahlung
negativ:
finanzielle Übervorteilung
ungerechte Bezahlung
unausgeglichene Verteilung der Gelder

- ***Beruf***:

positiv:
berufliche Anerkennung
angemessenes Arbeitspensum
Harmonie am Arbeitsplatz
negativ:
ungerechte Behandlung am Arbeitsplatz
Bevorzugung anderer Mitarbeiter
Mobbing

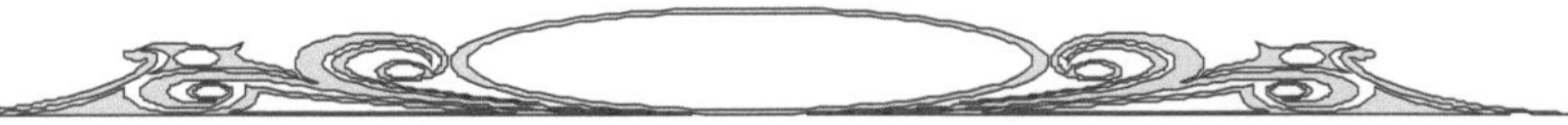

9 Der Eremit
Allgemeine Charaktereigenschaften
Ruhe
Zurückgezogenheit
Überlegungen
Rückbesinnung
Schlichtheit

Der Eremit
Ein Eremit ist ein Einsiedler. Er verkörpert die Sehnsucht nach Ruhe und Zurückgezogenheit, die wir alle von Zeit zu Zeit brauchen und in Anspruch nehmen sollten.

Unsere Gedanken können wir am besten in einer ruhigen und ungestörten Atmosphäre sammeln, und wichtige Entscheidungen sollten auf jeden Fall erst einmal in aller Ruhe überschlafen und dann fernab von Chaos und Hektik getroffen werden.

Eremit – umgekehrt
Abkapselung
Rückzug aus dem Leben
Einsamkeit
Kargheit

Eremit – umgekehrt
Erscheint die umgekehrte Eremitenkarte, so hat sich die selbst gewählte Abgeschiedenheit zu einer vollkommenen Isolation gewandelt.

Dieser Einsiedler hat den Kontakt zu den Menschen in seiner Umgebung verloren und traut sich kaum noch unter Leute.
Hier wäre es an der Zeit, vorsichtig einen Weg aus der Vereinsamung zurück ins Leben zu suchen.

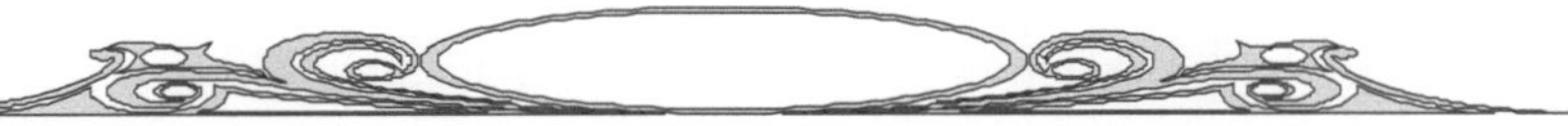

Interpretationshilfe
In Bezug auf

- ***Liebe***

<u>positiv</u>:
Ruhe und Besinnung in der Liebe
Sinnlichkeit
Zufriedenheit mit sich und dem Partner
ruhige Stunden der Zweisamkeit
<u>negativ</u>:
Rückzug vom Partner
Isolation
Einsamkeit
Beziehungsunfähigkeit

- ***Finanzen***:

<u>positiv</u>:
finanzielle Rücklage
Sparsamkeit
Zufriedenheit mit wenig Geld
<u>negativ</u>:
Geiz
Armut
Kargheit

- ***Beruf***:

<u>positiv</u>:
Arbeit von zuhause aus
Arbeit in Ruhe und Abgeschiedenheit
stiller Arbeiter
Ruhestand
<u>negativ</u>:
Arbeitslosigkeit
Nutzlosigkeit
Vergraben in der Arbeit

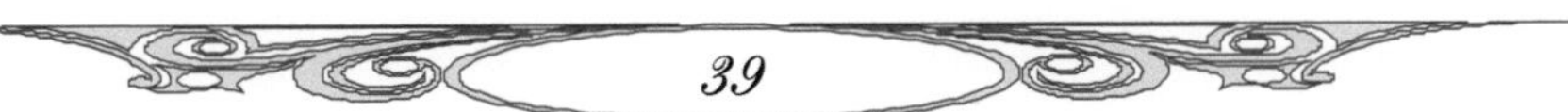

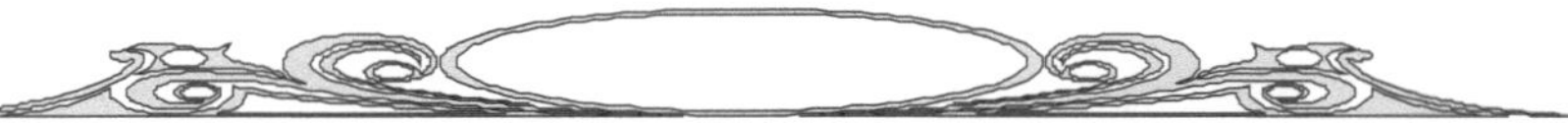

10 Das Rad des Schicksals
Allgemeine Charaktereigenschaften
Lebensweg
Schicksal
Vorankommen
Kreislauf des Lebens
Auf und Ab

Das Rad des Schicksals
Das Rad des Schicksals symbolisiert das Leben an sich.
Was heute gut und richtig erscheint, kann morgen bereits ohne jegliche Bedeutung, ja vielleicht sogar schon der falsche Weg sein.
Einmal getroffene Entscheidungen müssen immer wieder neu überdacht und eingeschlagene Wege überprüft werden.
Jedem Abend folgt ein neuer Morgen und nichts, was wir tun bleibt ohne Auswirkungen auf unser weiteres Leben.

Tipp: Stellen Sie sich Ihre Chancen und Möglichkeiten in Form von Samenkörnern vor, aus denen Großes entstehen kann.
Ob Sie diese nun in fruchtbaren Boden stecken und zum Blühen bringen, oder aber verdorren lassen, liegt allein in Ihrer Hand.

Das Rad des Schicksals – umgekehrt
falsche Richtung
Gegenbewegung
versäumte Gelegenheit
falsch eingeschlagener Weg
Rückschlag

Das Rad des Schicksals – umgekehrt
Steht das Rad des Schicksals auf dem Kopf, so bewegt sich unsere Lebensreise in die falsche Richtung.
Wir rollen zurück, wo wir vorankommen möchten, erleiden Rückschläge und haben das Ziel aus den Augen verloren.

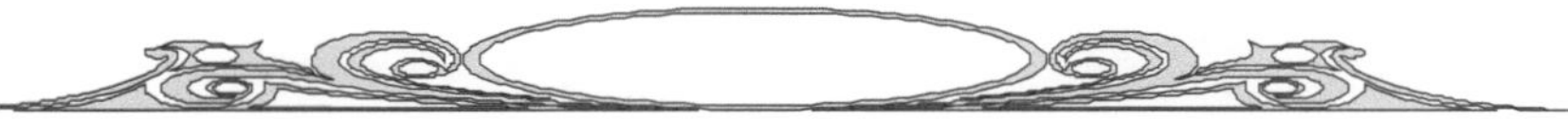

Interpretationshilfe
In Bezug auf

- ***Liebe***
positiv:
Entwicklung einer Beziehung
Vorankommen in der Partnerschaft
negativ:
falsche Entscheidung in der Partnerschaft
Beziehung entwickelt sich in ungewollte Richtung
Gefühl, überrollt zu werden

- ***Finanzen***:
positiv:
Verzinsung
Entwicklung einer Geldanlage
negativ:
Verlust aus einem unüberlegten finanziellen Schritt
schlechte Geldanlage

- ***Beruf***:
positiv:
berufliche Fortentwicklung
Fortbildung
Aufstiegschance
negativ:
verpasste Chance
beruflicher Rückschlag

11 Kraft
Allgemeine Charakterisierung

Kraft, Stärke
Mut
Kräftegleichgewicht
innere Ausgeglichenheit
Kraft aus dem Inneren

Kraft

Diese Karte vermittelt ein Gefühl der inneren Sicherheit.
Sobald ein Gleichgewicht der Kräfte besteht und wir in dessen (und somit auch in unserer eigenen) Mitte ruhen, befinden wir uns automatisch in absoluter Balance.
Nichts kann uns aus unserer Ruhe bringen.
Mut und Zuversicht weisen uns den rechten Weg in die Zukunft und das Vertrauen in uns selbst macht uns immun gegen Angriffe von Außen.

Kraft – umgekehrt

Ungleichgewicht
„Zerren" unterschiedlicher Kräfte
Gefühl der Zerrissenheit
Verlust der Balance
Hoffnungslosigkeit
Schwäche
falsch eingesetzte oder
sinnlos vergeudete Kraft

Kraft – umgekehrt

Die auf dem Kopf stehende Karte zeigt, dass hier etwas aus dem Gleichgewicht geraten ist. Plötzlich sind wir selbst ein Opfer fremder Kräfte, anstatt diese zu beherrschen.
Unser Selbstvertrauen und unser Mut schwinden und damit auch unsere innere Stärke.
Tipp: Wie bei einem Hund, der sich bedroht fühlt, wandelt sich unsere Stärke in Aggressivität und Gewalt.

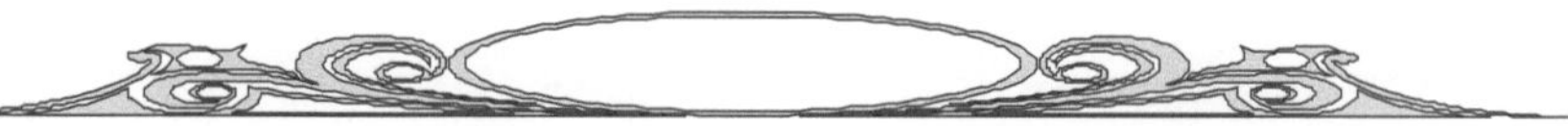

Interpretationshilfe
In Bezug auf

- ***Liebe***

positiv:
kraftvolle Liebe
Selbstbewusstsein in der Partnerschaft
starke Gefühle
Hoffnung
negativ:
Dominanzkämpfe in der Partnerschaft
Unterdrückung eines Partners
Hassgefühle

- ***Finanzen***:

positiv:
gute Geschäfte
gute finanzielle Aussichten
gewinnbringende Geldanlage
negativ:
Finanzielle Ängste
Existenzangst

- ***Beruf***:

positiv:
florierender Betrieb
Handwerk
kraftvoll ans Werk gehen
beruflicher Erfolg
negativ:
Unsicherheiten im Beruf
Burning-Out Syndrom
Gefühl des Ausgebranntseins nach beruflicher Überforderung

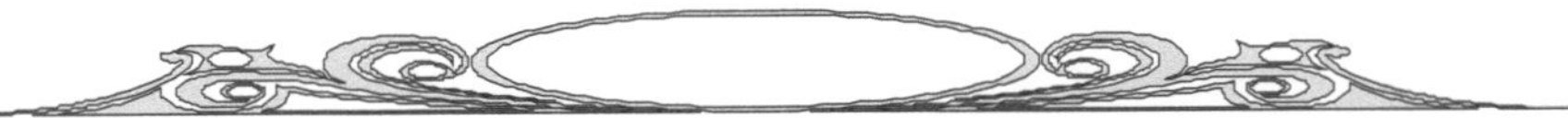

12 Der Gehängte
Allgemeine Charaktereigenschaften
Kopfstand
Perspektivenwechsel
etwas aus dem Sichtwinkel der Anderen
betrachten
Umkehrung
Völlige Veränderung
Neue Horizonte

Der Gehängte
Der Gehängte befindet sich auf den ersten Blick in einer ausgesprochen unangenehmen Lage: Schließlich hängt er nicht freiwillig dort am Galgen und kann sich auch nicht selbst aus dieser Situation befreien.
Auf den zweiten Blick hingegen ist er durchaus in der Lage, einen nicht unerheblichen Vorteil aus seiner Position zu ziehen:
Aus seiner neuen umgedrehten Position heraus, hat er nun die Möglichkeit, die Dinge aus einer ganz neuen Warte zu betrachten.
Tipp: Wer schon einmal den Kopf über die Sessellehne gehängt, das Zimmer so von unten betrachtet und dabei den lange gesuchten Füllhalter unter dem Regal entdeckt hat, kann diesen Vorteil sicherlich leicht nachvollziehen.

Der Gehängte - umgekehrt
Mob, Pöbel
Hilflosigkeit
Auslieferung; Einer gegen alle

Der Gehängte - umgekehrt
Die umgekehrte Karte betont nun eher die unangenehme Lage des Gehängten – er steckt hilflos in seiner Position fest,. kann sich selbst nicht daraus befreien und ist somit nicht in der Lage, die Gegebenheiten aus der Sicht seiner Mitmenschen zu betrachten.

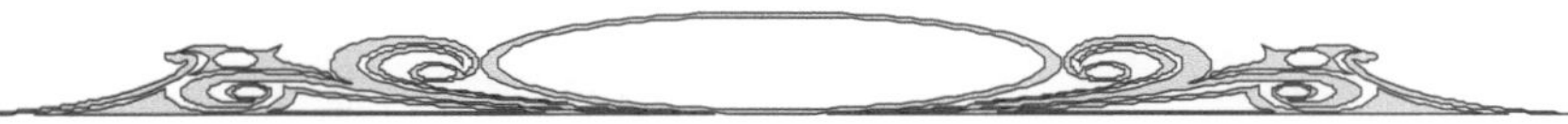

Interpretationshilfe

In Bezug auf

- ***Liebe***

positiv:

neue Aspekte und Experimente
Neubetrachtung des Partners
Abenteuer

negativ:

Unfähigkeit, die Dinge aus der Sicht des Partners zu betrachten
Gefühl der Hilflosigkeit und des Ausgeliefertseins

- ***Finanzen***:

positiv:

Gewinn durch ganz neue Investitionen
Überprüfen alter Geldanlagen
Neugestaltung in finanzieller Hinsicht

negativ:

Festhängen in Geldverträgen
finanzielle Abhängigkeit
Unfähigkeit, finanzielle Entscheidungen objektiv zu betrachten

- ***Beruf***:

positiv:

beruflicher Erfolg durch neue Ideen
berufliche Neuorientierung
Perspektivenwechsel
Verändertes Klima am Arbeitsplatz

negativ:

Abhängigkeit
Gefühl, an einen Job gefesselt zu sein
Unfähigkeit, Entscheidung von Kollegen oder
Vorgesetzten nachzuvollziehen und / oder umzusetzen

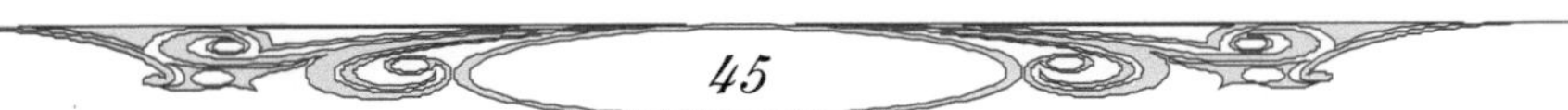

13 Der Tod
Allgemeine Charaktereigenschaften
Neubeginn
neue Chance
etwas ist endgültig vorüber
Loslösung

Der Tod
Die Todeskarte ist eine der Karten im Tarot, die am häufigsten missverstanden werden.
Verständlicherweise neigt man nur allzu schnell dazu, dieses Arkanum negativ zu deuten.

Jedes Ende bereitet jedoch auch den Weg für einen Neubeginn, mit dem man endlich das veraltete und längst nicht mehr passende Vergangene hinter sich lassen kann.
Wir schaffen es endlich, uns innerlich von Menschen und Problemen zu lösen, lassen schlechte Erfahrungen endgültig hinter uns und können ein ganz neues, freies Leben beginnen.

Der Tod - umgekehrt
Ende
Verlust
Fäulnis, Zerstörung
etwas geht kaputt

Der Tod - umgekehrt
Liegt die Todeskarte in dieser Position, so wird vornehmlich der Aspekt des Zerfalls, der Fäulnis und der Zerstörung betont.
Auch und gerade hier wäre es an der Zeit, sich einmal zu überlegen, ob man die Dinge unter den gegebenen Umständen beibehalten möchte, oder ob es nicht längst nötig wäre, klar Schiff zu machen und mit alten, modrigen, längst nicht mehr gültigen Hoffnungen, Beziehungen oder Vorstellungen aufzuräumen.

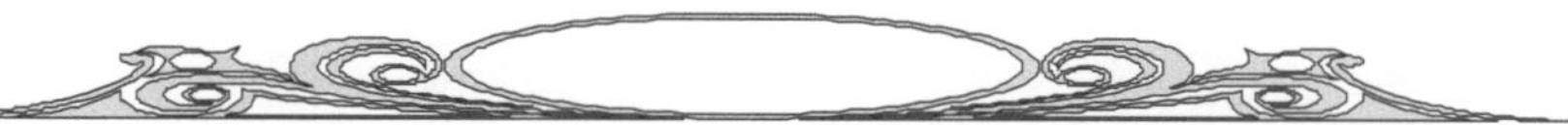

Interpretationshilfe
In Bezug auf

- ***Liebe***

<u>*positiv:*</u>
Loslösung aus einer alten Beziehung
emotionale Befreiung
neues Glück
neue Chancen
<u>negativ</u>:
kaputte Partnerschaft
hoffnungslose, einengende und einseitige Liebe
kränkelnde und absterbende Gefühle

- ***Finanzen***:

<u>*positiv:*</u>
finanzieller Neubeginn
<u>negativ</u>:
kränkelnde, stagnierende Geldanlagen
langsamer finanzieller Niedergang
Investitionen in Geschäfte, die längst keinen
Gewinn mehr abwerfen
alte Schulden wachsen einem über den Kopf

- ***Beruf***:

<u>*positiv:*</u>
Wechsel des Arbeitsplatzes
beruflicher Neubeginn
Arbeitsverlust mit anschließender Phase der Neuorientierung
<u>negativ</u>:
beruflicher Niedergang
beruflicher Stress
Verlust der Freude und Tatkraft bei der Arbeit

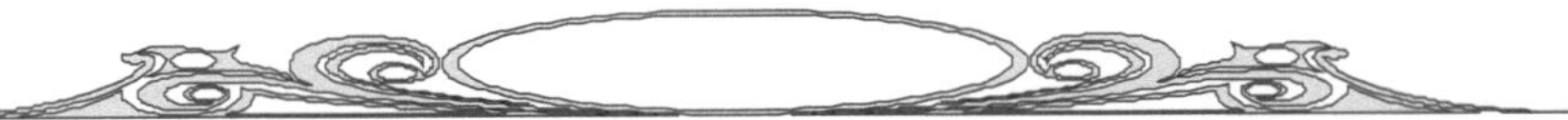

14 Mäßigkeit
Allgemeine Charaktereigenschaften

Sparsamkeit
Anpassung
das richtige Maß finden
Bescheidenheit

Mäßigkeit
Die Mäßigkeit wird in vielen Decks auch als „Der Ausgleich“ bezeichnet.

Die Karte mahnt zum sparsamen, aber dennoch angemessenen Einsatz benötigter Mittel.
„So wenig wie möglich, aber so viel wie nötig“ könnte der Wahlspruch dieser Karte lauten.

Mäßigkeit – umgekehrt

Geiz
Zurückschrauben gerechtfertigter Ansprüche
Demut
Interessenskonflikte

Mäßigkeit – umgekehrt
Steht die Karte auf dem Kopf, so ist der sparsame Gebrauch der Dinge in einen übertriebenen Geiz umgeschlagen.

Aus Angst, allzu verschwenderisch zu sein, werden viele wichtige Dinge bis zuletzt aufgeschoben oder überhaupt nicht eingesetzt, so dass sich am Ende weitaus höhere Verluste ergeben können.

Auch übertriebene Selbstdisziplin und ein allzu niedriges Selbstbewusstsein können durch diese Karte ausgedrückt werden.

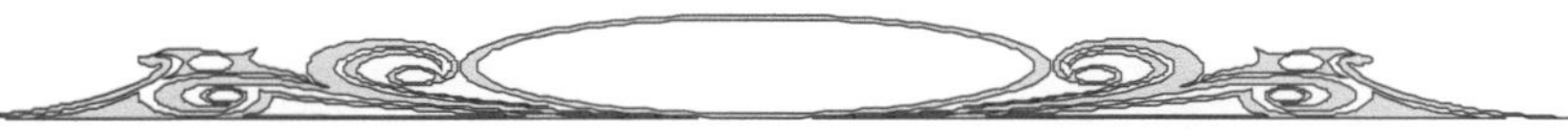

Interpretationshilfe
In Bezug auf

- ***Liebe***

<u>positiv</u>:
nicht zuviel aus einer Beziehung erwarten
Gleichgewicht von Geben und Nehmen
nichts überstürzen
<u>negativ</u>:
Überforderung eines Partners
Ungleichgewicht in einer Beziehung

- ***Finanzen***:

<u>positiv</u>:
sparsamer Umgang mit Geld
Mäßigung der Ausgaben
Gleichgewicht von Einnahmen und Ausgaben
<u>negativ</u>:
Verschwendung
Geiz
übertriebene Sparsamkeit
ungleiches Verhältnis von Einnahmen und Ausgaben

- ***Beruf***:

<u>positiv</u>:
Ehrgeiz
Streben nach Erfolg
Bereitschaft, sich seine Erfolge hart zu erarbeiten
<u>negativ</u>:
Workaholismus
Ungleichgewicht von Arbeit und Freizeit
verbissener Arbeiter
Selbstüberforderung oder Überforderung der Mitarbeiter

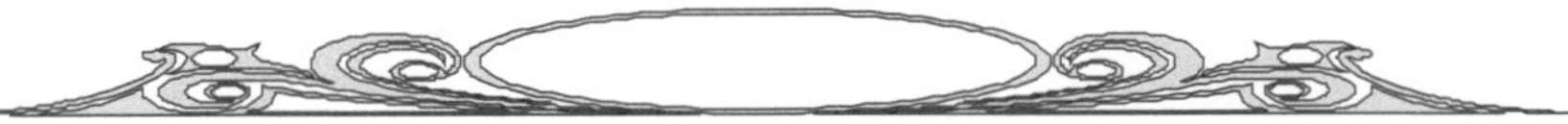

15 Der Teufel
Allgemeine Charaktereigenschaften

Urinstinkte, Intuition
Überlebenstrieb
Sexualität

Der Teufel

Der Teufel steht zunächst einmal für alles Animalische in uns.

Urinstinkte, wie der pure Überlebenstrieb, Sexualität, Machtstreben und all unsere Gelüste werden durch diese Karte ausgedrückt.

Wer diese Triebe all zu sehr unterdrückt, nimmt sich nicht nur selbst einen wichtigen Teil seines Lebens, sondern stellt sich gewissermaßen selbst ein Bein: Lassen Sie beispielsweise Gefühle wie Wut und Enttäuschung nicht zu, da sie diese als unmoralisch oder schlimm empfinden, so werden Sie Ihr Leben lang immer wieder von Ihren Mitmenschen ausgenutzt werden.

Der Teufel – umgekehrt

Wut
unzügelbare Kraft
unterdrückte Triebe
blinde Rage
Verstoß gegen Konventionen

Der Teufel – umgekehrt

Umgekehrt warnt diese Karte davor, unseren Instinkten und Gelüsten vorschnell nachzugeben. Nicht umsonst werden Eigenschaften wie Gier, Hass, Völlerei oder Faulheit als Todsünden bezeichnet, da man sich nicht mehr auf andere, sondern nur noch auf sich selbst konzentriert, und sich so leicht zu einem rücksichtslosen und selbstsüchtigen Menschen entwickeln kann.

Tipp: Setzen Sie neben Ihrem augenblicklichen Instinkt auch Ihren Verstand ein, ehe Sie sich für oder gegen eine Handlung entscheiden.

Interpretationshilfe
In Bezug auf

.- ***Liebe***
positiv:
erfüllte Sexualität
Einforderung der eigenen Bedürfnisse
Zu seinen Schwächen und denen des Partners stehen
negativ:
Rücksichtslosigkeit in der Partnerschaft
Sexbesessenheit
Bedürfnisbefriedigung, ohne Rücksicht auf Verluste und ohne die Bereitschaft, die Verantwortung für das eigene Handeln oder den Partner zu übernehmen

- ***Finanzen***:
positiv:
spontane Ausgaben
Befriedigung von Gelüsten
Kaufrausch
Das Geld ausgeben, solange man noch etwas davon hat
negativ:
Verschwendung
verantwortungsloser Umgang mit Geld
Übervorteilung anderer

- ***Beruf***:
positiv:
Durchsetzungsvermögen
beruflicher Ehrgeiz
Erfolgsstreben
negativ:
übertriebener beruflicher Ehrgeiz
rücksichtsloser, selbstbesessener Mitarbeiter
Aufstieg auf Kosten anderer

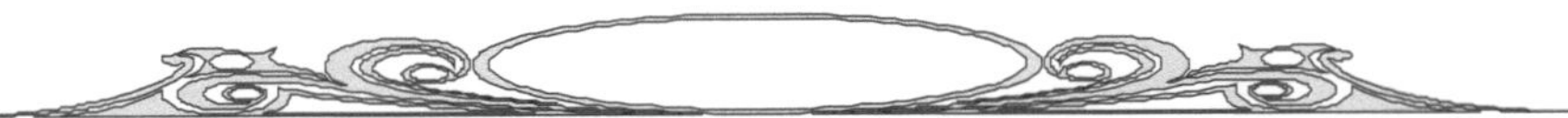

16 Der Turm
Allgemeine Charaktereigenschaften
Zerstörung
Unglück
Not
Ruin
Enttäuschung
sich seiner Sache zu sicher sein
Selbstüberschätzung

Der Turm

<u>Die Besonderheit dieser Karte:</u>

Bei der Turmkarte handelt es sich immer und in jedem Fall um eine Warnkarte!

Es ist daher nicht möglich, ihr irgendwelche positiven Aussagen zuzuordnen.

Auf den meisten Karten ist der Turm als Teil einer Ruine abgebildet,
oder aber er befindet sich gerade im Zustand des Verfalls und der Zerstörung.

Dies muss jedoch nicht heißen, dass Sie geradewegs auf Ihr Unglück zusteuern. Freuen Sie sich vielmehr, wenn Sie von dieser Karte rechtzeitig davor bewahrt werden, einen großen und möglicherweise folgenschweren Fehler zu begehen.

Noch haben Sie Zeit, das Ruder herumzureißen und Ihren Kurs zum Positiven hin zu ändern!
Tipp: Denken Sie bei der Turmkarte an den Turmbau zu Babel. Wer sich seiner Sache zu sicher ist und seine Kräfte überschätzt, muss am Ende zusehen, wie sein Werk in sich zusammenstürzt.

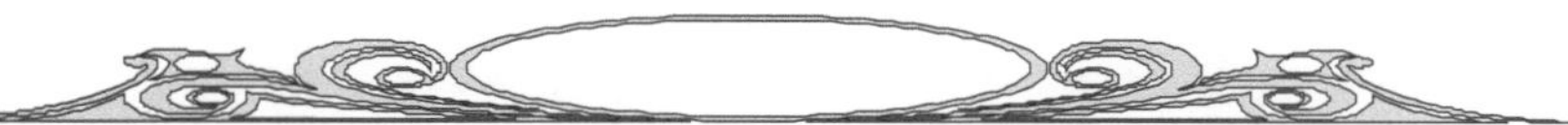

Interpretationshilfe
In Bezug auf

- ***Liebe***
sich des Partners zu sicher sein
sich in der Partnerschaft gehen lassen
Zerfall der Partnerschaft
nicht mehr umeinander bemühen

- ***Finanzen***:
unausgegorene, unüberlegte Geldgeschäfte
finanzieller Verfall
risikoreiche Aktiengeschäfte
unsichere Geldanlagen

- ***Beruf***:
Unachtsamkeit im Umgang mit Kunden
Schlampigkeit bei der Arbeit
nicht rechtzeitiges handeln bei beruflichen Gefahren
und/oder der Gefährdung des Arbeitsplatzes

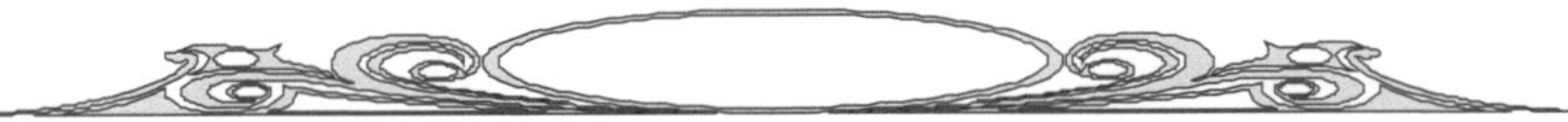

17 Der Stern
Allgemeine Charaktereigenschaften

Erwachen neuer Hoffnung nach Trauer und Enttäuschung
neues Selbstvertrauen
Licht am Ende des Tunnels
Leuchtfeuer in der Nacht

Der Stern

Im Gegensatz zur Sonne geht von einem Stern zwar nur ein verhältnismäßig kleines Lichtlein aus, doch dieses ist bereits ausreichend, um die vollkommene Dunkelheit zu vertreiben und uns mit neuer Hoffnung zu erfüllen

Nachts scheint auch der kleinste Stern um vieles heller als die Sonne.

Unzählige Geschichten und Sagen ranken sich um Menschen, die vom Licht der Sterne geleitet und schlussendlich an den richtigen Ort geführt wurden.

Tipp: Denken Sie nur einmal an die Zugvögel, oder auch die Seefahrer, die sich allein auf weitem Ozean am Polarstern orientieren, oder auch an die Weihnachtsgeschichte, in der das Licht eines Sternes die Menschen nach Bethlehem führte.

Der Stern – umgekehrt

trügerische Hoffnung
Arroganz
Überheblichkeit
Einbildung, Hochmut
Scheinwelt

Der Stern – umgekehrt

Steht die Sternkarte auf dem Kopf, so handelt es sich eher um ein Irrlicht, das uns einen scheinbaren Ausweg vorgaukelt und uns dabei immer tiefer in die Irre führt.

Überprüfen Sie Ihre Hoffnungen und Pläne – welche davon sind realistisch? Welchen Träumen jagen Sie sinnlos hinterher?

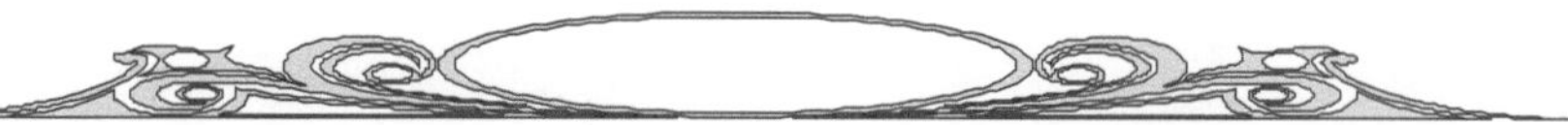

Interpretationshilfe
In Bezug auf

- ***Liebe***

positiv:
Hoffnung auf Liebe
Chance auf Rettung der Beziehung
glückliche Momente zu zweit
negativ:
falscher Partner
Irrweg der Liebe
enttäuschte Hoffungen und Träume

- ***Finanzen***:

positiv:
Hoffnung auf finanzielle Besserung
unerwarteter Gewinn oder Hilfe
negativ:
finanzielle Täuschung
Übervorteilung
trügerische Hoffnung auf Gewinn

- ***Beruf***:

positiv:
Inspiration
plötzliche Eingebung
Aussicht auf berufliche Verbesserung
Beförderung
negativ:
falsche Berufswahl
trügerische Hoffnung auf berufliche Verbesserung
Hinterherjagen falscher Ideale

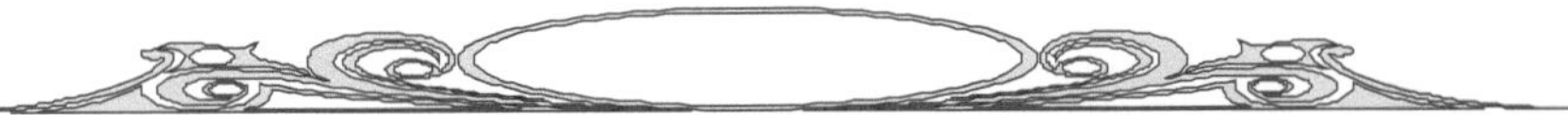

Der Mond
Allgemeine Charaktereigenschaften
Dunkelheit
Undurchschaubarkeit
Einsamkeit
Kummer
kranke Gefühle
seelische Probleme
Depression

<u>Die Besonderheit dieser Karte:</u>

Wie bereits bei der Turmkarte, so handelt es sich auch bei der Karte Mond um eine reine Warnkarte.

Im Gegensatz zum Turm warnt uns der Mond jedoch vor den Abgründen unserer Seele.

Er bezeichnet Gemütskrankheiten, Depressionen und die Hoffnungslosigkeit, die uns jeden neuen Tag wie eine nicht enden wollende Kette düsterer Stunden erscheinen lässt, und die uns jeden Lebensmut zu nehmen vermag.

Gerade bei dieser Karte ist es von großer Wichtigkeit, die Trauergefühle ernst zu nehmen und darauf zu achten, dass der Kummer im Leben der jeweiligen Person neuem Lebensmut weicht.

Tipp:
Denken Sie an Vollmondnächte, die uns aufrütteln und nicht schlafen lassen oder stellen Sie sich einen gemütskranken Menschen vor, der nächtelang wach liegt und verzweifelt den Mond anstarrt.

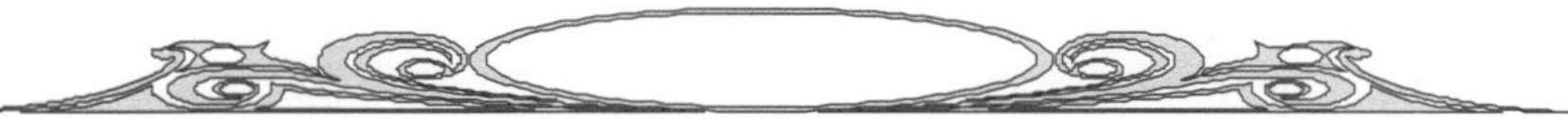

Interpretationshilfe
In Bezug auf

- ***Liebe***
Liebeskummer
Gefühl, nicht geliebt zu werden
Beziehungsunfähigkeit
Angst vor Bindung oder Enttäuschung

- ***Finanzen***:
finanzielle Hoffnungslosigkeit
Existenzangst
Unfähigkeit, mit Geld umzugehen
Geldausgaben zur Suchtbefriedigung
Leben am Rande des finanziellen Minimums

- ***Beruf***:
Arbeitslosigkeit
Überforderung am Arbeitsplatz
berufliche Hoffnungslosigkeit
Stagnation
Abstieg
Angst vor Arbeitslosigkeit

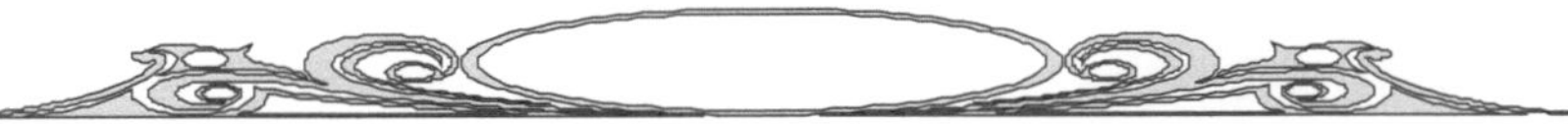

19 Die Sonne
Allgemeine Charaktereigenschaften
Erfolg
Geld
Gewinn
Hoffnung
Freude
guter Ausgang

Die Sonne

Die Besonderheit dieser Karte:

Auch die Sonnenkarte sticht durch eine Einzigartigkeit aus dem Deck heraus:

Bei ihr handelt es sich –im Gegensatz zu den bereits erwähnten Warnkarten- um eine reine Glückskarte.

Was mit der Sonnenkarte in Verbindung steht, wird erfolgreich und strahlend verlaufen.

Selbst einem scheinbar hoffnungslosen Unterfangen steht ein glücklicher Ausgang bevor!

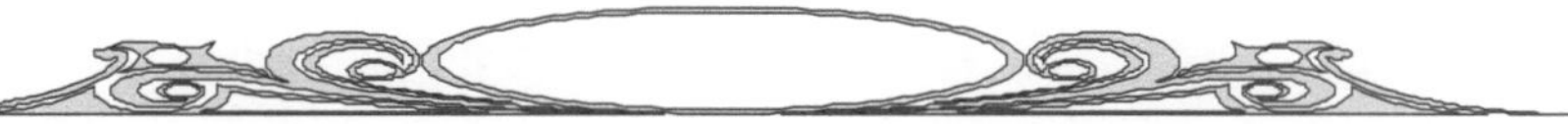

Interpretationshilfe
In Bezug auf

- ***Liebe***
neue Liebe
Erfüllung in der Partnerschaft
Verleibtheitsgefühle
Schmetterlinge im Bauch
Überwindung alter Probleme

- ***Finanzen***:
unerwarteter Geldsegen
Gewinn
gute Geldanlage
Großzügigkeit

- ***Beruf***:
Aufstieg
Beförderung
Freude an der Arbeit
berufliche Anerkennung

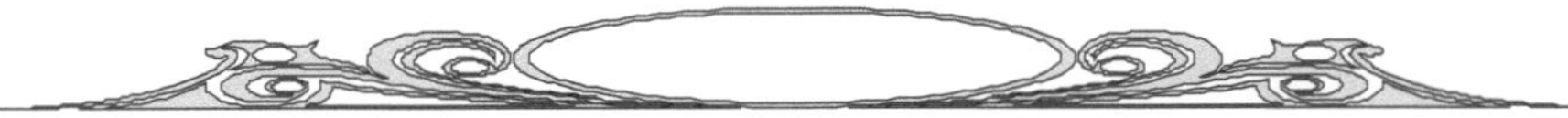

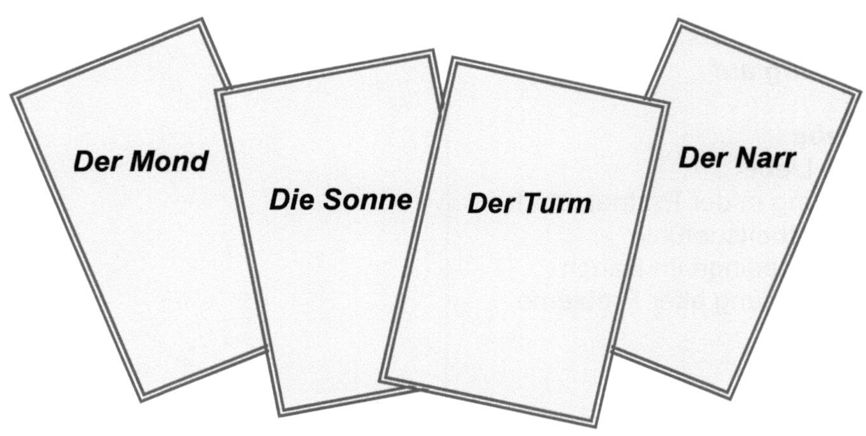

Achtung:

Bei diesen vier Karten handelt es sich um die einzigen Karten im Tarotdeck, bei denen die Position keinerlei Rolle spielt!

Ob sie nun aufrecht oder auf dem Kopf stehen, an der Bedeutung dieser Arkanen ändert sich nichts!

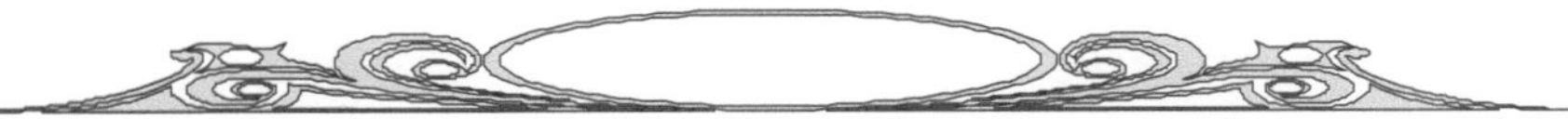

20 Gericht
Allgemeine Charaktereigenschaften
Entscheidung, Urteil
Abwägen aller Fakten
Ergebnis
Ausgang, Neuanfang

Gericht

Bei all unseren Taten müssen wir uns stets der Konsequenzen bewusst sein, die diese mit sich bringen.

Nichts bleibt am Ende ohne Folgen und viele dieser Folgen empfinden wir verständlicherweise als unangenehm.

Deshalb soll uns diese Karte daran erinnern, die Folgen unserer Handlungen genau abzuwägen, ehe wir uns für oder gegen diese Tat entscheiden.

Handeln wir überlegt, kann uns jeder unserer Schritte einem guten Ergebnis näher bringen – das Schicksal (wie auch unsere Mitmenschen) beurteilen unsere Taten also als positiv und belohnen uns entsprechend.

Gericht – umgekehrt
unangenehmes Ergebnis
Ungerechtigkeit
sich fügen müssen
schlechte Resultate

Gericht – umgekehrt

Wie oft sind wir uns im Grunde unseres Herzens bewusst, den einfachen Weg zu wählen, um uns unnötige Anforderungen und Hürden zu ersparen

Mag das auch viele Male gut gehen, letztendlich müssen wir doch die Folgen dieses Handelns tragen und akzeptieren.

Das Ergebnis, das Urteil, ist oft alles andere als angenehm und kommt uns zuweilen ungerecht vor.

Diesem Richterspruch müssen wir uns jedoch fügen.
Recht haben und Recht bekommen sind oftmals zweierlei Dinge.

Tipp:

Viele Kartenleger haben Schwierigkeiten, den Unterschied zwischen der Karte *Gerechtigkeit* und der Karte *Gericht* zu erkennen.

Die *Gerechtigkeit* ist eine Karte, die uns auffordert, unsere Entscheidungen gut abzuwägen und dann *selbst* unser *eigenes* Urteil zu fällen.

Das *Gericht* ist jedoch eine Karte, bei der wir ein Urteil akzeptieren müssen, das *andere* für uns gefällt haben.
Dieses Urteil kann auch vom Schicksal selbst gefällt werden – richtiges Handeln zieht ein gutes Ergebnis (gutes Urteil) nach sich, falsche, egoistische oder aggressive Taten bringen negative Folgen (Urteile).

Insofern kann das Urteil des Gerichtes auch als eine Folge der Gerechtigkeit angesehen werden:

gut abgewägter Entschluss → gute Folge
schlechter Entschluss → schlechte Folge

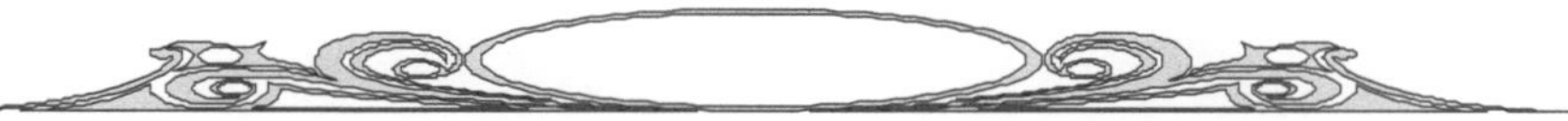

Interpretationshilfe
In Bezug auf

- ***Liebe***

positiv:
Liebe und Lob als Anerkennung für unsere Taten
zufrieden stellende Partnerschaft
Neue Liebe
Neuanfang in einer bestehenden Beziehung
negativ:
Zerstörung einer Beziehung
Liebesverlust als Ergebnis einer Handlung

- ***Finanzen***:

positiv:
Zinsen
Gelder aus Aktien, Pfandbriefen und anderen Einlagen
Gewinn durch geschickten Einsatz vorhandener Geldmittel
negativ:
drohender Bankrott
Verspekulation
schlechte Geldanlage

- ***Beruf***:

positiv:
Aufstieg
beruflicher Erfolg als Lohn für Fleiß und Ausdauer
sich bis zum Erfolg durchkämpfen
negativ:
Bankrott oder Verlust eines Kunden aufgrund
unsachgemäßer oder schlampig ausgeführter Beratung
sich in den Ruin wirtschaften

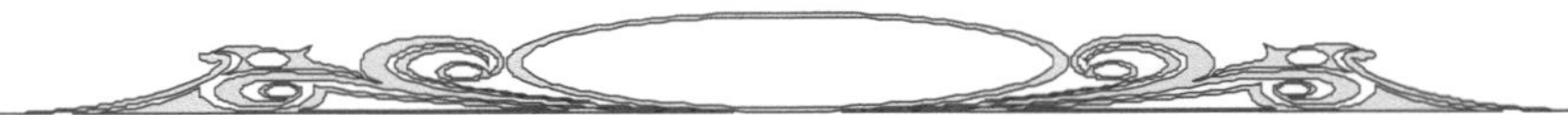

21 Die Welt (Das Aeon, das Weltalter)
Allgemeine Charaktereigenschaften
Das Allumfassende, Vollendung
Summe aller Erfahrungen
das große Ziel
endgültige Balance, innerer Frieden

Die Welt (Das Aeon, das Weltalter)
Die Welt symbolisiert im Endeffekt unser ganzes Leben.
Alles, was uns wichtig ist, was wir lieben, die Summe all unserer Erfahrungen auf unserem Lebensweg, finden sich in dieser Karte vereint.
So viele Wendungen und Irrwege unser Leben auch aufzuweisen hat, so wichtig ist es dennoch, das Ziel nicht aus den Augen zu verlieren und trotz aller Fehler und Ablenkungen immer weiter darauf hinzuarbeiten.
Tipp: Diese Karte ist eine der schwersten im Deck.
Machen Sie die Deutung vom jeweiligen Thema abhängig und versuchen Sie sie als „dieses Thema im Allgemeinen" zu interpretieren.
Die Karte betont noch einmal die Wichtigkeit, das Gesamtziel nicht aus den Augen zu verlieren.

Die Welt (Das Aeon, das Weltalter) - umgekehrt
Ungleichgewicht, vergebliche Mühe
Ziellosigkeit, Verzettelung, Irrfahrt

Die Welt (Das Aeon, das Weltalter) umgekehrt
Steht die Karte auf dem Kopf, so laufen wir Gefahr, den Bezug zu uns selbst und unserem Leben zu verlieren.
Achten Sie darauf, sich nicht zu verzetteln. Schaffen Sie sich vielmehr ein System und halten Sie sich das endgültige Ziel dabei stets vor Augen.
Tipp: Verzweifeln Sie nicht! Selbst Odysseus gelang es nach vielen Irrfahrten letztendlich doch noch, den Weg nach Hause zu finden!

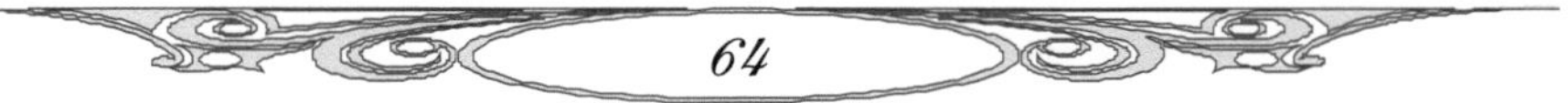

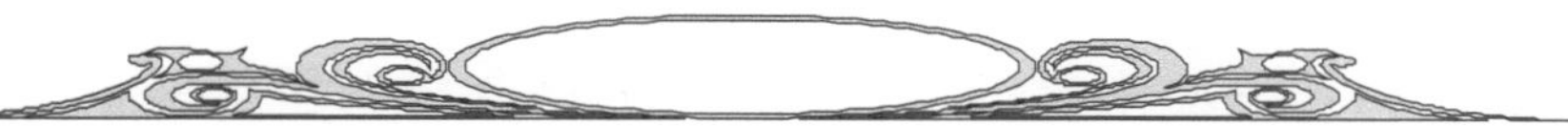

Interpretationshilfe
In Bezug auf

- ***Liebe***

<u>*positiv:*</u>
allumfassende, ewige Liebe
Vollkommenheit der Liebe
tiefe innere Verbundenheit
<u>negativ</u>:
ewige Suche nach der oder dem Richtigen
Unentschlossenheit in der Liebe
Unfähigkeit, den Partner mit seinen Schwächen zu akzeptieren
Verzetteln, die Liebe aus den Augen verlieren

- ***Finanzen***:

<u>*positiv:*</u>
sinnvolle Geldanlage
Erfüllung eines Herzenswunsches
finanzielles Polster
<u>negativ</u>:
Unsicherheit im Umgang mit Geld
Verlust des Überblickes über die Finanzen

- ***Beruf***:

<u>*positiv:*</u>
klar strukturierte Karriereleiter
unaufhaltsamer Aufstieg
Traumberuf
<u>negativ</u>:
berufliche Verunsicherung
zu viele Möglichkeiten
häufige Berufswechsel
nicht bei einer Sache oder einem Job bleiben können

0 Narr

Allgemeine Charaktereigenschaften

Kindlichkeit, Naivität
Bauchgefühl vor Vernunft
Unerwartete Handlungsweise
Hervorstechen aus der Masse

Narr

Der Narr ist ein Mensch, der sich weigert, sich den gegebenen Gepflogenheiten und Konventionen zu unterwerfen und aus Sicht seiner Mitmenschen einfach das tut, wonach ihm gerade der Sinn steht.
Seine Umgebung tut sich oft schwer, die Handlungsweise des Narren nachzuvollziehen, oder gar seinen nächsten Schritt voraussagen zu wollen.

Tatsächlich bemüht sich der Narr jedoch immer wieder darum, es allen recht zu machen und das zu tun, was von ihm erwartet wird. Dabei ist er sich jedoch selten im Klaren darüber, was das Erwartete denn nun eigentlich ist.

Der Narr sollte lernen, sich selbst und seine Einzigartigkeit anzunehmen und nicht länger zu versuchen, den üblichen Vorstellungen zu entsprechen. Sonst lebt er nämlich sein Leben lang gegen seine Natur und blockiert sich selbst.

So kommt er am Ende zu gar nichts, anstatt sein großartiges kreatives Potential zu nutzen und etwas Eigenes zu erschaffen.

Vorsicht ist jedoch auch bei dieser Karte geboten: Übertreibt man es mit der Sprunghaftigkeit und glaubt, sich über alles und jeden hinweg setzen zu können, so können sich leicht größere Schwierigkeiten ergeben.
Achten Sie bei aller Individualität darauf, nicht alles um jeden Preis anders machen zu wollen und nicht immer auf einer Sonderbehandlung zu bestehen.

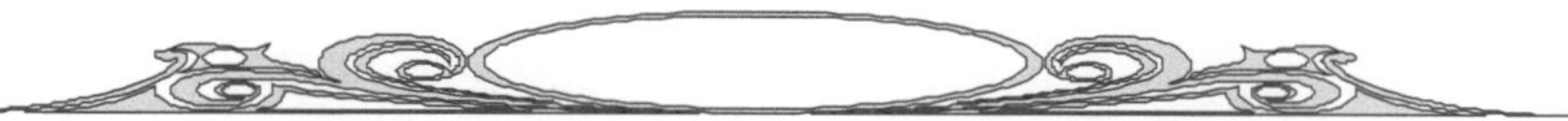

Interpretationshilfe
In Bezug auf

- ***Liebe***
positiv:
zu allem bereit
aufgeschlossen
bereit, für eine Liebe oder ein Abenteuer alles hinter sich zu lassen
negativ:
Abenteurer
oft Gedankenlos
schwer einschätzbarer Partner

- ***Finanzen***:
positiv:
Intuitiver Umgang mit Geld
Großzügigkeit
Gewinn aus zunächst erfolglos scheinenden Unterfangen
negativ:
unüberlegte Ausgaben
plant heute so, handelt morgen anders
übermäßige Sprunghaftigkeit

- ***Beruf***:
positiv:
Geht neue Wege
hohe Kreativität
schöpferische Natur
Künstler, Schriftsteller, Musiker …
negativ:
Sprunghaftigkeit
Verliert zu schnell das Interesse
stürzt sich mit Feuereifer in die Arbeit, lässt dann wiederum alles stehen und liegen
keine Geduld
führt einmal Begonnenes nicht zu Ende

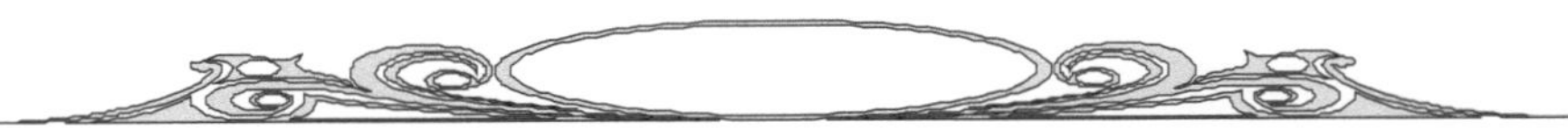

Das Ziehen einer Tageskarte

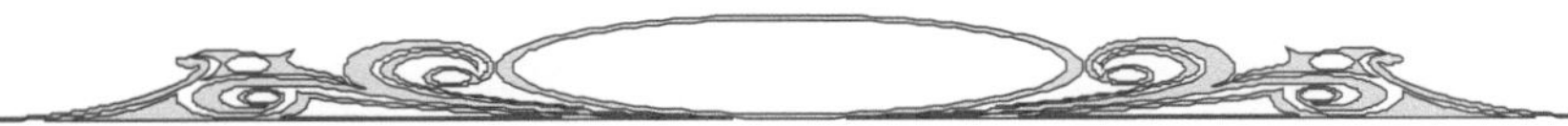

Wer meine anderen Bücher zum Thema Kartenlegen kennt, weiß, dass mir das Ziehen einer Tageskarte zu Beginn der Arbeit mit den Karten sehr am Herzen liegt.
Hierbei handelt es sich um eine der einfachsten und zugleich interessantesten Übungen im Umgang mit Wahrsagekarten aller Decks.

Gerade das Tarot bietet sich zu dieser Übung geradezu an, da es mehr als alle anderen Kartensets unsere Gefühlswelt anspricht.

Um eine Tageskarte zu ziehen eignet sich die Zeit nach dem Aufstehen besonders gut.

Sollte diese Zeit für Sie mit außerordentlich viel Stress und Hektik verbunden sein, da Sie Kinder zu versorgen und in Schule oder Kindergarten zu bringen haben, oder aber im Berufsverkehr zur Arbeit fahren müssen, so heben Sie sich das Ziehen dieser Karte besser für einen späteren, ruhigeren Augenblick auf.

Sobald Sie dann ein paar ungestörte Minuten erübrigen können, setzen Sie sich, atmen Sie ein paar Mal tief durch und nehmen Sie dann Ihre Karten zur Hand.

Ehe Sie mit dem Mischen oder gar dem Ziehen der Tageskarte beginnen, stimmen Sie sich gedanklich auf den kommenden Tag ein.
Lassen Sie Ihren Gedanken und Gefühlen dabei ruhig freien Lauf.

- Was erwarten Sie von dem beginnenden Tag?
- Worauf hoffen Sie?
- Was befürchten Sie?
- Was könnte besten- oder schlimmstenfalls geschehen?
- Was haben Sie sich selbst für heute vorgenommen?

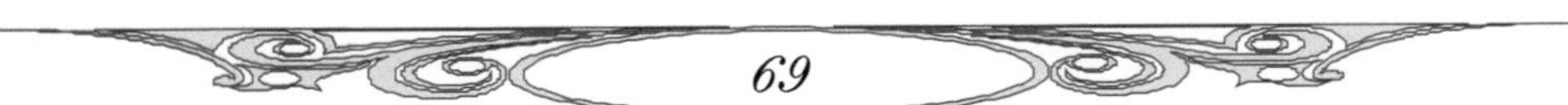

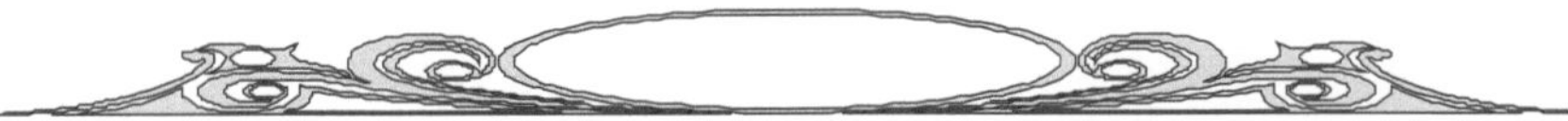

Mischen Sie dann die Karten gründlich so lange, bis Sie das Gefühl haben, es sein nun genug und Sie könnten mit der Ziehung beginnen.

Am Einfachsten ist es, zum Ziehen der Tageskarte alle Karten auf einem Tisch oder einer Ablagefläche auszubreiten und dort fächerartig zu verteilen.

Lassen Sie dann ganz einfach Ihre Intuition walten und ziehen Sie spontan die Karte, die Ihnen am ehesten ins Auge sticht.

Nun drehen Sie die gezogene Karte um und lassen Sie diese kurz auf sich wirken, ehe Sie mit der eigentlichen Interpretation der Kartenaussage beginnen.

- ***Die Aussagen der Tageskarten finden Sie im Anhang***

Wichtiger Hinweis:
Achten Sie bitte darauf, die Karte nicht unbewusst „richtig herum“ zu drehen, falls Bild und Schrift auf dem Kopf stehen, da Sie sonst die Aussage der Karte ungewollt beeinflussen könnten.

Sie können die Karte nun erst einmal ohne Zuhilfenahme der Interpretationshilfe oder der Kartenaufstellung auf den vorangehenden Seiten betrachten.

- Was fällt Ihnen spontan zu der gezogenen Karte ein?
- Sehen Sie bereits zu diesem Zeitpunkt eine Verbindung zwischen dem Gefühl, das sie in Ihnen auslöst und Ihren Gedanken über den beginnenden Tag?

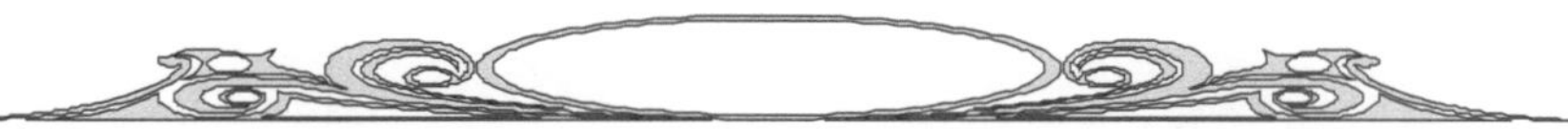

Nehmen Sie jetzt die Kartenaufstellung auf den Seiten 18 - 67 zur Hand und schlagen Sie unter der entsprechenden Kartenaussage nach. Mit Hilfe dieser kurzen, stichwortartigen Aussagen können Sie sich nun weiterführende Gedanken machen.

- Was möchte die Karte Ihnen vermitteln?
- Inwiefern lassen sich die Aussagen auf Ihr Leben und den heutigen Tag anwenden?
- Welche Gefühle löst die Karte nun in Ihnen aus?
- Wie langsam oder schnell ließ sich eine Verbindung zwischen dem jeweiligen Tag und der Karte herstellen?
- Haben sich Ihre Gefühle bestätigt, wenn Sie dieselbe Karte am Abend noch einmal zur Hand nehmen?

Wenn Sie diese Übung täglich durchführen, werden Sie merken, wie schnell sich nicht nur Ihr Gespür für ihre Tarotkarten entwickelt, sondern auch Ihre Sinne und Antennen für die Geschehnisse des Tages immer mehr verfeinern.

Zudem lernen Sie mit Hilfe dieser Übung, Ihre Gefühle, Ängste und Hoffnungen besser einzuschätzen und in klare und unmissverständliche Worte zu fassen.

Diese Fähigkeit kann Ihnen dann auch im täglichen Umgang mit Ihren Mitmenschen nur von Nutzen sein.

Übrigens:
Je nachdem, welche Karte Sie bei dieser Übung ziehen, wird Ihnen das Interpretieren mal leichter und mal schwerer von der Hand gehen.

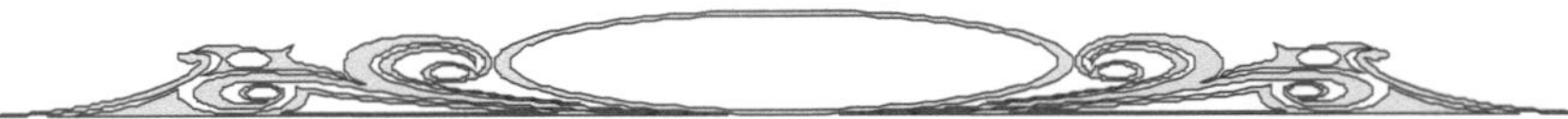

Bei aller Mühe werden Sie jedoch von Zeit zu Zeit auf die folgende Situation stoßen:
Manche Karten scheinen einfach nicht mit Ihnen und Ihrer jeweiligen Lebenslage übereinstimmen zu wollen.

Hier könnten Sie nun entweder eine weitere Karte zur Klärung heranziehen, oder aber die gezogene Karte mit Ihren Gedanken kurz notieren und diese Notiz ein paar Tage später erneut zur Hand nehmen.

Oft erscheint uns dann im Nachhinein alles viel klarer und eine zunächst scheinbar sinnlose Karte ergibt dann eben plötzlich doch noch einen Sinn.
Möglicherweise hatten Sie im Augenblick der Ziehung auch einfach ganz andere Dinge im Kopf und waren daher nicht in der Lage, einen unerwarteten Aspekt zuzulassen.

Auf den folgenden Seiten möchte ich Ihnen anhand einiger Beispiele zeigen, welche Gedanken Sie sich im Zusammenhang mit Ihren Karten machen könnten, um zu einem sinnvollen und befriedigenden Ergebnis zu gelangen.

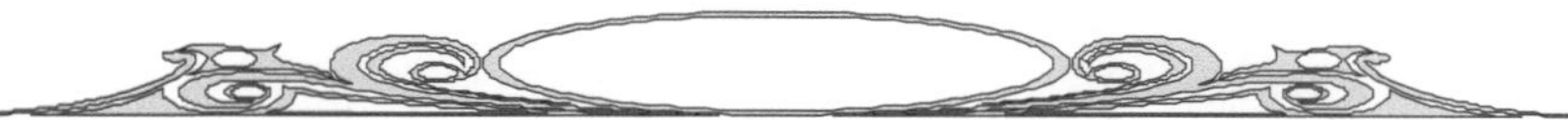

Die Tageskarte
Beispiel 1:

Sie ziehen die Karte

Nr. 3
Die Herrscherin
aufrecht

Stichworte:

Fortschritt und Entwicklung
Schutz, Treue
schöpferisches Wesen
Selbstsicherheit
Tatkraft und Delegationsfähigkeit

Gedanken, die Sie sich zu dieser Karte machen könnten

- Bin ich meinen Mitmenschen gegenüber aufgeschlossen genug?
- Wo könnte ich mich noch fortschrittlicher zeigen?
- Welche Aufgaben warten noch auf mich?
- Was sollte ich dringend in Angriff nehmen?
- Wie kann ich an dieses Ziel gelangen? Wen kann ich dazu um Hilfe bitten?

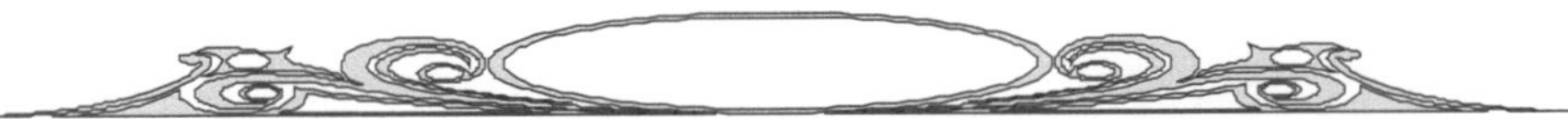

Die Tageskarte
Beispiel 2:

Sie ziehen die Karte

Nr. 10
Das Rad
auf dem Kopf stehend

Stichworte:

falsche Richtung
Gegenbewegung
versäumte Gelegenheit
falsch eingeschlagener Weg
Rückschlag

Gedanken, die Sie sich zu dieser Karte machen könnten:

- Habe ich das Gefühl, mich in meinem Leben in die falsche Richtung zu bewegen?
- Welcher versäumten Gelegenheit trauere ich heute noch hinterher?
- Was kann ich tun, um wieder auf den richtigen Weg zurückzufinden?
- Wie kann ich doch noch erreichen, was ich damals verpasst habe?

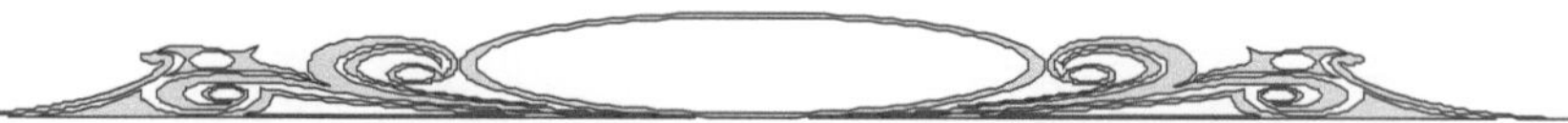

Die Tageskarte
Beispiel 3:

Sie ziehen die Karte

Nr. 22 / 0
Der Narr
auf dem Kopf stehend

Stichworte*:*

Kindlichkeit
Naivität
Bauchgefühl vor Vernunft
unerwartete Handlungsweise
Hervorstechen aus der Masse

Gedanken, die Sie sich zu dieser Karte machen könnten:

- Neige ich dazu, mich über alle Konventionen hinwegzusetzen?
- Ist es möglich, dass ich mit diesem Verhalten meine Mitmenschen vor den Kopf stoße, oder zuweilen sogar beleidige und schockiere?
- Wie würde ich mich fühlen, wenn mit mir genau so umgegangen würde?
- Bringe ich mich durch mein leichtfertiges, unüberlegtes Verhalten manchmal selbst in Schwierigkeiten?

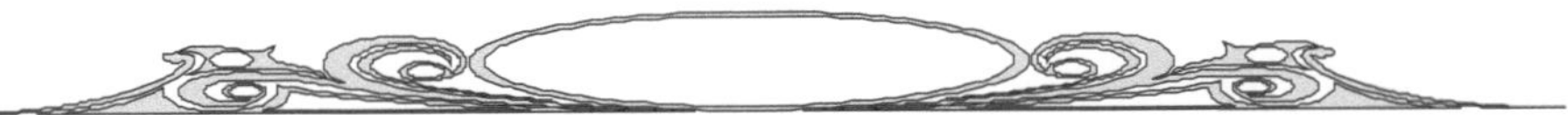

Die Tageskarte
Beispiel 4:

Sie ziehen die Karte

Nr. 16
Der Turm

Stichworte:

Zerstörung
Unglück
Not
Ruin
Enttäuschung
sich seiner Sache zu sicher sein
Selbstüberschätzung

Gedanken, die Sie sich zu dieser Karte machen könnten:

- Welche negative Entwicklung in meinem Leben ist absehbar oder bereits eingetreten?
- Laufe ich Gefahr, mich zu sehr auf eine Sache zu versteifen und mit offenen Augen in mein Unglück zu rennen?
- Wie kann ich diese möglichen Gefahren abwenden?
- Fühle ich mich meiner Sache zu sicher und bin daher blind für mögliche Gefahren geworden?
- Gerate ich gerne in Schwierigkeiten, weil ich dazu neige, mich oder meine Kräfte bisweilen selbst ein wenig zu überschätzen?

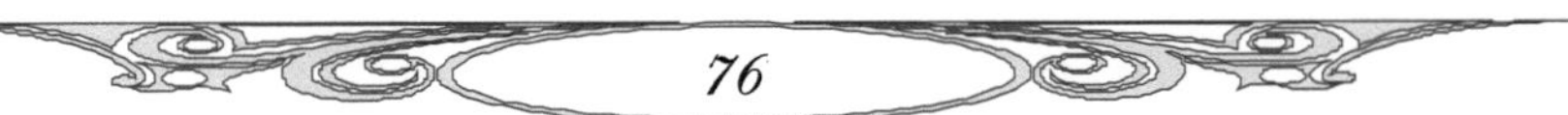

Das Verbinden mehrerer Karten

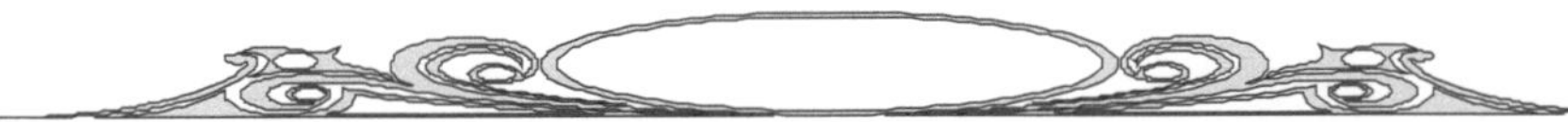

Nachdem wir uns im vorangehenden Kapitel zu den Tageskarten mit dem Ziehen und Deuten einzelner Karten vertraut gemacht haben, möchte ich an dieser Stelle bereits einen entscheidenden Schritt weiter gehen:

In diesem Kapitel lernen Sie, mehrere Karten miteinander zu verbinden und diese dann schließlich gemeinsam zu deuten.

Die meisten bekannten Tarot-Legesysteme legen jeweils nur eine einzige Karte auf jenen Gesichtspunkt des angesprochenen Themas, doch es ist von entscheidender Wichtigkeit, alle in diesem Legesystem vorkommenden Karten auch gemeinsam einzuordnen und in einer abschließenden Aussage zusammenfassen zu können.

Diese abschließende Aussage wird von vielen Kartenlegern mit dem Begriff *Quintessenz** bezeichnet.

Auch im Zusammenhang mit den Tageskarten kann es ab und an sinnvoll sein, eine weitere Karte zur Deutung hinzuzuziehen, um eine Tageskarte, die für uns im ersten Augenblick keinen Sinn ergeben mag, weiter zu erklären.

Im Grunde handelt es sich auch bei der Interpretation mehrerer Karten nicht um ein großes Hexenwerk, sondern um die logische Fortführung dessen, was Sie bereits gelernt haben.

* Diese Begriffe finden Sie im Anhang unter der Rubrik „Kleines Lexikon der wichtigsten Tarotbegriffe“ noch einmal erklärt.

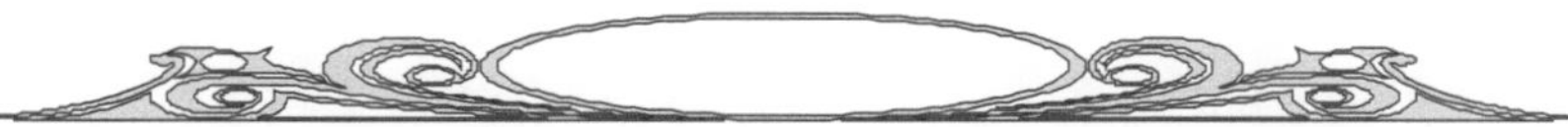

- Mischen Sie Ihre Karten dazu wie gewohnt und breiten Sie diese dann mit der Bildseite nach unten wieder fächerartig vor sich aus.

- Ziehen Sie auch nun wieder eine Karte und drehen Sie diese um, so dass die Bildseite Ihnen zugewandt ist.

- Bitte drehen Sie die Karte jedoch auch diesmal nicht zusätzlich „richtig herum“, sondern lassen Sie Bild und Schrift, wenn dies der Fall sein sollte, auf dem Kopf stehen.

- Lassen Sie die Karte wieder auf sich wirken. Was sagt die Karte aus?

- Wenn Sie die erste Karte interpretiert haben, wiederholen Sie die Prozedur einfach mit einer weiteren Karte.

- Mischen, ziehen und deuten Sie also auch diesmal wieder wie zuvor.

- Nun verbinden Sie die Aussagen der beiden Karten, in dem Sie einen Zusammenhang zwischen den beiden Einzeldeutungen herstellen.

- Fassen Sie diese Aussagen nun in einem abschließenden Satz – der Quintessenz – zusammen.

Bemerkung:
Diese Deutungen könnten nun in etwa so aussehen
(Die Stichworte zu den jeweiligen Karten wurden im Text kursiv hervorgehoben):

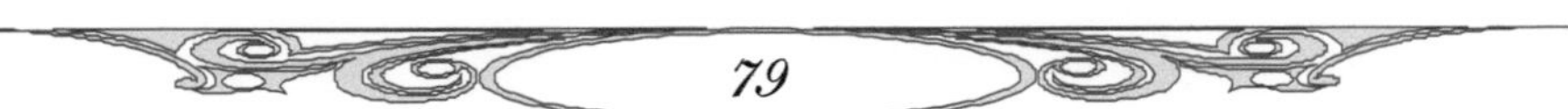

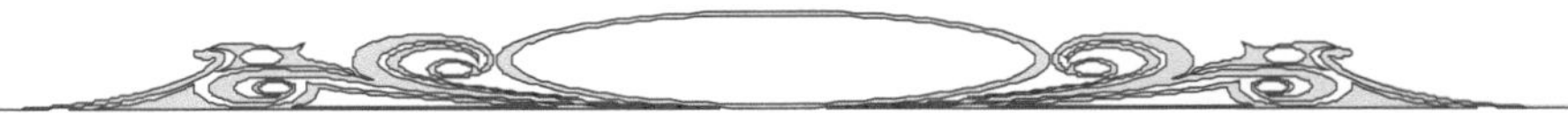

Das Verbinden mehrerer Karten:
Beispiel 1:

1. Karte:

6 Die Liebenden – umgekehrt
unausgereifte Entscheidungen
übertriebene Erwartungen
Rücksichtslosigkeit
Verblendung

2. Karte:

13 Der Tod
Neubeginn
neue Chance
etwas ist endgültig vorüber
Loslösung

Nun verbinden wir diese beiden Karten:

Quintessenz: Haben Sie in letzter Zeit das Gefühl, mit den Folgen *übereilter Entschlüsse, unausgereifter Entscheidungen* oder *falscher Erwartungen* leben zu müssen?

Fehlentscheidungen können wir alle einmal treffen. jetzt jedoch wäre es an der Zeit, diese vermeintlichen Fehler noch einmal genau zu überprüfen und dann gegebenenfalls einen *neuen Anfang* zu wagen.

Lassen Sie Ihre falschen Erwartungen endgültig *hinter sich*, *schließen Sie* mit diesem Abschnitt Ihres Lebens *ab* und machen Sie sich frei für einen *Neubeginn*.

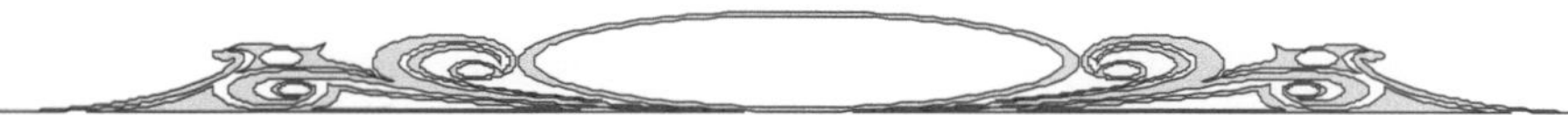

Beispiel 2:

1. Karte:

17 Der Stern
Erwachen neuer Hoffnung
nach Trauer und Enttäuschung
neues Selbstvertrauen
Licht am Ende des Tunnels
Leuchtfeuer in der Nacht

2. Karte:

20 Gericht
Entscheidung, Urteil
Abwägen aller Fakten
Ergebnis
Ausgang
Neuanfang

Nun verbinden wir diese beiden Karten:

Manchmal scheint einfach alles auf und hernieder zu stürzen.
Wir fühlen uns ungerecht behandelt, mit unhaltbaren und unserer Meinung nach unfairen Forderungen konfrontiert und fürchten uns vor dem, was da kommen möge.

Die Sternkarte spricht uns jedoch wieder Mut zu.
Wir haben allen Grund dazu, die *Hoffnung nicht zu verlieren*, sondern *zuversichtlich* einem *gerechten und sinnvollen Ergebnis* entgegenzusehen.
Nach *Abwägung aller Fakten* wird man zu einem *fairen Urteil* kommen.
Es gibt also *Licht am Ende des Tunnels.*

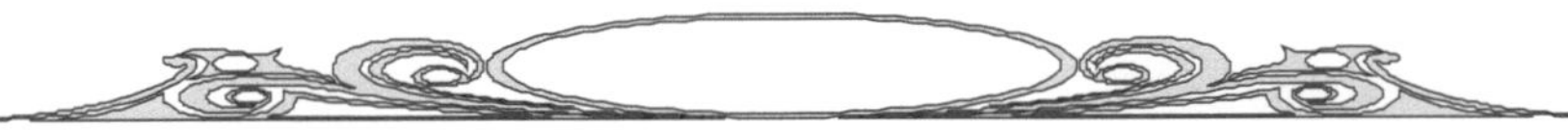

Übungen und Lösungsvorschläge

Nun sind Sie selbst an der Reihe!

Versuchen Sie nun bitte, die folgenden Beispiele selbst zu erarbeiten und die genannten Kartenpaare gemeinsam zu interpretieren.

Wenn Sie sich im Umgang mit den Karten noch nicht ganz sicher sind, können Sie selbstverständlich auch in den Kartenaussagen auf den Seiten 17 – 64 nachsehen.

Meine eigene Interpretation in meinen Worten finden Sie als möglichen Lösungsvorschlag im Anschluss.

Machen Sie sich bitte keine Sorgen, wenn dieser Vorschlag von Ihrer Deutung abweichen sollte.

Versuchen Sie, diesen Lösungsvorschlag trotz allem nachzuvollziehen, und zu verstehen, wie und weshalb ich zu meiner Aussage gekommen bin.

Überdenken Sie daraufhin Ihre eigene Lösung noch einmal.
Haben Sie vielleicht etwas übersehen oder aber die Karten vorschnell interpretiert?

Wenn Sie sich Ihrer eigenen Aussage danach noch immer ganz sicher sind, so kann diese für Ihr persönliches Leben durchaus zutreffend sein.

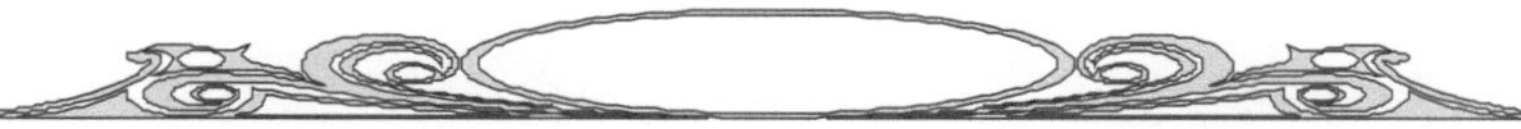

Bitte interpretieren Sie die folgenden Karten zunächst einzeln und dann im Zusammenhang:

1. Beispiel:

18 Der Mond + *17 Der Stern (aufrecht)*

mögliche Interpretation:

1. Karte: Der Mond

………………………………………………………………………

………………………………………………………………………

2. Karte: Der Stern (aufrecht)

………………………………………………………………………

………………………………………………………………………

Quintessenz:

………………………………………………………………………

………………………………………………………………………

………………………………………………………………………

………………………………………………………………………

………………………………………………………………………

Lösungsvorschlag:

18 Der Mond + *17 Der Stern (aufrecht)*

mögliche Interpretation:

1. Karte: Der Mond
Dunkelheit, Undurchschaubarkeit, Einsamkeit, Kummer, kranke Gefühle, seelische Probleme, Depression

2. Karte: Der Stern (aufrecht)
Erwachen neuer Hoffnung nach Trauer und Enttäuschung, neues Selbstvertrauen, Licht am Ende des Tunnels, Leuchtfeuer in der Nacht

Quintessenz:
Trauer, Depressionen oder auch der Verlust eines geliebten Menschen können uns mitunter in eine Phase der Dunkelheit und der Hoffnungslosigkeit stürzen.
Alles erscheint uns in dieser Zeit schlimm und undurchschaubar.

Die Sternkarte gibt uns in dieser Zeit der Dunkelheit wieder neue Hoffnungen.

Mitten in unserer finstersten Stunde erscheint ein kleines Licht, das uns den Weg heraus aus der Dunkelheit in ein neues Leben weisen kann.

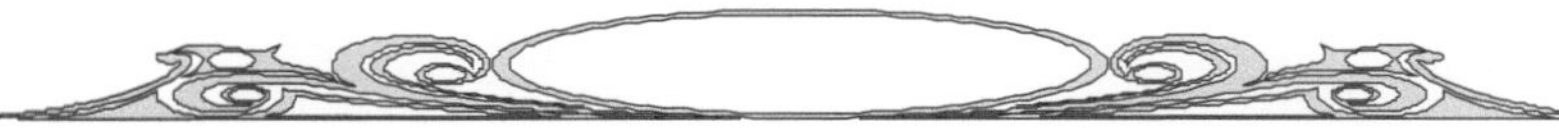

Bitte interpretieren Sie die folgenden Karten zunächst einzeln und dann im Zusammenhang:

2. Beispiel:

22 / 0 Der Narr + *16 Der Turm*

mögliche Interpretation:

1. *Karte: Der Narr*

....

....

2. *Karte: Der Turm*

....

....

Quintessenz:

....

....

....

....

....

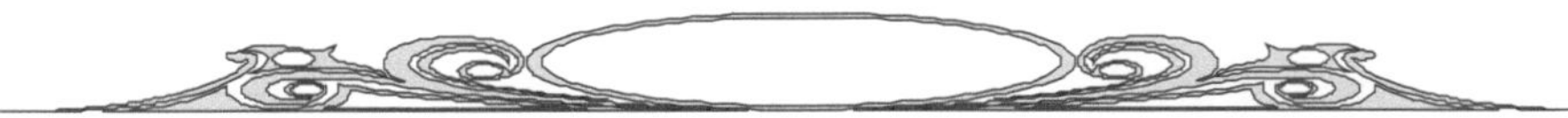

Lösungsvorschlag

22 / 0 Der Narr + *16 Der Turm*

mögliche Interpretation:

1. *Karte: Der Narr*

Kindlichkeit, Naivität, Bauchgefühl vor Vernunft, unerwartete Handlungsweise, Hervorstechen aus der Masse

2. *Karte: Der Turm*

Zerstörung, Unglück, Not, Ruin, Enttäuschung, sich seiner Sache zu sicher sein, Selbstüberschätzung

Quintessenz:

Wer sich allzu leichtfertig über Konventionen und geltende Regeln hinwegsetzt, eher auf sein Bauchgefühl achtet, als auf die Stimme der Vernunft zu hören, wer immer und überall aus der Masse seiner Mitmenschen hervorstechen will und auf eine Sonderbehandlung besteht, kann leicht in die Gefahr kommen, sich selbst und seine Fähigkeiten zu überschätzen.

Wenn ihn dann einmal das Glück verlässt, muss er sprachlos mit ansehen, wie sein ganzes Leben um ihn herum zusammenbricht.

Denn sich zusammenzureißen und rechtzeitig einzugreifen – auch wenn dies mit Mühen und Anstrengungen verbunden sein sollte, hat der Narr in seinem Leben nicht gelernt.

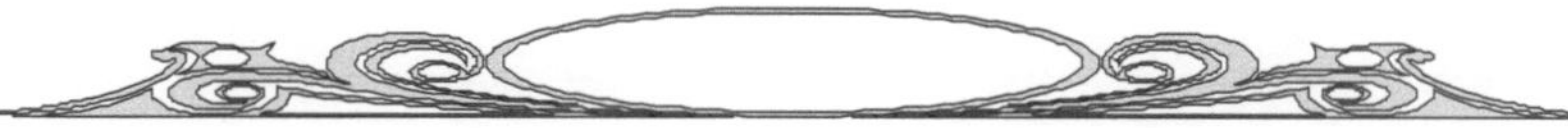

Bitte interpretieren Sie die folgenden Karten zunächst einzeln und dann im Zusammenhang:

3. Beispiel:

9 Der Eremit - umgekehrt + Das Rad - umgekehrt

mögliche Interpretation:

1. Karte: Der Eremit - umgekehrt

…………………………………………………………………………

…………………………………………………………………………

2. Karte: Das Rad - umgekehrt

…………………………………………………………………………

…………………………………………………………………………

Quintessenz:

…………………………………………………………………………

…………………………………………………………………………

…………………………………………………………………………

…………………………………………………………………………

…………………………………………………………………………

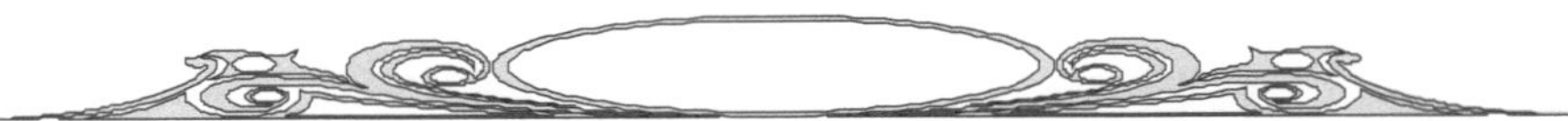

Lösungsvorschlag

***3.* Beispiel:**

9 Der Eremit - umgekehrt + Das Rad - umgekehrt

mögliche Interpretation:

1. Karte: Der Eremit – umgekehrt
Abkapselung. Rückzug aus dem Leben, Einsamkeit, Kargheit

2. Karte: Das Rad – umgekehrt
falsche Richtung, Gegenbewegung, versäumte Gelegenheit, falsch eingeschlagener Weg, Rückschlag

Quintessenz:
Der Eremit ist auf seiner Suche nach Ruhe und Abgeschiedenheit einen Schritt zu weit gegangen.
Statt sich in Frieden zu erholen und die Zeit ohne Stress und Belastungen zu nutzen, um seine Gedanken zu ordnen, hat sich dieser Mensch von seiner Umgebung abgekapselt und zurückgezogen.
Er lebt ein Leben in Einsamkeit, fühlt sich unverstanden und kommt mit der Außenwelt immer weniger klar.
Noch hat diese Person allerdings die Chance, das Ruder herumzureißen und das Leben wieder in die richtigen Bahnen zu lenken.
Versäumt der Eremit diese Gelegenheit jedoch und schafft er es nicht bald, wieder auf die Leute um ihn herum zuzugehen, so könnte es letztendlich zu spät sein.

Fragen sinnvoll formulieren

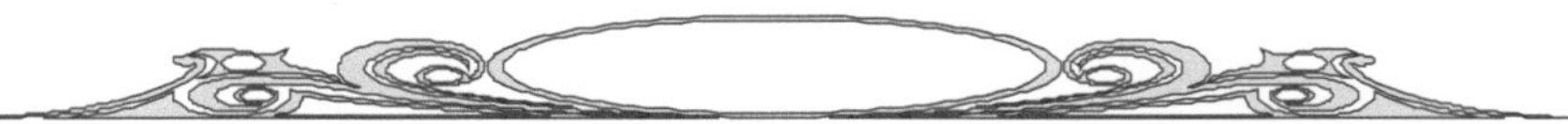

Bitte führen Sie die bisherigen Übungen immer wieder, zu Beginn am besten täglich, fort.

Selbst wenn Sie die Bedeutungen der einzelnen Karten bereits gut in sich aufgenommen und verinnerlicht haben, wird Ihnen das tägliche Üben dabei helfen, Ihre Intuition Stück für Stück zu verfeinern und somit auch ein besseres Gefühl für den Umgang mit Ihren Karten zu entwickeln.

Auch nach jahrelanger Arbeit mit Wahrsagekarten aller Art ziehe ich noch immer jeden Morgen eine Tageskarte, um mich auf den neuen Tag und seine Ereignisse einzustimmen.

Der Kontakt mit unserem Unterbewusstsein wird durch das regelmäßige Üben gestärkt und wir lernen uns selbst mit all unseren Gefühlen und Gedanken besser kennen.

Das Tarot dient also in vielerlei Hinsicht nicht nur der Klärung akuter Fragen und Problemsituationen in unserem Leben, sondern zu einem großen Teil auch der Selbstfindung und Selbsttherapie..

Ehe wir ein Problem in unserem Leben mit Hilfe der Karten lösen können, müssen wir uns allerdings über diese Angelegenheit und die Gefühle, die sie in uns auslöst, erst einmal wirklich klar werden.

Daher beginnt jede Befragung der Tarotkarten zunächst mit der genauen Formulierung des Problems.

Wir fragen also nicht direkt nach:

- Wie kann ich mit meiner Mutter umgehen?

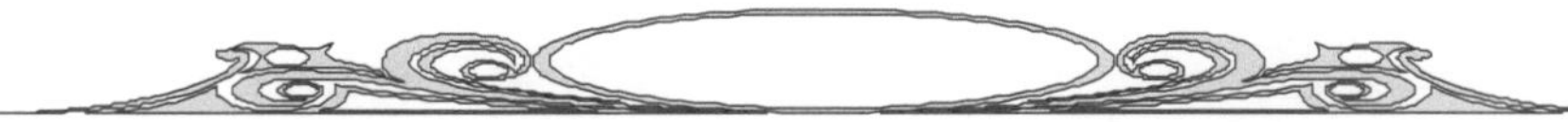

sondern formulieren:

- Wenn ich mit meiner Mutter spreche habe ich oft das Gefühl, wieder ein kleines Kind zu sein und mich für alles, was ich tue, rechtfertigen zu müssen. Dabei glaube ich, es ihr ohnehin nicht recht machen zu können und sie permanent zu enttäuschen.

  Ich fühle mich deshalb sehr hilflos und weiß nicht recht, wie ich mit ihr am besten umgehen soll.

  Wie soll ich mich nun verhalten, wenn ich mit ihr zusammentreffe, und wie schaffe ich es, mich von meinen Ängsten und Gefühlen nicht länger beengen und bedrängen zu lassen?

Auf diese Weise haben Sie zunächst einmal die Situation für sich selbst geklärt.

Vieles wird Ihnen bereits jetzt leichter fallen, da Ihnen die Lage mittlerweile viel klarer geworden ist.

Ziehen Sie nun eine Karte, wie beispielsweise das Gericht, so wird Ihnen die Deutung der Frage auch gleich viel einfacher erscheinen.

Im Gegensatz zur Gerechtigkeit, bei der wir selbst abwägen und eine Entscheidung treffen sollen, wird uns mit der Gerichtskarte bekanntermaßen ein Urteilspruch von Außen aufgedrückt.

Hier haben wir also selbst nicht die Möglichkeit, etwas zu verändern oder frei zu entscheiden, das Urteil des Gerichtes müssen wir schlucken, ob wir wollen oder nicht.

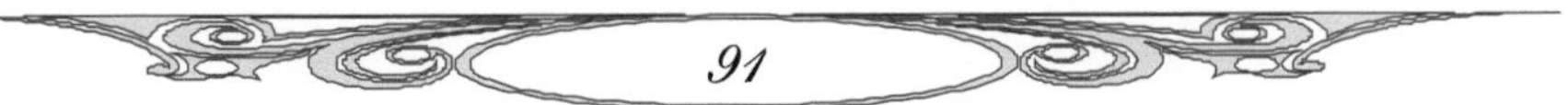

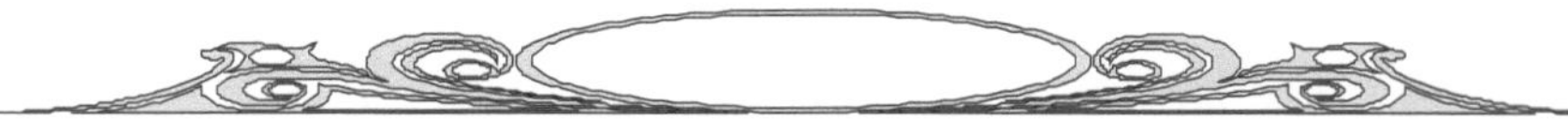

Dies bedeutet für uns in dieser Situation zunächst einmal, dass wir mit dem Urteil der Mutter über unser Leben klarkommen müssen.

Möchten wir weiterhin den Kontakt beibehalten, so müssen wir uns daher ganz einfach mit ihrem Verhalten abfinden.

Des Weiteren sollten wir uns jedoch auch bewusst machen, dass auch die Mutter mit Entscheidungen leben muss, die andere Leute für sie getroffen haben.

Zu ihrer Zeit waren die Rollen sogar noch viel strenger verteilt, als heute.

Vielleicht fühlt sich ja auch die Mutter um ihr Leben betrogen, durfte ihre Talente nicht ausleben oder niemals wirklich selbst entscheiden, was sie mit ihrem Leben anfangen wollte.

Auch wenn sie die Verbitterung darüber vielleicht unbewusst an ihre Kinder weitergibt, die eigentliche Ursache ihrer Enttäuschung sind nicht wir.

Für ihren Kummer brauchen wir uns deshalb auch nicht verantwortlich zu fühlen.

Es ist schade, wenn sie sich unglücklich fühlt, doch es ist nicht unsere Schuld.

Vielleicht gelingt es ja, mit Hilfe dieser Einsicht wieder ein besseres Verhältnis zu einander zu bekommen, und nicht alles gleich allzu persönlich zu nehmen.

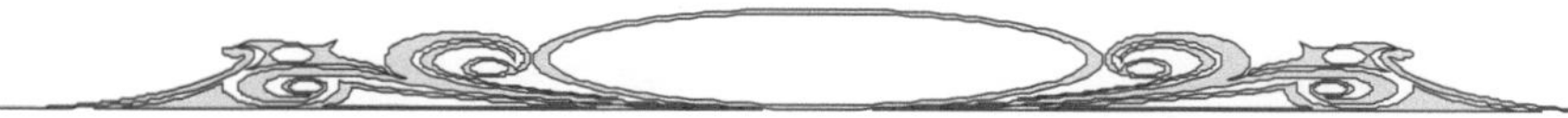

Erkennen Sie, wie wichtig es war, dass Sie sich das Problem erst einmal genauer bewusst gemacht haben?

Aus diesem Grund sollten Sie bei der Formulierung Ihrer Fragen folgende Regeln beachten:

- Machen Sie sich die Ursache Ihres Problems klar.
- Welche Gefühle löst die Problemsituation in Ihnen aus?
- Fassen Sie die Ausgangslage noch einmal in Worten zusammen und stellen Sie Ihre Frage dann in klarer Form.
- Vermeiden Sie ja / nein – Fragen.

Auf den folgenden Seiten finden Sie eine Reihe von Beispielen für mögliche Konfliktsituationen, sowie die Fragen, die zu diesen Themen an das Tarot gestellt wurden.

Im Anschluss an die Beispiele sind dann wieder Sie selbst gefragt.

Die Ausgangssituationen werden Ihnen auch hier vorgegeben, die Antworten auf die gestellten Fragen müssen Sie jedoch selbst finden.

Dazu finden Sie selbstverständlich auch diesmal wieder meine eigene Interpretation in meinen Worten also mögliche Deutung.
Auch in diesen Fällen spielen natürlich unsere Lebenserfahrungen und unser Wesen eine entscheidende Rolle bei der Deutung der Karten.

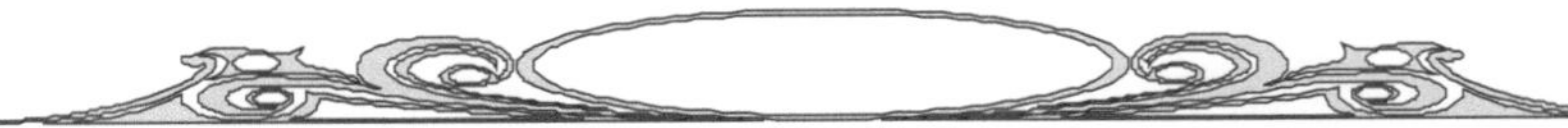

Achten Sie jedoch darauf, wie Sie sich im Umgang mit den Tarotkarten fühlen.

- Fühlen Sie sich beim Legen und Interpretieren der Karten bereits sicher?
- In welchen Situationen treten noch Unsicherheiten auf?
- Gibt es einzelne Karten, mit denen Sie besser oder schlechter zurechtkommen, als mit anderen?
- Wenn ja: Woran könnte das liegen?

Nun wünsche ich Ihnen viel Erfolg beim Interpretieren der Karten!

Beispiele und Übungen

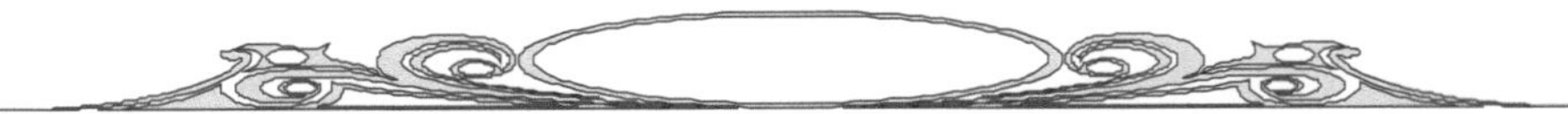

Bemerkung:
Die hier aufgeführten Beispiele werden in den folgenden Kapiteln teilweise wieder aufgegriffen und um zusätzliche Karten erweitert, so dass sich ein Zusammenhang ergibt, der Ihnen das Nachvollziehen erleichtern soll.

Fragen sinnvoll formulieren:

Beispiel 1:

Zusammenfassung der augenblicklichen Lage:

Derzeit scheine ich nie bei Kasse zu sein.
Egal, was ich auch anfange, das Geld zerrinnt mir buchstäblich zwischen den Fingern.

Ich bemühe mich wirklich, meine Finanzen zusammenzuhalten, habe aber regelmäßig leere Taschen, wenn ich nach hause komme.

Ich fürchte, ich habe überhaupt keinen Überblick mehr darüber, wo mein Geld eigentlich hin fließt.

Frage:
Was kann ich tun, um meine finanzielle Lage zu verbessern?

Gezogene Karte:

12

Der Gehängte

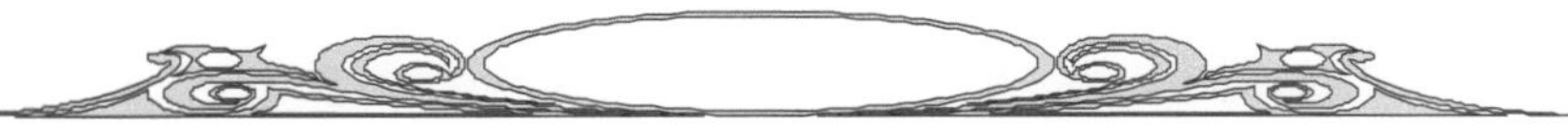

Gezogene Karte: 12 Der Gehängte

Der Gehängte kann sich aus seiner augenblicklichen Situation alleine nicht befreien.
So wie er an Fuß und Händen gefesselt ist und quasi hilflos über dem Boden baumelt, so fühlt sich auch die Rat suchende Person in ihrer Lage gefangen.

In finanzieller Hinsicht steckt der Gehängte in Verträgen,
Schulden, Abzahlungen
oder
ähnlichen Verpflichtungen fest,
so dass ihm das Geld tatsächlich oft entrissen wird,
noch ehe er selbst seine Hände darum schließen kann.

Zudem hat er die Fähigkeit verloren,
seine Geldausgaben zu überblicken,
sie aus einem objektiven Winkel heraus zu betrachten.

Eine Lösung könnte
in einer Veränderung dieser Position liegen.
Ein langfristiger Kreditvertrag mit niedrigen Abzahlungsraten
oder
Stundung könnte ihm helfen, wieder auf die Beine zu kommen.

Beispiel 2:

Zusammenfassung der augenblicklichen Lage:

Ich bin als Einkäuferin bei einem großen Sportartikelvertrieb tätig. Dort arbeite ich hauptsächlich im Außendienst.
Daher bin ich beinahe täglich unterwegs, um die unterschiedlichsten Lieferanten aufzusuchen, Messen zu besuchen und Neuentwicklungen in Augenschein zu nehmen.

Früher habe ich meinen Beruf sehr geliebt, da ich durch ihn mit vielen Menschen zusammenkam und viele neue Dinge kennen lernte.
Kein Tag bei der Arbeit glich den anderen.

In letzter Zeit verspüre ich hingegen immer öfter den Wunsch, alles hin zu werfen und mich zu verkriechen.
Ich fühle mich einfach überfordert, obwohl ich wahrscheinlich nicht mehr zu tun habe, als früher.

Frage:
Wie kann ich wieder Freude an der Arbeit bekommen?

Gezogene Karte:

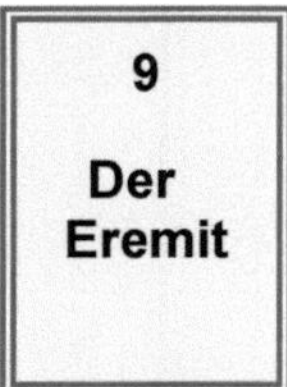

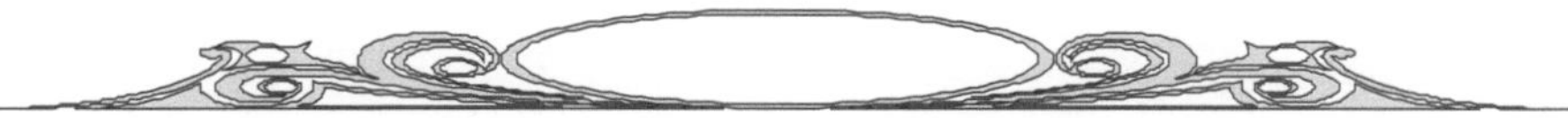

Gezogene Karte: 9 Der Eremit

Der Eremit ist ein Einsiedler, der sich aus dem Alltagschaos und dem damit verbundenen Stress so weit wie möglich zurückgezogen hat.

Die gezogene Karte weist uns also darauf hin, dass es an der Zeit wäre, dem Trubel um uns herum zu entgehen und uns eine Zeit lang wieder auf uns selbst zu besinnen.

Ruhe und Zurückgezogenheit sind die wichtigsten Schlüsselwörter dieser Karte.
Wir müssen erst wieder zu uns selbst finden, ehe wir den inneren Frieden wieder erlangen können.

Mitunter könnten schon ein paar Wochen Urlaub an einem abgeschiedenen und ruhigen Ort dafür sorgen, dass wir unsere Gedanken und Gefühle wieder ordnen und neue Kräfte sammeln können.

Manchmal scheint dies allerdings auch nicht auszureichen.
Dann wäre ein Wechsel des Arbeitsplatzes vielleicht die bessere Lösung.

Dies muss nicht bedeuten, alles hin zu werfen und in die Arbeitslosigkeit abzurutschen, unter Umständen genügt ja auch schon ein Gespräch mit dem oder
der Vorgesetzten und die Bitte, uns einmal einige Zeit lang in ein ruhigeres Büro im Innendienst zu versetzen.

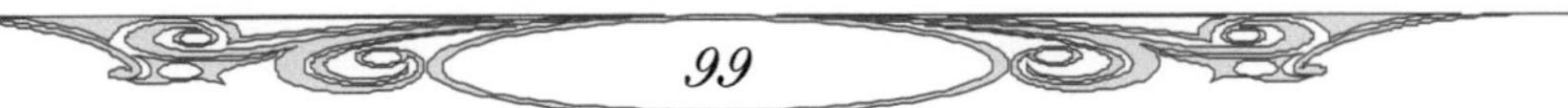

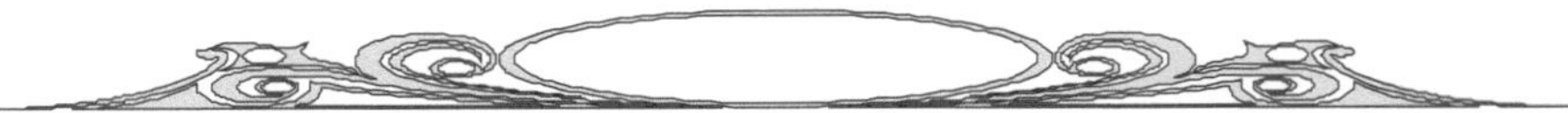

Beispiel 3:

Zusammenfassung der augenblicklichen Lage:

Vor einigen Wochen habe ich durch Zufall erfahren, dass mich mein Partner betrogen hat.
Es war nicht einmal so sehr die Tatsache, dass er es getan hat, die mich so aufgewühlt hat, sondern vielmehr die Art, wie ich es erfahren habe.
Den Treuebruch an sich hatte ich bereits seit geraumer Zeit vermutet, allerdings habe ich nun das Gefühl, dass alle unsere gemeinsamen Freunde darüber bescheid wussten. Nur eben ich nicht.

Jedes Mal, wenn ich mich nun mit meinen Freunden treffe, habe ich das Gefühl, mitleidig betrachtet zu werden – es ist, als würde alle Welt mit dem Finger auf mich zeigen und sagen „Seht Euch nur dieses gutgläubige Hühnchen an!"

Ich fühle mich so verletzt und betrogen, und merke, wie ich meinem Partner gegenüber immer aggressiver werde.

Frage:
Wie soll ich mit meinem Partner zukünftig umgehen?

Gezogene Karte:

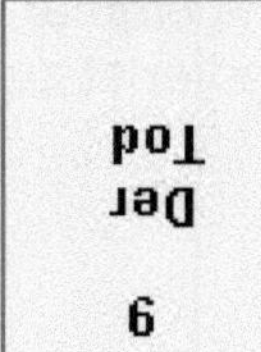

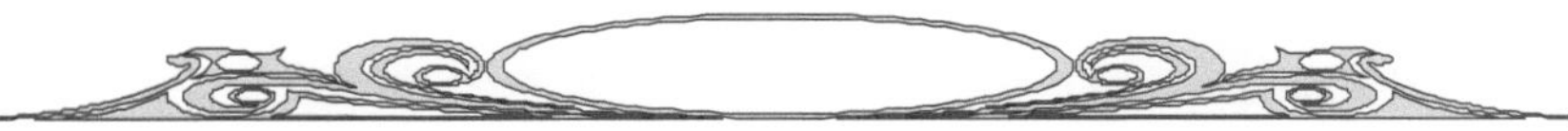

Gezogene Karte: 13 Der Tod (umgekehrt)

Die Todeskarte kündigt das Ende einer bestehenden Situation an.
Da sie hier auf dem Kopf steht, hat man sich aus der Lage noch nicht befreit und ist daher auch noch nicht bereit für einen Neuanfang.

So wie die Dinge momentan liegen, scheint diese Beziehung zum Scheitern verurteilt zu sein.
Nicht ist mehr so, wie es einmal war,
eine Atmosphäre der Fäulnis und des Verderbens liegt in der Luft.

Hier sollte man sich einmal genauer mit der Situation auseinandersetzen und sich darüber klar werden, ob man diese Partnerschaft überhaupt noch länger aufrechterhalten möchte.

Tipp:
In vielen Fällen lohnt es sich, um eine Liebesbeziehung zu kämpfen.
Ist das Grundvertrauen, das man in seinen Partner gesetzt hat, jedoch erst einmal erschüttert,
kann es besser sein, einen klaren Schnitt zu machen und die Sache ein für alle mal zu beenden.

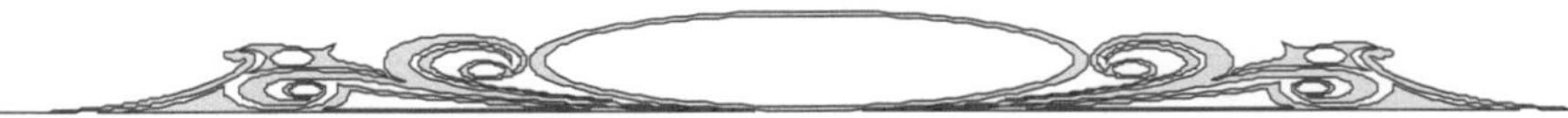

Nun sind wieder Sie an der Reihe.

Lesen Sie sich die angegebenen Ausgangssituationen und die entsprechende Fragestellung gut durch.
Versuchen Sie dann, mit Hilfe der gezogenen Karte eine Lösung des Problems zu erreichen.

Meine Lösungsvorschläge finden Sie wie üblich im Anschluss an die jeweilige Situation.

Aufgabe 1

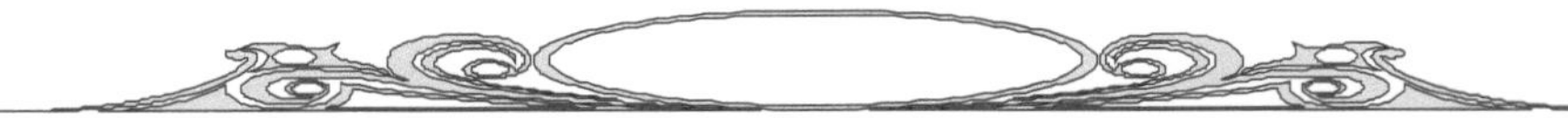

Aufgabe 1:

Zusammenfassung der augenblicklichen Lage:

Zu Beginn des Jahres konnte ich mich beruflich verbessern und habe eine bessere Position in meiner Firma angeboten bekommen.
Damit verbunden war auch der Wechsel in ein anderes Büro, das ich mir nun mit einer eigentlich sehr netten Kollegin teile.

Im Grunde komme ich auch mit den neuen Aufgaben sehr gut zurecht, nur muss ich derzeit natürlich noch etwas mehr Zeit für meine Arbeit aufwenden als früher.
Manchmal komme ich erst spät nach Hause und habe meiner Familie gegenüber ein schlechtes Gewissen.
Meine Frau ist oft schon seit Stunden zuhause und hat alle wichtigen Dinge bereits ohne mich erledigen müssen. Auch meine Kinder haben viel zuwenig von mir.

Für meine Kollegin scheint all dies hingegen überhaupt kein Problem zu sein. Sie kommt mit ihren Aufgaben im Büro spielend zurecht und findet noch ausreichend Zeit für sich und ihre Familie. Dabei hat sie ein Kind mehr als wir und zusätzlich noch ein Pony für die Kinder.
Jeden Tag erzählt sie mir, wie wunderbar ihr alles von der Hand geht und gibt mir sogar noch Ratschläge für mein Leben.

Ich fühle mich wie ein Versager auf der ganzen Linie.

Frage:
Was kann ich tun, um mein Leben so gut zu meistern, wie es meine Kollegin tut?

Gezogene Karte:

Gezogene Karte: 1 Der Magier (umgekehrt)

Ihr Ratschlag:

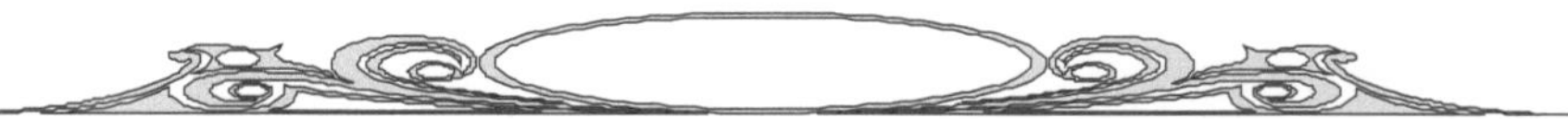

Gezogene Karte:

Gezogene Karte: 1 Der Magier (umgekehrt)

Lösungsvorschlag:

Ehe man sich hier weiterhin verrückt machen und unter Druck setzen lässt, sollte man die Aussagen dieser Kollegin einmal etwas gelassener betrachten.

Der Magier versucht uns – besonders wenn die Karte auf dem Kopf steht- mit hohlem Geschwätz zu beeindrucken.

Auch bei dieser Dame handelt es sich nicht um eine Superheldin, die eckige Kreise zeichnen und schreiende Kleinkinder in strahlende kleine Engel verwandeln kann.

Auch in ihrem Leben gibt es Ecken und Kanten.
Allerdings würde sie sich wohl eher die Zunge abbeißen, als dies zuzugeben.
So hat sie sich eine perfekte kleine Welt geschaffen, die allerdings nur in ihrer Phantasie existiert.

Tipp:
Setzen Sie sich nicht länger selbst unter Druck, sondern stehen Sie zu der Tatsache, dass Sie eben etwas mehr Zeit brauchen, als Sie ursprünglich gedacht hatten, um mit der veränderten Situation so gut klarzukommen, wie Sie es gerne hätten.
Und hören Sie bitte nicht länger auf das hohle Gerede einer Angeberin und Schwätzerin.

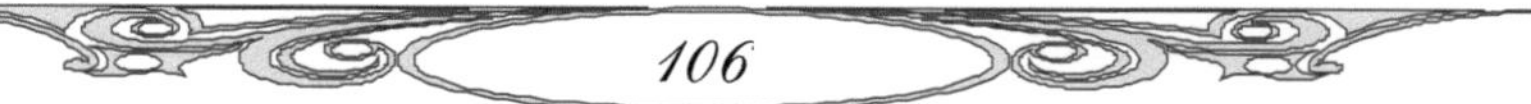

Aufgabe 2

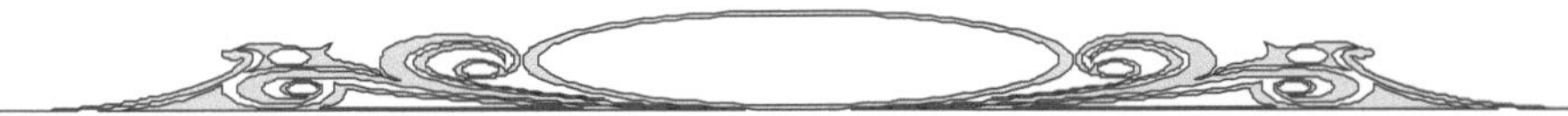

Aufgabe 2:

Zusammenfassung der augenblicklichen Lage:

Ich glaube, ich bin vollkommen unfähig, meine Interessen durchzusetzen.

Man glaubt gar nicht, wie oft ich mir bereits vorgenommen habe, endlich einmal nein zu sagen, wenn ich etwas eigentlich nicht tun möchte.

Dann sehe ich das verletzte Gesicht meines Partners, den Unmut meiner Kinder oder den verzweifelten Blick meines Nachbarn, der seine Termine nicht im Griff hat und mich zum hundertsten Mal bittet, kurzfristig einzuspringen und auf seinen kleinen Sohn aufzupassen.
Und dann gebe ich eben doch wieder nach, fahre meinen Mann zum Tennis, organisiere den Schulausflug meiner Kinder, und hole die Spielesammlung aus dem Regal, um eine Runde Mensch-Ärgere-Dich-Nicht mit dem kleinen Jungen von nebenan zu spielen.

Frage:
Wie kann ich mich selbst besser behaupten?

Gezogene Karte:

7

Der Wagen

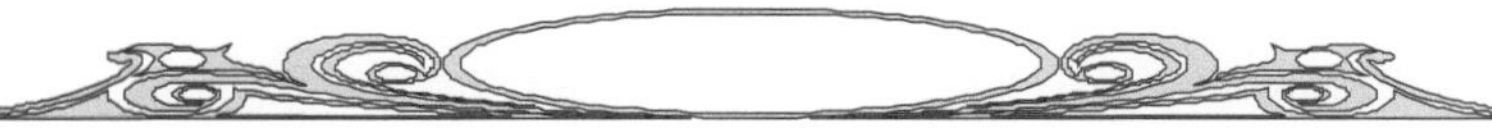

Gezogene Karte: 7 Der Wagen

Ihr Ratschlag:

....

....

....

....

....

....

....

....

....

....

....

....

....

....

....

....

....

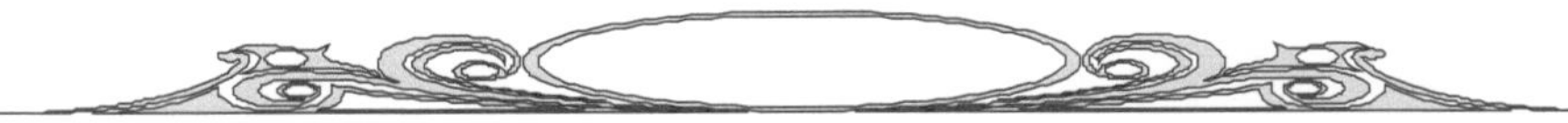

Gezogene Karte: 7 Der Wagen

Lösungsvorschlag:

Diese Person sollte in der Tat lernen, sich besser durchzusetzen.
Der Wagen symbolisiert Sieg, Achtung, Erfolg und Triumph.
Er steht für Macht und für Stärke nach Außen hin.

Bei der aufrecht liegenden Karte handelt es sich um einen Triumphwagen, der siegreiche Kaiser und Feldherren durch ihr Herrschaftsgebiet zieht, so dass sie sich von ihrem Volk feiern lassen können.
Genau so sollten auch Sie sich fühlen dürfen.
Wie ein König oder eine Königin, die mit Respekt und Achtung behandelt wird.
Machen Sie sich klar, dass Ihre eigenen Bedürfnisse ebenso wichtig sind, wie die Ihrer Mitmenschen.
Machen Sie sich also nicht kleiner als Sie sind.

Tipp:
Natürlich sollte auch in diesem Fall darauf geachtet werden, dass die Attribute der Karte nicht übertrieben ausgelebt werden.

Es ist vollkommen natürlich, dass Menschen, die lernen möchten, sich abzugrenzen und auch einmal eine Bitte abzulehnen, dazu neigen, zunächst einmal vom einen in das andere Extrem zu verfallen und allzu schnell und rigoros alle Bitten um sich herum nieder zu schmettern.
Versuchen Sie hier, nach Möglichkeit auf dem Teppich zu bleiben und machen Sie sich, wenn nötig, eine Pro/Contra-Liste, ehe Sie sich für oder gegen etwas entscheiden.

Grundlos Absagen zu erteilen und willkürlich Befehle zu geben zeichnet keinen guten König aus.
Dann kann sich der Wagen nämlich schnell zu einem Streitwagen wandeln, der rücksichtslos alles niederwalzt, was sich ihm in den Weg stellt.

Das Hinzuziehen weiterer Karten

Haben Sie das Grundprinzip der Deutungen mit den Tarotkarten erst einmal verstanden, so lassen sich diese Interpretationen selbstverständlich mit Hilfe zusätzlicher Karten erweitern.

Dies bietet sich besonders dann an, wenn die Aussage einer einzelnen gezogenen Karte nicht ausreichend erscheint, oder Ihnen an sich nicht ganz klar werden mag.

Dabei ist es nun am einfachsten, zunächst eine einzige weitere Karte hinzuzuziehen und die neu gewonnene Aussage nur gegebenenfalls noch um eine zusätzliche Karte zu erweitern.

Um Ihnen das Nachvollziehen dieser Technik zu erleichtern, habe ich mich entschlossen, die im vorausgehenden Kapitel aufgeführten Beispiele noch einmal heran zu nehmen.
Auf diese Weise kennen Sie die bisherige Aussage bereits und hatten auch schon Gelegenheit, diese nachzuvollziehen.

Mit Hilfe einer weiteren Karte wollen wir nun versuchen, unsere Aussage auszuweiten.

Hierzu stellen wir noch eine weitere Frage zur bisher gemachten Aussage und ziehen dann eine zweite Karte, um die neue Frage zu erörtern.

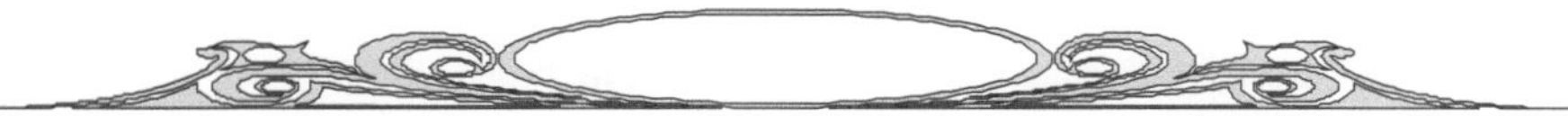

Das Hinzuziehen weiterer Karten
Beispiel 1:

Ursprüngliche Frage:
Was kann ich tun, um meine finanzielle Lage zu verbessern?

Gezogene Karte:

12 **Der Gehängte**

Weitere Frage:
Wie kann ich den Überblick über meine Finanzen zurückgewinnen und die Abzahlungen sinnvoll regeln?

Gezogene Karte:

14 **Die Mäßigkeit**

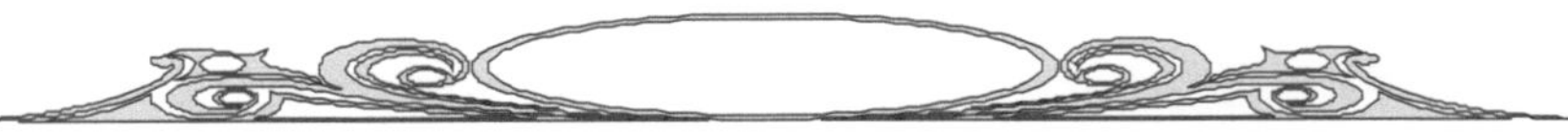

Gezogene Karte: 14 Die Mäßigkeit

Die Mäßigkeit wird in vielen Tarotdecks auch unter dem Namen *Der Ausgleich* verwendet.

Dies kann uns bereits einen Hinweis darauf geben, wie sich dieser Mensch aus seiner Falle befreien kann.
Die Einahmen und Ausgaben auf seinem Konto müssen sich stets zumindest ausgleichen.

Übersteigen die Ausgaben die Einnahmen, kommt man nie auf einen grünen Zweig.

Der erste Schritt besteht also darin, einmal ein Stück Papier zur Hand zu nehmen und seine Einnahmen darauf zu notieren.
Daneben kommt eine Liste der Ausgaben.
Der Rest ist simple Algebra.

Nach Abzug aller unaufschiebbaren Ausgaben bleibt die Summe übrig, die man monatlich abzahlen kann, ohne sich tiefer in Probleme zu stürzen.

Handelt man anders, reißt man immer wieder ein Loch auf, um damit ein anderes zu stopfen.

Sofern diese Liste nachvollziehbar und vernünftig ist, wird sich auch ein Gläubiger oder Bankberater bereit zeigen, den gemachten Vorschlag zu überprüfen und anzunehmen.

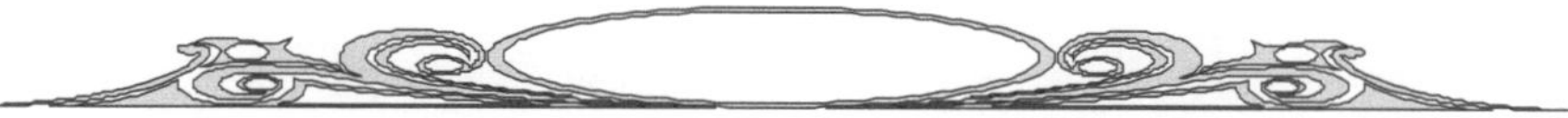

Das Hinzuziehen weiterer Karten
Beispiel 2:

Ursprüngliche Frage:
Wie kann ich wieder Freude an der Arbeit bekommen?

Gezogene Karte:

9 **Der Eremit**

Weitere Frage:
Ruiniere ich mir mit einem solchen Schritt nicht meine weitere Karriere?

Gezogene Karte:

6 **Die Liebenden**

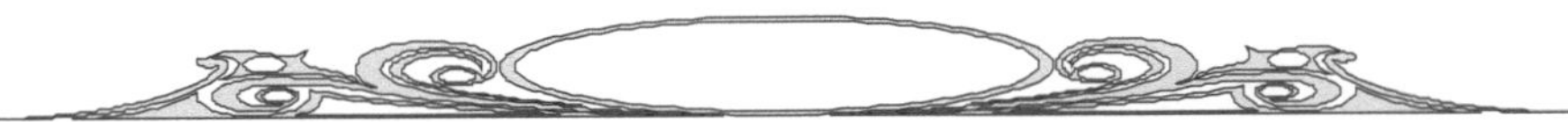

Gezogene Karte: 6 Die Liebenden

Diese Karte mahnt uns, unsere Entscheidungen gut zu überdenken.
Der Spruch „Drum prüfe, wer sich ewig bindet“ bringt auch in einem derartigen Zusammenhang zum Ausdruck, worum es eigentlich geht.
Herz und Kopf, Gefühle und Verstand müssen überprüft werden um letzten Endes zu einer sinnvollen Lösung zu kommen.

Unser Herz sagt uns hier vielleicht „Ich wünsche mir Anerkennung, Erfolg und einen steilen beruflichen Aufstieg“, unser Verstand hingegen mahnt uns zur Umsicht und warnt: „Wenn ich so weiter mache, ruiniere ich mir meine Gesundheit!“

Die endgültige Entscheidung liegt nun bei der Rat suchenden Person selbst.
Seine Gefühle und Bedürfnisse zu unterdrücken ist sicherlich keine gute Sache.
Andererseits sollte man auch bedenken, dass die Karriere auch dann zum Stillstand kommt, wenn man sich nervlich überfordert und eventuell letzten Endes überhaupt nicht mehr weiterarbeiten kann.

Tipp:
Niemand verlangt von uns, all unsere beruflichen Hoffnungen über Bord zu werfen und in den Ruhestand zu treten.
So, wie die Dinge augenblicklich liegen, können wir jedoch auch nicht weitermachen.
Nach sorgfältiger Überprüfung der Sachlage können wir nun versuchen, einen Kompromiss zu finden, der uns beruflich nicht zurückwirft, aber auch unsere Gesundheit nicht weiter aufs Spiel setzt.
Eine ähnlich hohe Position im Innendienst könnte hier eine mögliche Lösung sein.
Auch ein längerer Urlaub wäre zu überlegen.

Aufgabe 1

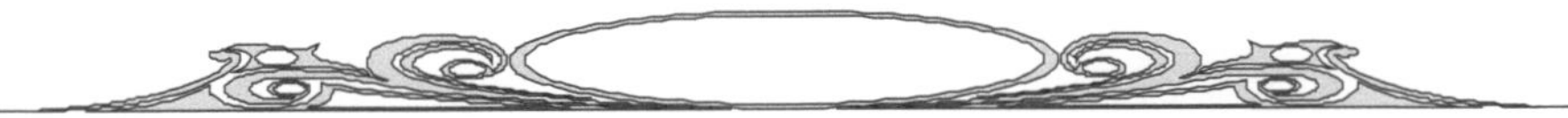

Nun sind wieder Sie und Ihre Intuition gefragt.
Meine Lösungsvorschläge finden Sie auch diesmal wieder im Anschluss an die jeweiligen Aufgaben.

Das Hinzuziehen weiterer Karten
Aufgabe 1:

Ursprüngliche Frage:
Wie soll ich mit meinem Partner zukünftig umgehen?

Gezogene Karte:

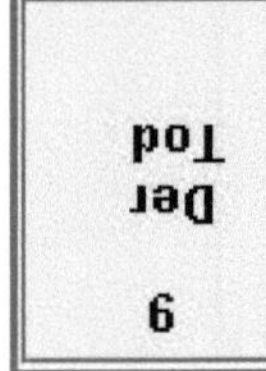

Weitere Frage:
Hat es denn überhaupt noch einen Sinn, um diese Beziehung zu kämpfen?

Gezogene Karte:

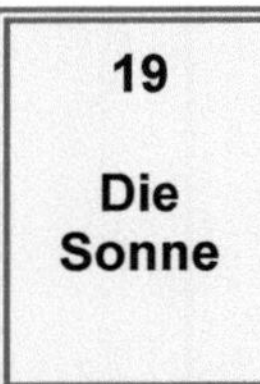

Gezogene Karte: 19 Die Sonne

Ihr Ratschlag:

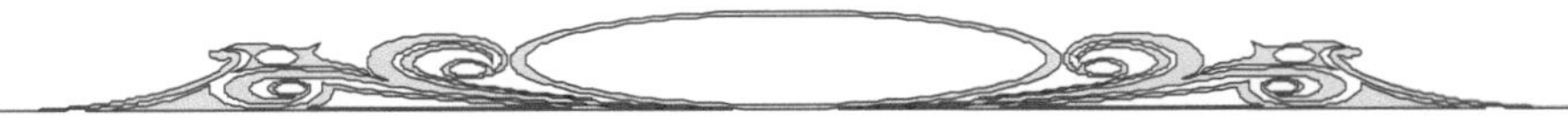

Gezogene Karte: 19 Die Sonne

Lösungsvorschlag:

Die Sonne ist die absolute Glückskarte in jedem Tarotdeck. Was mit ihr in Verbindung steht, wird angenehm verlaufen und von Erfolg gekrönt sein.

Daher stehen die Chancen auf eine Versöhnung der Partner in diesem Fall auch äußerst günstig.

Wie bereits erwähnt, sollte die Rat suchende Person zunächst einmal genau überlegen, ob eine Fortsetzung der Partnerschaft für sie überhaupt noch in Frage käme.

Entschließt sie sich dann, es noch einmal mit ihrem Partner zu versuchen, so können wir ihr also ohne viel Hin und Her dazu raten, um diese Beziehung noch einmal zu kämpfen und zu versuchen, die Partnerschaft zu retten und wieder auf eine glücklichere, stabilere Ebene zu heben.

Aufgabe 2

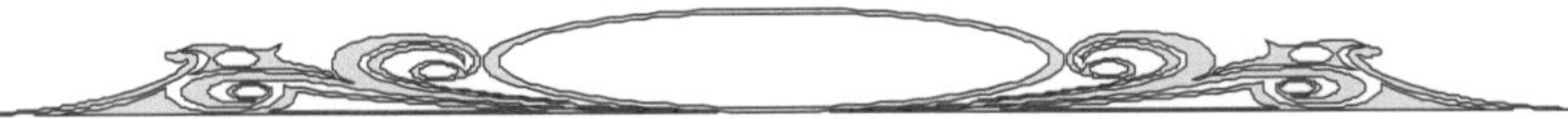

Das Hinzuziehen weiterer Karten
Aufgabe 2:

Ursprüngliche Frage:
Was kann ich tun, um mein Leben so gut zu meistern, wie es meine Kollegin tut?

Gezogene Karte:

Weitere Frage:
Weshalb versucht meine Kollegin, sich ständig besser darzustellen, als sie eigentlich ist?

Gezogene Karte:

Gezogene Karte: 18 Der Mond

Ihr Ratschlag:

....

....

....

....

....

....

....

....

....

....

....

....

....

....

....

....

....

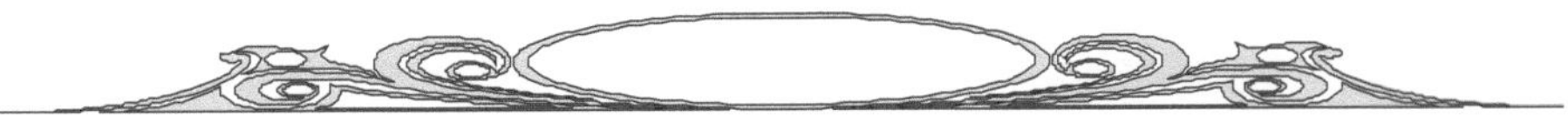

Gezogene Karte: 18 Der Mond

Lösungsvorschlag:

Das Mondarkana steht für kranke Gefühle, Ängste und Kummer aller Art.

Lassen Sie sich von den Erfolgsgeschichten Ihrer Kollegin nicht täuschen.
Das perfekte Leben, das sie ihrer Umwelt vorgaukelt, existiert lediglich in ihrer Phantasie und entstammt aller Wahrscheinlichkeit nach der Angst, unfähig zu sein und das eigene Leben nicht in den Griff zu bekommen.

Die meisten Menschen, die wir im Allgemeinen als „Angeber“ bezeichnen würden, haben im tiefsten Inneren mit starken Minderwertigkeitskomplexen zu kämpfen. Sie glauben, wertlos zu sein und meinen nun, Ihrer Umgebung eine perfekte Welt vorgaukeln zu müssen.
Die Vorbilder dazu werden uns täglich von Hochglanzmagazinen und Fernsehserien vorgeführt.
Wer so lebt, hat es „geschafft“ und wird von der ganzen Welt geliebt.

Tipp: Ihre Kollegin wird aller Wahrscheinlichkeit nach nicht von sich aus auf Sie zukommen, wenn es ihr einmal schlecht gehen sollte. Zeigen Sie Ihr dennoch, dass Sie bereit sind, ihr zuzuhören und nötigenfalls für sie da zu sein.
Versuchen Sie jedoch auf keinen Fall, die Fassade vom perfekten Leben auf einen Schwung herunterzureißen und zu zerstören. Damit könnten Sie Ihrer Kollegin mehr schaden als nutzen.
Vielleicht ist die Dame auch noch gar nicht in der Lage, sich ihre Schwächen einzugestehen und der Realität ins Auge zu sehen.
Auch dies müssen Sie in jedem Fall akzeptieren.

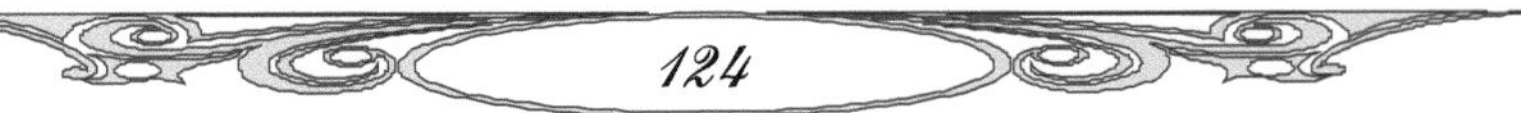

Das Hinzuziehen einer dritten Karte

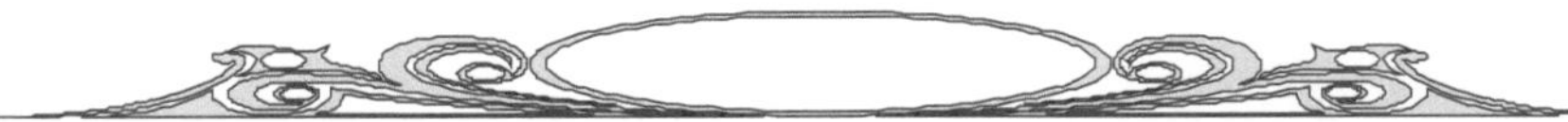

Auch in diesem Kapitel habe ich zum besseren Verständnis wieder die vorherigen Beispiele herangezogen.

Dies soll Ihnen verdeutlichen, weshalb es zuweilen sinnvoll sein kann, eine weitere Karte aufzunehmen.

In vielen Fällen ist eine dritte Karte jedoch gar nicht mehr von Nöten.
Oftmals reichen die bisherigen Aussagen vollkommen aus, um die Situation zu verstehen und entsprechend sinnvoll zu handeln.

Eine Kette von Fragen im Stil von „Und warum…? Und warum…? Und warum…? bringt Sie Ihrem Ziel nicht näher.
Im Gegenteil: Diese Strategie kann sich zu einem Selbstläufer entwickeln, der uns vom eigentlichen Thema abführt.

Spätestens nach dem vierten Glied in der Warum-Kette haben die Aussagen dann nichts mehr mit der ursprünglichen Fragestellung zu tun.

Deshalb habe ich mich beim Hinzufügen einer dritten Karte auch nur auf ein einziges der bereits bekannten Beispiele beschränkt, da ich persönlich der Meinung bin, dass den anderen Aussagen eigentlich nichts mehr hinzuzufügen ist.

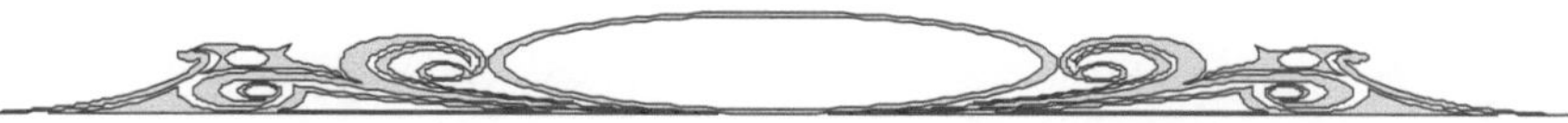

Das Hinzuziehen einer dritten Karte:

Beispiel:

Ursprüngliche Frage:
Wie soll ich mit meinem Partner zukünftig umgehen?

Weitere Frage:
Hat es denn überhaupt noch einen Sinn, um diese Beziehung zu kämpfen?

Dritte Frage:
Ich habe mich entschieden, um meine Beziehung zu kämpfen und es noch einmal mit meinem Partner zu versuchen.
Allerdings habe ich noch immer die Angst, dass mein Partner mir gegenüber weiterhin unehrlich ist.
Wie sollte ich in einem solchen Fall reagieren?

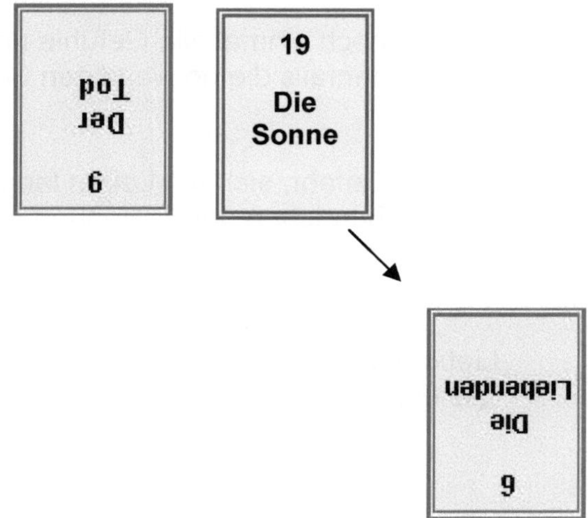

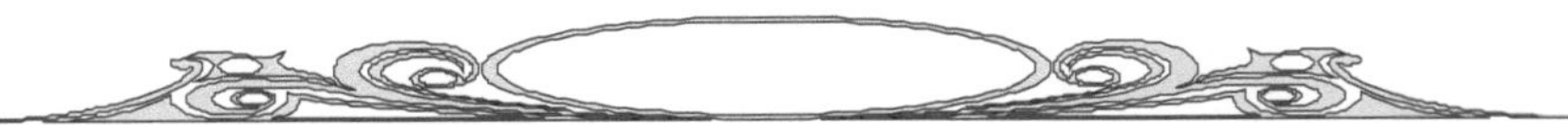

Gezogene Karte:

6 Die Liebenden – umgekehrt

Die Sonnenkarte hat uns bereits gezeigt, dass es sich lohnen könnte, noch einmal um die Beziehung zu kämpfen und dem untreuen Partner den Vertrauensbruch zu verzeihen.

Allerdings:
Sollte Ihr Partner Ihr Vertrauen tatsächlich derart ausnutzen und sich Ihnen gegenüber weiterhin so rücksichtslos verhalten, wie er es augenblicklich tut, so hätte er ganz offensichtlich ein weitaus größeres Interesse an sich selbst, als an Ihnen und Ihrer Partnerschaft.

In einem solchen Fall sollten Sie sich dann tatsächlich überlegen, ob dieser Partner auch wirklich der richtige für Sie ist.

Überprüfen Sie dann noch einmal alle Gefühle und Fakten und leiten Sie gegebenenfalls die notwendigen Schritte ein.

Andernfalls laufen Sie Gefahr, sich ein Leben lang in diesem wie auch in anderen Bereichen der Beziehung ausnutzen und belügen zu lassen.

Tipp:
Lieber ein Ende mit Schrecken,
als ein Schrecken ohne Ende.

Ein weiteres Legesystem

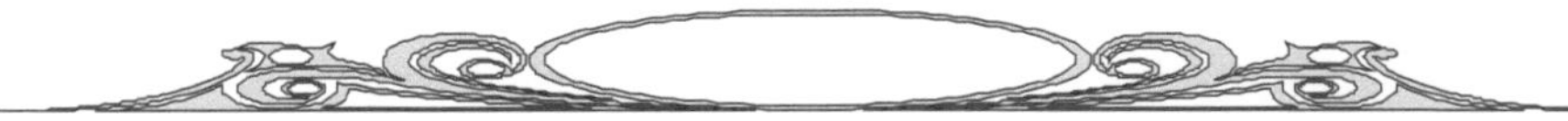

Das in diesem Kapitel vorgestellte Legesystem soll Ihnen helfen, das Verhältnis zwischen zwei Menschen zu klären.
bei diesen beiden Personen kann es sich sowohl um Liebende handeln, als auch um Menschen, die in einer vollkommen anderen Beziehung zueinander stehen.
Dies kann sowohl ein geschäftliches, als auch ein freundschaftliches oder nachbarschaftliches Verhältnis sein.
Wichtig ist lediglich, dass irgendeine Verbindung zwischen diesen beiden Menschen besteht.

Die erste Karte steht hier für uns selbst.
Sie hilft uns, herauszufinden, wo wir selbst gerade stehen.
So können wir unsere Gefühle besser einordnen und begreifen, was uns eigentlich wirklich betrifft oder besorgt.

Haben Sie diese Karte gedeutet, so ziehen Sie eine **zweite Karte,** die Ihr Gegenüber – die zweite Person in dieser Beziehung – betrifft.

Erst nachdem Sie auch diese Karte gedeutet und die Aussage überprüft und beurteilt haben ziehen Sie eine **dritte Karte**.
Diese Karte kann Ihnen dann dabei helfen, zu ergründen, was zwischen Ihnen beiden steht, und Ihnen einen Ratschlag dazu erteilen, wie Sie in der jeweiligen Situation am besten verfahren sollten.

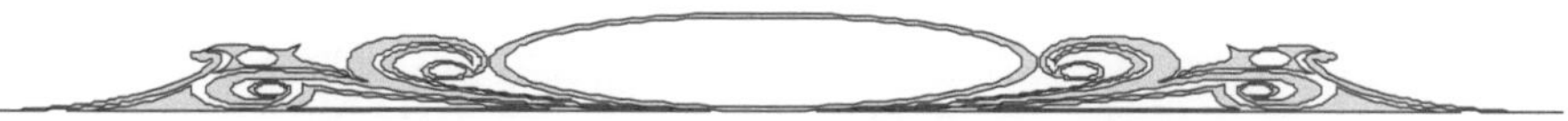

Beispiel 1:
Thema: Mein Partner und ich

Erste Karte: So bin ich:

Gezogene Karte:

17

Der Stern

Die Fragestellerin sieht (vielleicht nach einer Enttäuschung) wieder ein Licht am Horizont.
Sie setzt große Hoffnungen in die Beziehung zur anderen Person.

Zweite Karte: So ist mein Partner:

Gezogene Karte:

9

Der Eremit

Dieser Mann zieht sich gerne zurück. Er braucht die Ruhe und Abgeschiedenheit, um sich zu entspannen und wird sich daher auch niemals zu einem Partylöwen oder Abenteurer entwickeln.

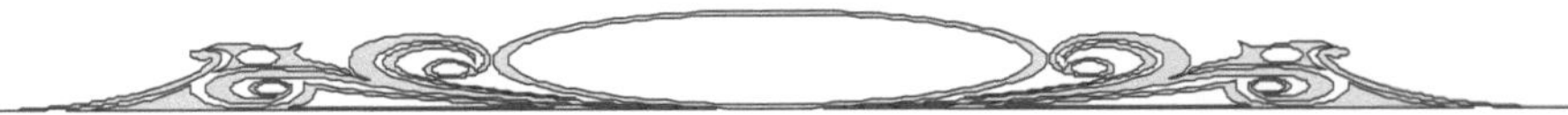

Dritte Karte: Wie kann ich am besten mit dieser Situation umgehen?

Gezogene Karte:

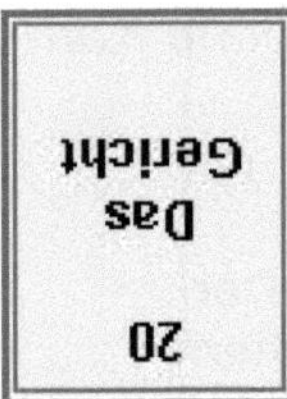

So schwer es auch fallen mag – diese Zurückgezogenheit ist ein wichtiger Teil der Persönlichkeit dieses Mannes.
Wer mit ihm zusammenleben möchte, muss diese Seite an ihm auf alle Fälle respektieren.
Jeder Versuch, ihn nachträglich ändern zu wollen, wäre somit sinnlos.

Die Rat suchende Person darf sich daher nicht allzu große Hoffnungen machen und erwarten, dass dieser Partner pausenlos zu ihrer Verfügung steht und all ihre Wünsche erkennt und erfüllt.
Es wird immer wieder Phasen geben, in denen er sich zurückziehen und in Ruhe über sich und sein Leben nachdenken, oder ganz einfach nur eine Weile lang entspannen möchte.
Überfällt sie Ihn auch in diesen Situationen mit dem Wunsch, Zeit mit ihm zu verbringen, so könnten aus dieser Diskrepanz leicht Probleme entstehen.

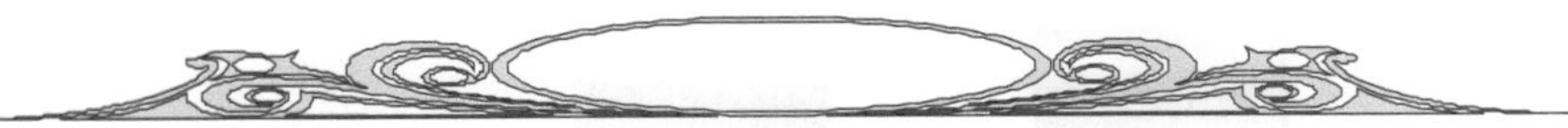

Beispiel 2:
Thema: Probleme mit der Vorgesetzen

Erste Karte: So bin ich:

Gezogene Karte:

Der junge Mann in diesem Beispiel fühlt sich bei seiner Arbeit eingeengt und gefesselt.
Er hat das Gefühl, in einer Position festzustecken, aus der er sich selbst nicht mehr befreien kann.

Zweite Karte: So ist meine Vorgesetzte:

Gezogene Karte:

Diese Frau lässt ihre Mitarbeiter ganz gerne einmal spüren, wer im Betrieb die Fäden in der Hand hält.
Sie neigt dazu, ihre Macht immer wieder auszuspielen und lässt sich ungern die Zügel aus der Hand nehmen.

Dritte Karte: Wie kann ich am besten mit dieser Situation umgehen?

Gezogene Karte:

8 **Die Gerechtig-keit**

Die Gerechtigkeit fordert den jungen Angestellten auf, sich selbst und seine Lage noch einmal genau zu überdenken und alle Argumente, die für oder gegen diesen Arbeitsplatz sprechen gegeneinander abzuwägen.

Schlussendlich wird er sich entscheiden müssen, ob es sich tatsächlich lohnt, die täglichen Strapazen auf sich zu nehmen, oder ob er sich nicht besser nach einem anderen Arbeitsplatz umsehen sollte.

Tarot und Numerologie – eine weitere Betrachtungsweise

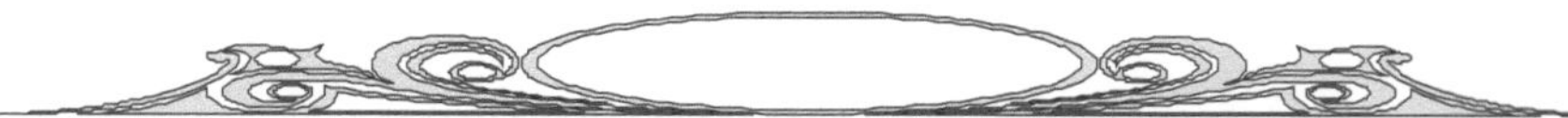

Wer sich mit dem Kartenlegen und der Esoterik im Allgemeinen beschäftigt, ist im Laufe der Zeit sicherlich auch mit dem Bereich der Numerologie in Berührung gekommen.

Diese sehr alte Methode unser Unterbewusstsein zu ergründen und unsere Persönlichkeit näher zu bestimmen, wird auf spielerische Art und Weise bereits von Kindern und Jugendlichen angewandt, allerdings ohne dabei allzu ernst genommen zu werden.

Daher gerät dieses Thema kurze Zeit später auch zumeist wieder in Vergessenheit.

Ich selbst erinnere mich noch gut daran, wie wir damals unsere Geburtstage mit den Daten attraktiver Klassenkameraden verrechnet haben, um zu sehen, ob wir zusammen passten, oder auch die Buchstaben der Namen zählten um schlussendlich über deren Quersumme auf die numerologischen Eigenschaften unseres jeweiligen Schwarms zu kommen.

Auch die Karten des Tarotspiels sind nicht ohne Grund durchnummeriert.

Möglicherweise ist Ihnen ja bereits aufgefallen, dass sich gerade die Aussagen der Karten 1-9 der großen Arkanen besonders stark auf menschliche Eigenschaften beziehen.

Wenn Sie sich bereits ausführlicher mit der Numerologie an sich beschäftigt haben, so werden Sie ebenfalls bemerkt haben, wie stark sich diese Eigenschaften mit den Aussagen der Persönlichkeitszahlen aus der Numerologie decken.

Diese Übereinstimmungen sind in der Tat verblüffend.

Dieses Kapitel widmet sich daher speziell der Numerologie im Zusammenhang mit den Tarotkarten.

Neben den Aussagen, die Sie dem Ziehen und anschließenden Deuten der Karten entnehmen können, können Sie auf diese sehr einfache und spielerische Art und Weise eine Fülle von zusätzlichen Informationen über den Charakter einer Person erhalten.

Alles, was Sie dafür benötigen, sind die Geburtsdaten der jeweiligen Person, sowie die entsprechende Karte der großen Arkanen.

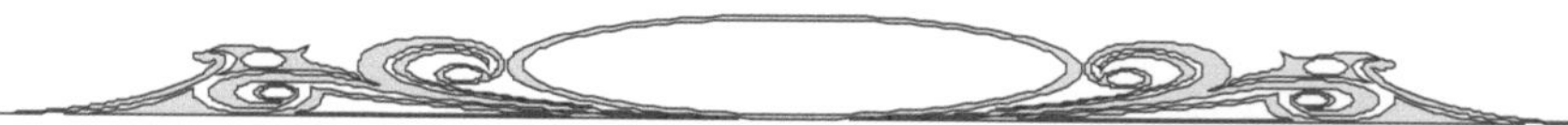

Die Persönlichkeitskarte

Wie ich bereits in meinem Buch Kartenlegen leicht erlernbar, Lehrbuch V, erweiterter Kurs, erklärt habe, ist das Berechnen der Lebens- oder Persönlichkeitszahl eine schnelle und leicht erlernbare Methode, einen Menschen zu charakterisieren.

Zwar bezieht sich dieses Lehrbuch hauptsächlich auf die Karten der Madame Lenormand, die Erkenntnisse der Numerologie lassen sich jedoch bedenkenlos auf jeden weiteren Bereich der Esoterik anwenden.

Die Berechnung der Persönlichkeitszahl ist tatsächlich verblüffend einfach.

Um diese Berechnung durchzuführen, zählen Sie ganz einfach alle Ziffern des jeweiligen Geburtsdatums zusammen und erhalten so eine ein- oder zweistellige Summe.
Im Falle eines zweistelligen Ergebnisses zählen Sie diese beiden Ziffern dann ebenfalls zusammen, so dass letzten Endes eine einstellige Zahl übrig bleibt.

Beispiel:
Geburtsdatum:

15. Mai 1973 (= 15.05.1973)
→1+5 + 0 + 5 + 1 + 9 + 7+ 3 = 31
→ 3 + 1 = 4

Die Lebenszahl dieser Person ist also die 4!

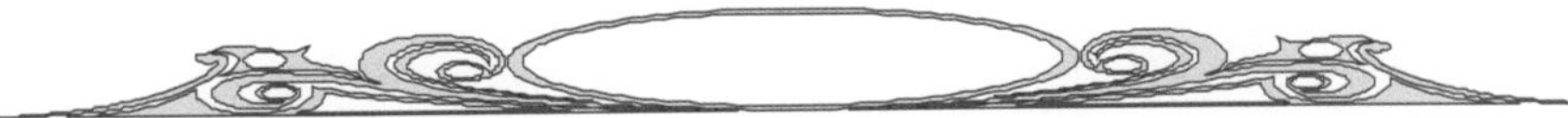

Weitere Beispiele:
Geboren am 20. 08. 1957
→ 2 + 0 + 0 + 8 + 1 + 9 + 5 + 7 = 32
→ 3 + 2 = 5

Diese Lebenszahl lautet 5!

Geboren am 01. 05. 1939
→ 0 + 1 + 0 + 5 + 1 + 9 + 3 + 9 = 28
→ 2 + 8 = 10
→ 1 + 0 = 1

Die Lebens- oder Persönlichkeitszahl dieser Person lautet somit 1!

Das Berechnen der Lebenszahl war nun bereits der erste von zwei Schritten zur Analyse der Persönlichkeit!

Schritt 2:

Nehmen Sie nun die soeben errechnete Persönlichkeitszahl und suchen Sie sich die entsprechende Karte aus Ihren großen Arkanen heraus.

Dieses Arkanum ist dann Ihre Persönlichkeitskarte.

Die Eigenschaften, die dieser Karte typischerweise zugeordnet werden, entsprechen somit auch Ihrer eigenen Persönlichkeit.

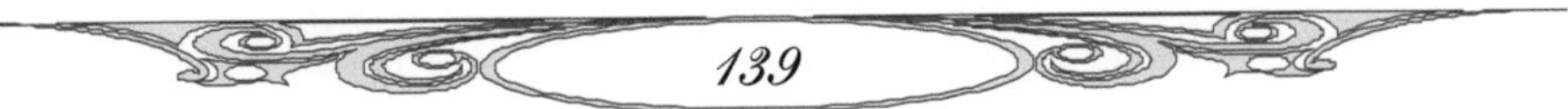

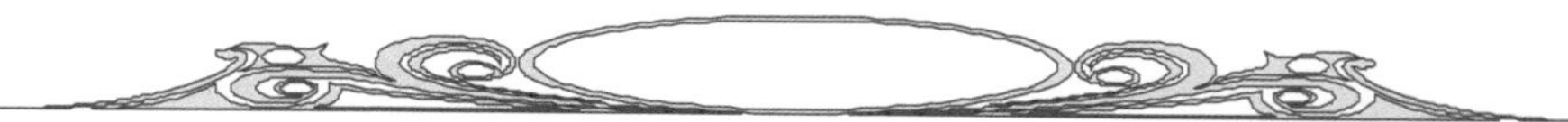

Beispiel:
Geboren am 01.05.1939
→ Die Lebenszahl dieser Person ist die 1.

Karte Nr. 1 = Der Magier

Eigenschaften des Magiers:
Redegewandt, überzeugend, willenstark
guter Redner, überzeugend
auf seinen Vorteil bedacht

Zusammenfassung:
Der Magier kann sehr gut mit Worten umgehen, und auch komplizierte Vorgänge leicht verständlich erklären.

Tipp: Der Magier kann sehr überzeugend sein. Lassen Sie sich von ihm jedoch nicht vorschnell zu unüberlegten Handlungen überreden.

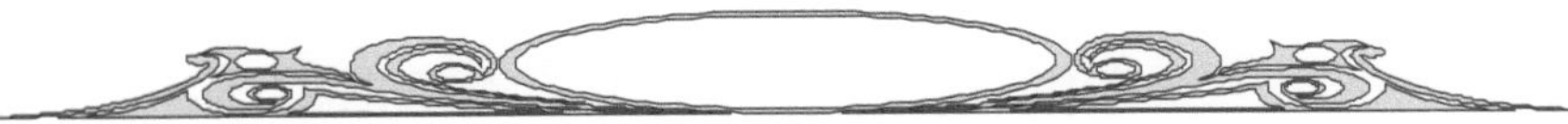

Eine kurze Übersicht über die wichtigsten Eigenschaften der Persönlichkeitskarten:

1 Der Magier:

Redegewandt, überzeugend, willenstark
guter Redner,
auf seinen Vorteil bedacht

Zusammenfassung:
Der Magier kann sehr gut mit Worten umgehen, und auch komplizierte Vorgänge leicht verständlich erklären.

Tipp: Der Magier kann sehr überzeugend sein.
Allerdings neigt er auch ein wenig dazu, diese Eigenschaft vornehmlich zu seinem eigenen Vorteil zu nutzen.

2 Die Hohepriesterin:

Weise, Vernünftig, spirituell,
undurchschaubar,
außergewöhnliche Persönlichkeit,
zuweilen unlogisch oder schwer nachvollziehbar

Zusammenfassung:
Die Priesterin ist eine sehr spirituelle und kluge Person, die für ihre Mitmenschen jedoch zuweilen schwer einzuschätzen ist.

Tipp: Machen Sie es Ihrer Umgebung ein wenig leichter und beenden Sie das große Rätselraten um Ihre Persönlichkeit.
Zeigen Sie Ihre Gefühle anstatt sich hinter einer Fassade zu verstecken und sagen Sie rechtzeitig bescheid, wenn Ihnen etwas unangenehm erscheint.

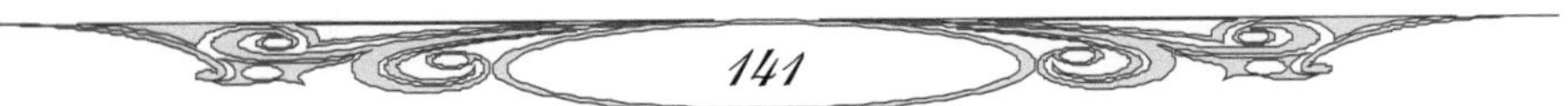

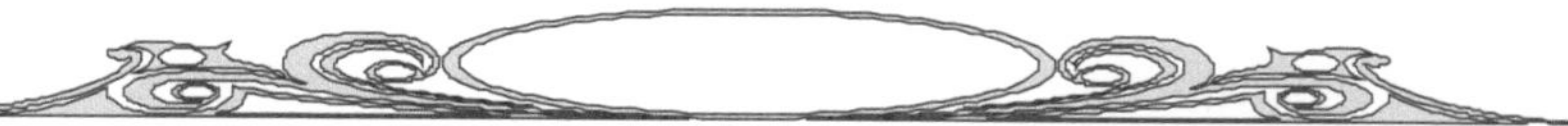

3 Die Herrscherin:

Schutz, Treue, Geborgenheit
schöpferisches Wesen
Selbstsicherheit
Tatkraft und Delegationsfähigkeit
Festgefahrenheit
übereilte Handlungen

Zusammenfassung:
Die Herrscherin verfügt über den typischen Mutterinstinkt. Dieser Mensch gibt gerne, strebt nach Harmonie und ist bereit, die Ärmel hochzukrempeln und voll Tatkraft loszuarbeiten.

Tipp: Achten Sie darauf, nicht vor lauter Hektik alles stehen und liegen zu lassen und allzu übereilt und kopflos drauflos zu arbeiten.
Gründliche Planung macht Ihnen das Erreichen Ihres Ziels oft leichter als übereilter Tatendrang.

4 Der Herrscher:

Willenskraft, Autorität
Ausdauer, Disziplin
Ordnung, Hochmut

Zusammenfassung:
Der Herrscher ist ein ausgesprochen disziplinierter Mensch, der Dinge gerne der Reihe nach erledigt und viel Wert auf Anerkennung und Respekt für seine Erfolge legt.

Tipp: Der Herrscher sollte darauf achten, das rechte Maß nicht zu überschreiten. Sonst kann er leicht überpenibel und auch ein wenig machtbesessen werden.

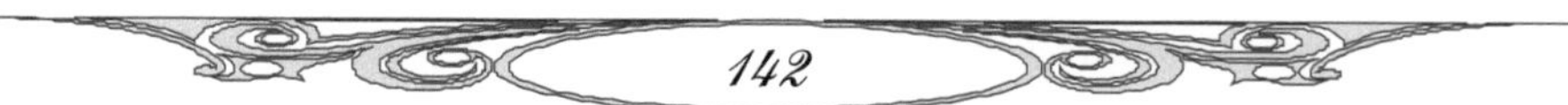

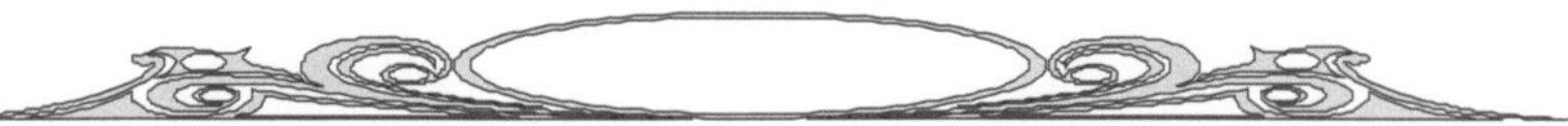

5 Der Hohepriester:

guter Ratgeber, Wissen
geistiger Führer, intellektuell
Theoretiker, weltfremd
unflexibel

Zusammenfassung:
Der Hohepriester ist ein kopflastiger Mensch, der eher auf erworbenes Wissen, als auf sein Gefühl vertraut.

Tipp: Versuchen Sie einmal, ein wenig mehr aus dem Herzen heraus zu handeln. Zuweilen hilft einem auch alle graue Theorie nicht weiter.

6 Die Liebenden:

Lebensweg, Suche
Harmonie
Verbindung von Herz und Kopf
übertriebene Erwartungen
Rücksichtslosigkeit
Verantwortungsbewusstsein

Zusammenfassung:
Diese Persönlichkeit zeigt viel Verantwortungsbewusstsein und trifft Entscheidungen erst nach reiflicher Überlegung.

Tipp: Diese Menschen stellen hohe Ansprüche an sich selbst und ihre Umgebung. Erst, was ihre genaue Prüfung besteht, wird von ihnen in Betracht gezogen.
Ab und an kann es allerdings auch ganz sinnvoll sein, einmal Fünf gerade sein zu lassen und das Leben, den Moment, zu genießen.

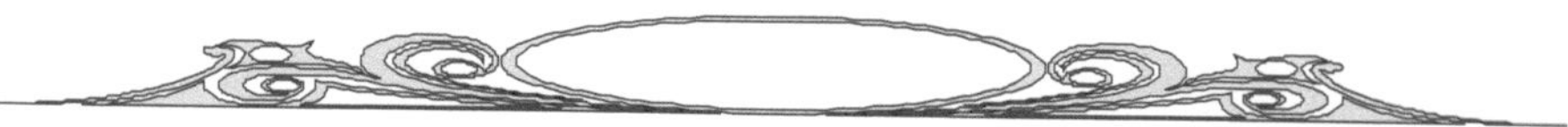

7 Der Wagen:

Durchsetzungsvermögen
Kraft, Sieg, Erfolg
Kampf, Grausamkeit

Zusammenfassung:
Wagen-Menschen sind äußerst durchsetzungsfreudige Personen, die ihre Entscheidungen gerne ohne die Einmischung Anderer treffen.
Sie sind daher besonders häufig in Führungspositionen anzutreffen.

Tipp:
Aufgrund seines Machtstrebens und seiner Dominanz läuft der Wagen Gefahr, allzu rücksichtslos zu werden und seine Interessen mit aller Macht durchsetzen zu wollen. Versuchen Sie daher, sich mehr um ein Miteinander zu bemühen.

8 Die Gerechtigkeit:

Abwägung, Prüfung
Vernunft, Verstand
Gleichgewicht
Ungerechtigkeit, unüberlegtes Handeln

Zusammenfassung:
Menschen mit dieser Persönlichkeitskarte neigen dazu, Entscheidungen lange hinauszuzögern, da sie sich erst gegen alle Eventualitäten absichern und eine hundertprozentige Lösung suchen wollen.

Tipp: So überlegt und ausgereift Ihre Entscheidungen letzten Endes auch sein mögen, Ihren Mitmenschen wird zwischenzeitlich wahrscheinlich irgendwann die Geduld ausgehen. Versuchen Sie also, Ihren Perfektionismus ein wenig einzudämmen.

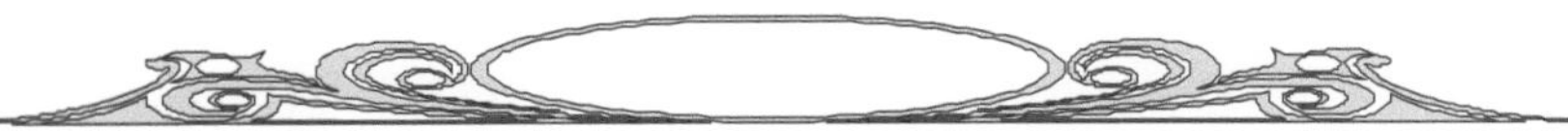

***Bemerkung**: Einige Kartensets haben die Nummern 8 und 11 ausgetauscht. In diesem Fall finden Sie die unter der Nummer 8 die Karte Kraft vor.*

Sehen Sie für die Persönlichkeitsanalyse auch unter den Stichworten dieser Karte nach und überlegen Sie für sich, was Ihnen persönlich am ehesten zusagt.

9 Der Einsiedler (Eremit):

Ruhe, Zurückgezogenheit
Überlegungen, Rückbesinnung
Schlichtheit
Abkapselung, Einsamkeit

Zusammenfassung:
Der Einsiedler ist ein Mensch, der immer wieder die Ruhe und Abgeschiedenheit sucht, um seine Gefühle und Gedanken zu ordnen.

Tipp: Interessanterweise findet man gerade unter diesen Persönlichkeitstypen auch immer wieder Menschen, die sich gerne und häufig ins Getümmel stürzen.
Dies Geschieht jedoch häufig aus Angst vor übergroßer Einsamkeit.
Versuchen Sie in jedem Fall ein gesundes Mittelmaß zwischen Ruhe und Geselligkeit zu finden.

Die Bedeutungen der Tageskarten im Überblick

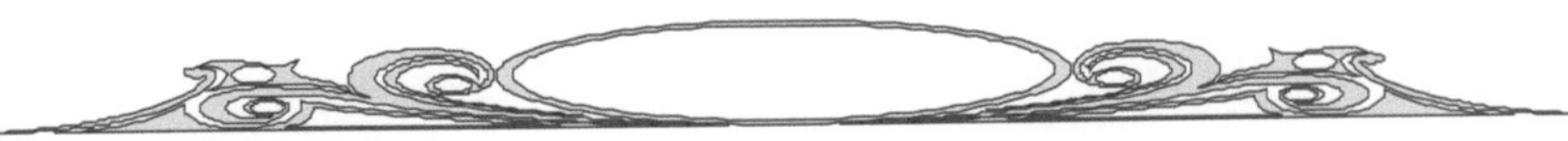

Die Bedeutungen der Tarotkarten in ihrer Funktion als Tageskarten

Die Möglichkeit, jeden Morgen eine neue Tarotkarte zur Einstimmung auf den erwachenden Tag zu ziehen, hatte ich ja bereits im Kapitel „Das Ziehen einer Tageskarte“ ab Seite 64 dieses Bandes erwähnt.

Wie schon in meinen Büchern *Kartenlegen leicht erlernbar, nach Art der Madame Lenormand, Lehrbuch VII* und *Kipperkarten leicht erlernbar*, möchte ich Ihnen auch in diesem Werk eine kurze und leicht nachvollziehbare Übersicht über die Karten als Tageskarten zur Hand geben.

Bitte beachten Sie jedoch auch hier wieder, dass jeder Mensch ein Individuum und jedes Leben einzigartig ist.

Daher müssen natürlich auch die Karten für jeden Menschen, je nach seinen persönlichen Eigenschaften, unterschiedlich gedeutet werden.

Die hier aufgeführten Kurzbedeutungen sollen Ihnen daher lediglich als Anregung dienen, sich einen Augenblick lang auf sich selbst zu konzentrieren und mit Hilfe Ihrer Karten eine Art Motto für den neuen Tag festzulegen.

Machen Sie das Ziehen der Tageskarte zu einem spielerischen, leichten und dennoch festen Bestandteil Ihres Tagesablaufes und schaffen Sie sich so Ihr persönliches kleines Ritual, mit dessen Hilfe Sie sich bereits auf kommende Ereignisse einstimmen können.

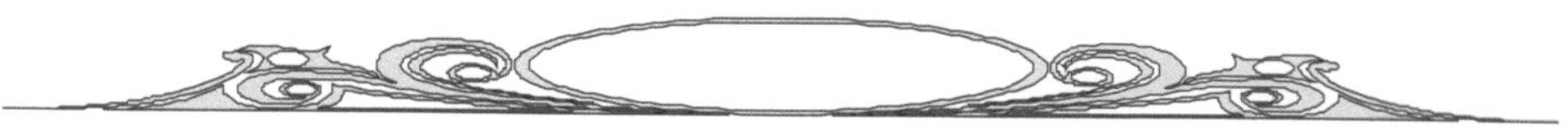

Was bringt mir der Tag?

Die 22 großen Arkanen in ihrer Bedeutung als Tageskarte:

1 Der Magier

Heute sind Sie schlagfertiger und wortgewandter denn je.
Ein guter Tag für Gespräche und Verhandlungen.

Der Magier – umgekehrt

Vorsicht bei Verhandlungen!
Lassen Sie sich nicht zu etwas überreden, das Sie im Grunde gar nicht wirklich wollen.

2 Die Hohepriesterin

Hören Sie auf Ihre innere Stimme.
Sie sind im Einklang mit sich selbst.

Die Hohepriesterin – umgekehrt

Heute scheinen Sie ein wenig neben sich zu stehen.
Versuchen Sie, sich zu entspannen und wieder zu sich zu finden.

3 Die Herrscherin

Sie sprühen geradezu vor Tatendrang.
Krempeln Sie die Ärmel hoch und machen Sie sich an die Arbeit,

Die Herrscherin – umgekehrt

Vorsicht! Heute neigen Sie dazu, die Dinge zu überstürzen.
Etwas mehr Ruhe und Überlegung wären angebracht.

4 Der Herrscher
Seien Sie zu Recht stolz auf das, was Sie erreicht haben. Schließlich haben Sie sich Ihre Erfolge hart erarbeiten müssen!
Der Herrscher – umgekehrt
Achtung und Respekt voreinander sind immer eine gute Sache. Achten Sie jedoch heute ganz besonders darauf, nicht allzu autoritär zu werden.

5 Der Hohepriester
Heute sind Ihr Rat und Ihr Wissen gefragt.
Der Hohepriester – umgekehrt
Verschließen Sie nicht die Augen vor der Wirklichkeit. Theorie und Praxis müssen nicht immer übereinstimmen.

6 Die Liebenden
Das Leben stellt uns immer wieder vor neue Prüfungen. Heute können Sie diese spielend bestehen!
Die Liebenden – umgekehrt
Überprüfen Sie noch einmal genau alle Gegebenheiten, ehe Sie einer Sache zustimmen.

7 Der Wagen
Heute können Sie erreichen, worum Sie schon so lange kämpfen!
Der Wagen – umgekehrt
Vorsicht! Hüten Sie sich davor, Ihre Interessen um jeden Preis durchkämpfen zu wollen!

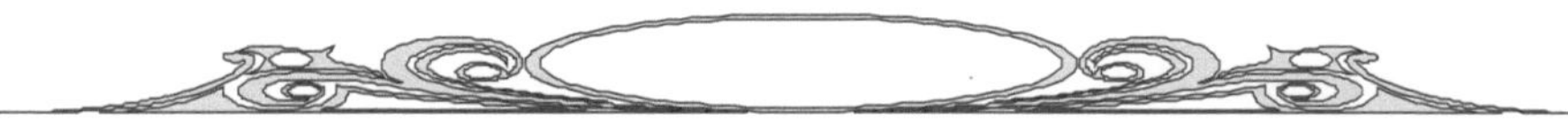

8 Die Gerechtigkeit
Vertrauen Sie heute auf Ihr Urteilsvermögen!
Die Gerechtigkeit – umgekehrt
Wägen Sie heute alle Argumente besonders gut ab, ehe Sie eine Entscheidung fällen.

9 Der Einsiedler (Eremit)
Gönnen Sie sich heute etwas mehr Ruhe und nehmen Sie sich die Zeit, die Sie benötigen, um Ihre Gedanken zu ordnen.
Der Einsiedler (Eremit) – umgekehrt
Gehen Sie heute unter die Leute oder lassen Sie alte Kontakte wieder aufleben!

10 Das Rad
Sie sind auf dem besten Wege, das zu erreichen, was Sie sich vorgenommen haben!
Das Rad – umgekehrt
Achten Sie darauf, sich nicht zu verzetteln!

11 Die Kraft
Heute sind Sie ganz in Ihrer Mitte.
Setzen Sie Ihre Kraft für die richtige Sache ein!
Die Kraft – umgekehrt
Zu viele Kräfte zerren heute an Ihnen. Lassen Sie sich nicht aus der Balance bringen!

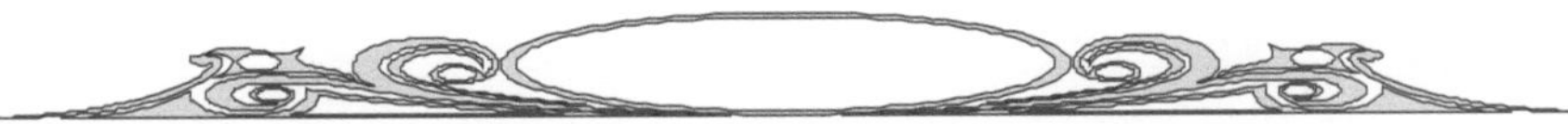

12 Der Gehängte
Ungewohnte Perspektiven eröffnen Ihnen heute ganz neue Möglichkeiten.
Der Gehängte – umgekehrt
Heute fühlen Sie sich ausgeliefert und gefesselt.
Versuchen Sie, sich aus dieser Lage zu befreien!

13 Der Tod
Ein Abschnitt Ihres Lebens gehört nun endgültig der Vergangenheit an.
Machen Sie sich bereit für einen Neuanfang!
Der Tod – umgekehrt
Manchmal scheinen die Dinge einfach nicht so recht laufen zu wollen.
Lassen Sie sich nicht davon in die Tiefe ziehen!

14 Der Ausgleich
Achten Sie auf ein Gleichgewicht im Geben und Nehmen.
Der Ausgleich – umgekehrt
Vorsicht vor unnötigen Geldausgaben oder allzu übertriebener Sparsamkeit.
Beides kann auf lange Sicht teuer werden.

15 Der Teufel
Stehen Sie zu Ihren Gefühlen!
Der Teufel – umgekehrt
Vorsicht – heute neigen Sie dazu, über zu reagieren und sich hinreißen zu lassen!

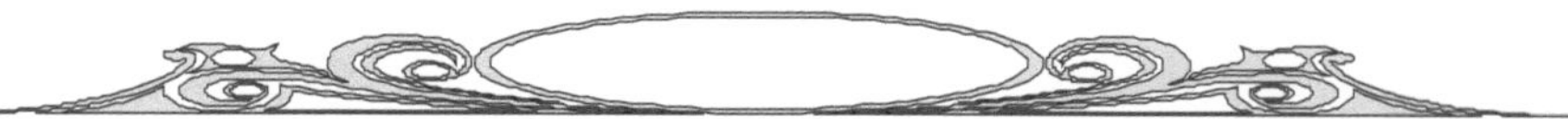

16 Der Turm
Seien Sie sich Ihrer Sache nicht zu sicher – Sie könnten sonst eine unangenehme Überraschung erleben!

17 Der Stern
Kopf hoch! Es geht wieder aufwärts!
Der Stern – umgekehrt
Lassen Sie sich nicht in die Irre führen!

18 Der Mond
Kümmern Sie sich heute um Ihr Seelenleben!
Tun Sie sich etwas Gutes oder sprechen Sie mit Freunden über Ihre Nöte.

19 Die Sonne
Was auch immer kommen mag – heute kann Sie nichts erschüttern!

20 Das Gericht
Heute ernten Sie die Früchte Ihrer Bemühungen.
Das Gericht – umgekehrt
Was auch immer Sie vorhaben – bedenken Sie die Konsequenzen Ihres Tuns!

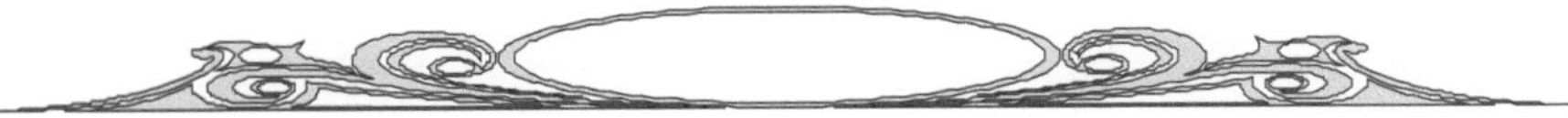

21 Die Welt
Heute scheinen alle losen Fäden wieder zusammenzulaufen. Sie sind auf dem richtigen Weg!
Die Welt – umgekehrt
Achten Sie darauf, den Gesamtzusammenhang nicht aus den Augen zu verlieren!

Der Narr
Lassen Sie das Kindliche, Sprunghafte in sich ruhig zu. Achten Sie aber darauf, dabei nicht allzu unüberlegt zu handeln.

Kleines Lexikon der wichtigsten Tarotbegriffe

Wer die Karten nur gelegentlich nutzt oder sie zum ersten Mal zur Hand nimmt, wundert sich wahrscheinlich über die ungewohnten Begriffe, mit welchen er sich konfrontiert sieht.

Da ist von Arkanen die Rede, von Quintessenzen, Hierophanten, Trümpfen und Höfen.

Die hier folgende kurze Aufstellung der wichtigsten und häufigsten Begriffe im Zusammenhang mit den Tarotkarten soll Ihnen helfen, diese Namen besser zu verstehen.

Arkanen
Singular: Arkanum → Aus dem Lateinischen abgeleiteter Name für die Tarotkarten.
Das Wort „Arkanum" bedeutet eigentlich „Geheimnis".
Die Arkanen teilen sich auf in die so genannten **Großen Arkanen** und die **Kleinen Arkanen**.

Große Arkanen
(Auch **Trumpfkarten** genannt) → Bei den großen Arkanen handelt es sich um die 22 Karten, die nicht zu den 4 Farben (Münzen, Kelche, Schwerter und Stäbe) gehören, sondern eigene Namen tragen.
Je nach Tarotset tragen diese Karten die Zahlen von 0-21 beziehungsweise 1-22.

Kleine Arkanen
(Auch **Farbkarten** genannt) → Die 56 weiteren Karten, die den 4 Farben zugeordnet werden.
Zu den Kleinen Arkanen gehören sowohl die Zahlenkarten, als auch die **Hofkarten**.

Eremit → Einsiedler

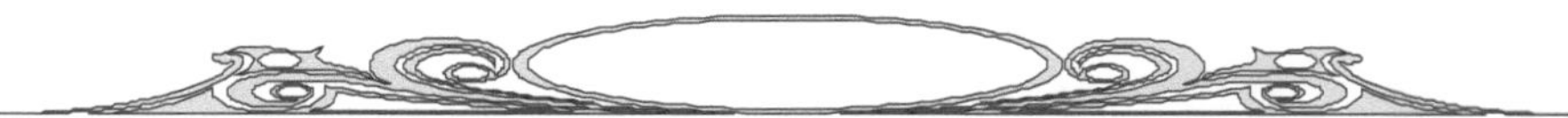

Farben → Die 4 Serien

- **Münzen** (auch **Scheiben** genannt)
- **Kelche** (manchmal auch als **Becher** bezeichnet)
- **Stäbe** und
- **Schwerter**.

Vergleichen Sie hierzu auch die 4 Farben der Skatkarten (Karo, Herz, Kreuz, Pik).

Hofkarten → Die den jeweiligen Farben zugeordneten Karten

- König
- Königin
- Ritter und
- Bube (Knappe)

Diese Karten gehören zu den Kleinen Arkanen.

Trumpfkarten → Siehe Große Arkanen

Quintessenz → Die Quintessenz bezeichnet so etwas wie die allgemeine Aussage, die sich nach dem Ende der Deutung aus dem gesamten ausgelegten Kartenbild ergibt.
Nachdem die Karten im Einzelnen gedeutet wurden, fasst man die Aussage der gemachten Legung zum Abschluss noch einmal kurz in einem abschließenden Satz, der Quintessenz, zusammen.

Hierophant → In einigen Tarotsets gebräuchliche Bezeichnung für die Karte des Hohepriesters.

Joker → In einigen Tarotsets gebräuchliche Bezeichnung für die Karte des Narren.

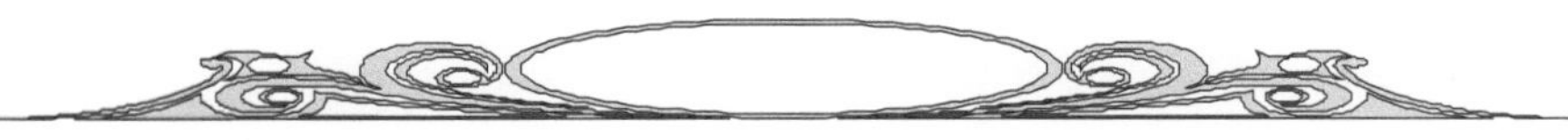

Schlusswort

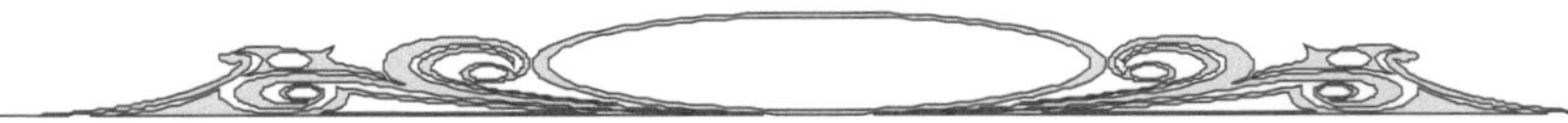

Aus all meinen bisherigen Werken über die Kunst des Kartenlegens sticht dieses Tarotkartenbuch ein wenig hervor, da es das einzige Buch dieser Reihe ist, das nicht alle Karten eines Sets auf einmal abhandelt.

Blicken Sie dennoch nicht wehmütig auf den verbliebenen Stapel aus 56 „Restkarten“ hinab.

Auch diese Karten werden wir zu gegebener Zeit behandeln. Zunächst jedoch muss einmal der Grundstock, die Basis für das Verständnis dieser Karten geschaffen sein.

Dies gelingt am leichtesten durch tägliches Üben mit wenigen Karten.

Erst wenn Sie diese Karten vollkommen verinnerlicht haben und deren Bedeutungen in ihren eigenen Worten zu jeder Zeit problemlos erklären können, ist die Zeit reif, auch den nächsten Stapel an Karten mit einzubeziehen.

Ein striktes Auswendiglernen der Bedeutungen mag Ihnen zu Beginn Ihrer Tätigkeit zwar von Nutzen sein, letztendlich müssen Sie die Karten jedoch sowohl mit dem Herz als auch mit dem Verstand in sich aufgenommen haben.

Die Persönlichkeit eines jeden Kartenlegers fließt in die Art mit ein, wie er oder sie selbst die Karten wahrnimmt, und welche Eigenschaften ihm oder ihr besonders wichtig erscheinen.

So entwickelt jeder interessierte Mensch im Laufe der Zeit seine ganz persönliche Deutungsweise.

Dies ist jedoch selbstverständlich nicht möglich, solange man die Bedeutungen der Karten lediglich auswendig gelernt hat, oder gar jedes Mal erneut nachschlagen muss.

Das höchste Gut beim Kartenlegen ist und bleibt unser Einfühlungsvermögen; mit anderen Worten: Der Zugang zu unserem Unterbewusstsein; unsere so genannte Intuition.

Nehmen Sie also Ihre Karten immer wieder zur Hand und üben Sie, eine Tarotkarte zu den unterschiedlichsten Personen und Lebenslagen zu ziehen.
Auf diese Weise trainieren Sie Ihr Gefühl für den Umgang mit Ihren Karten.

Versuchen Sie dabei auch ruhig immer wieder, Ihrem Gefühl entsprechend zu fragen und zu ziehen.
So schaffen Sie sich ein breites Repertoire an Legesystemen und Fragestellungen.

Je flexibler Sie gleich zu Beginn im Umgang mit Ihren Tarotkarten werden, desto leichter wird Ihnen das Erlernen der übrigen Karten später fallen.

Lassen Sie sich auch von der Vielzahl an Kartendecks und Lehrmethoden nicht aus der Ruhe bringen.
Hier geht es um Sie selbst und um das, was Ihr persönliches Gefühl Ihnen vermittelt.
Ihr Inneres ist die einzige Institution, der Sie in dieser Beziehung vertrauen sollten.

Nun wünsche ich Ihnen viel Spaß im Umgang mit Ihren Tarotkarten und hoffe, Sie auch im nächsten Band wieder begrüßen zu dürfen!

Ihre Britta

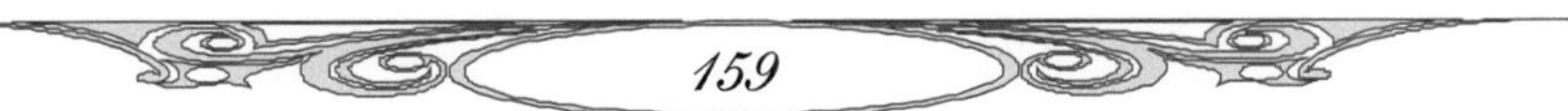

Neuerscheinungen 2007

Kartenlegen leicht erlernbar

nach Madame Lenormand

Der neue Kompaktkurs 2. Auflage

Die vorliegende **Neuausgabe** Auflage 2 des **Kompaktkurses** enthält alle Übungen und Illustrationen des vorangehenden Kompaktkurses, ist jedoch aktualisiert und um ein **Vielfaches** erweitert worden. (Ausschnitte aus den Lehrbüchern I - IV), Der **neue Kompaktkurs**, der Sie mit allen notwendigen Informationen und dem Basiswissen versorgt, das Sie für das Kartenlegen benötigen, jedoch vorwiegend für den „Hausgebrauch“, also das schnelle Kartenlegen für sich selbst und die eigene Familie, sowie Freunde und Bekannte geeignet ist.
Abbildungen: **Brittas Wahrsagekarten** nach Art der Madame Lenormand und die Karten der **Blauen Eule.**

- Die Bedeutung der 36 Karten, nach Madame lenormand
- Karten verstehen, deuten lernen und miteinander verbinden
- Mischen und Auslegen, Fragen in klarer Form stellen
- Deuten einer ganzen Kartenlinie von der 1. bis zur 8. Karte
- Der Momentan-Zustand und die nahe Zukunft
- Vertiefen des Momentan-Zustandes, Themen Liebe, Umzug
- Gesundheit, Umzug, Scheidung
- Deutungslinien der Vergangenheit und der Zukunft,
- Übungsblatt Fische: Finanzen, Diagonale, senkrechte und waagrechte , Deutungslinien im Zusammenhang
- Abdecken des großen Tableaus, Herausnehmen jeder 5. Karte
- Was sind Kombinationen? Wie erkennt man sie im Tableau?
- Zahlreichen Übungen und Lösungsvorschläge, Ratschläge
- und Tipps, am Schluss Testaufgaben wieder mit Lösungen.

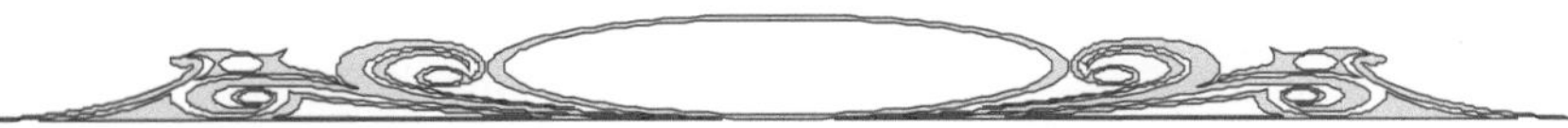

Zigeuner-Wahrsagekarten leicht erlernbar

Kompaktkurs
in vier Schritten zum erfolgreichen Kartenlegen

Die Autorin und Kartenlegerin Britta Kienle widmet sich in diesem Band den beliebten Zigeunerkarten, die vielen Interessierten als einfacher und schnell zu erlernender Einstieg in die Welt der Wahrsagekarten dienen können.

- Die 36 Zigeunerkarten und ihre Bedeutungen
- Das Ziehen einer Tageskarte, verschiedene Legesysteme
- Das schnelle Erkennen von Verbindungen, erste Kartenbilder
- Das kleine Kreuz und seine Erweiterung
- Zusätzliches Abdecken ausgewählter Karten
- Kombinationen und weitere Besonderheiten, Zukunfts- und
- Zeitkarten, Jahreszeiten, alle Personenkarten im Überblick
- Zahlreiche Tipps und bildliche Darstellungen, Übungen und Lösungsvorschläge

Kipperkarten leicht erlernbar

Kompaktkurs
in vier Schritten zum erfolgreichen Kartenlegen

Die seit Jahrhunderten beliebten Kipperkarten werden hier in einem einzigartigen, leicht nachvollziehbaren und übersichtlichen Lehrbuch schnell und verständlich erklärt!

- Kipperkarten verstehen und deuten lernen
- Alle Karten mit ihren Bedeutungen
- die Kipperkarten im Tableau
- Die Beziehungen der Karten untereinander, Kombinationen
- Verschiedene Legesysteme, Schnelllegesysteme
- Die Astrologische Jahres-Kartenlegung, das Einbeziehen von Zusatzkarten, Hinweise zur Arbeit mit der Tageskarte
- Tipps für Fortgeschrittene, zahlreiche Tipps und bildliche
- Darstellungen, Übungen und Lösungsvorschläge

Weitere Angebote des Brika-Verlages

Brittas bewährtes Lehrsystem:
Nach Art der Madame Lenormand
Selbstlernkurs I-IV (Grund- und Aufbaukurs)

Sie möchten das Kartenlegen erlernen? Geeignet für Hobby, Neben- oder Hauptberuf

Empfehlenswerte Zusatzbücher zum Selbstlernkurs

Das Interpretieren lernen, die Kombinationen auf einen Blick erkennen, weitere Legesysteme und Deutungsmethoden.

Lehrbücher V-VII (Zur Vertiefung des Kartenlegens)

Sie wollen tiefer in das Kartenlegen eindringen, mehr Wissen sammeln und sich vielleicht sogar selbständig machen?

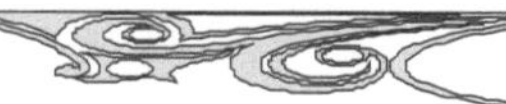

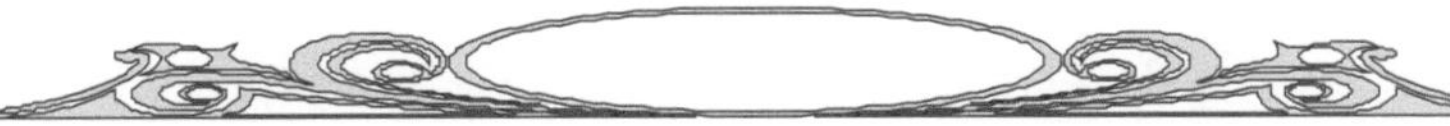

Ergänzungsbücher zum Kartenlegen (Auch zu anderen Kartendecks einsetzbar)

Sie haben eine schnelle Frage, wie z.B.

- Wie sieht es heute mit meiner Stimmung, Laune aus?
  *Ziehen Sie eine Stimmungskarte
- Wie soll man auf einen Disput reagieren?
  *Ziehen Sie auf die Frage eine Ergänzungskarte
- Weshalb ist etwas geschehen?
  *Ziehen Sie eine Zigeunerkarte, um die Antwort zu erhalten.

Brittas Wahrsagekarten mit Begleitbuch

- Jede Karte wird ausführlich erklärt und gedeutet, anhand des exklusiv für Britta gestalteten außergewöhnlichen Kartendecks
- Viele zusätzliche Anregungen und Denkanstöße.
- Zuordnungen zu Sternzeichen, Edelsteinen, Farben, Chakren, Berufen und Eigenschaften
- Zeitkarten sind mit einer Uhr gekennzeichnet, Zukunftskarten mit einem Auge.

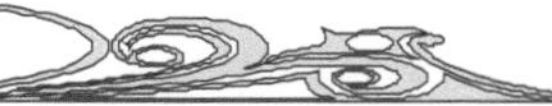

Übersicht: Brittas bewährtes Lehrsystem
Nach Art der Madame Lenormand

Der große Selbstlernkurs - Grund- und Aufbaukurs

Als Hobby, Neben- oder Hauptberuf
Grundkurs
Lehrbücher I-II

Als Hobby, Neben- oder Hauptberuf
Aufbaukurs
Lehrbücher III-IV

Empfehlenswerte Zusatzbücher zum Selbstlernkurs

Interpretationshilfe

Kombinationen auf einen Blick

Legesysteme mit Fallbeispielen

Zur Vertiefung des Kartenlegens

Hilfsmittel, Tipps Techniken, Fakten zur Selbständigkeit
Lehrbuch V

Grundstein für eine eigene Existenz als Kartenleger/in
Lehrbuch VI

Ratgeber&Übungsbuch für professionelle Beratungsgespräche
Lehrbuch VII

Ergänzungsbücher zum Kartenlegen

Genaue Analyse der Tagesstimmung
Stimmungsbuch plus Karten

Die Frage nach der Ursache „WARUM?
Zigeunerbuch plus Karten

WIE soll ich reagieren?
Ergänzungsbuch plus Karten

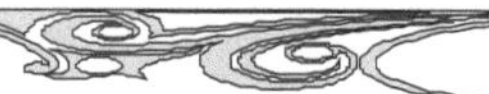

Dr. Christoph Sczygiel

Psychologie und Leadership

Direkt anwendbares Wissen für die Führungs- und Personalarbeit

1. Auflage

Haufe Group
Freiburg · München · Stuttgart

Bibliografische Information der Deutschen Nationalbibliothek

Die Deutsche Nationalbibliothek verzeichnet diese Publikation in der Deutschen Nationalbibliografie; detaillierte bibliografische Daten sind im Internet über http://dnb.dnb.de/ abrufbar.

Print: ISBN 978-3-648-14824-2 Bestell-Nr. 10626-0001
ePub: ISBN 978-3-648-14825-9 Bestell-Nr. 10626-0100
ePDF: ISBN 978-3-648-14827-3 Bestell-Nr. 10626-0150

Dr. Christoph Sczygiel
Psychologie und Leadership
1. Auflage, April 2021

www.haufe.de
info@haufe.de

Bildnachweis (Cover): © JEGAS RA, Adobe Stock
Grafiken: Büro für Grafische Gestaltung I Frank Rothe

Produktmanagement: Jutta Thyssen
Lektorat: Peter Böke, Berlin

Psychologie und Leadership

Inhaltsverzeichnis

Vorwort

von Dr. Wolfgang Looss

Wer sich heutzutage auf den Weg macht, Führungskraft zu werden – oder auch schon einige Zeit in dieser Funktion tätig ist –, und dabei Ausschau hält nach nützlichen Büchern, die als Orientierungshilfen dienen mögen, ist wirklich nicht zu beneiden. Das Angebot ist unüberschaubar, widersprüchlich, verwirrend und man überbietet sich in z. T. völlig übertriebenen Heilsversprechen. Und weil weniger als die Hälfte aller dieser Führungskräfte einen nennenswerten Qualifizierungsprozess zur Führungsarbeit durchlaufen, sieht es für solche Praktiker auch bei anderen Formen der Orientierungsproduktion nicht gerade sehr rosig aus.

Die Autoren dieses Buches kennen diese Verhältnisse aus ihrer langjährigen Alltagsarbeit in der Führungskräftequalifizierung und haben sich offenbar dafür entschieden, statt weiterer modischer Feuerwerke etwas Solidität ins komplexe Spiel der bunt gewordenen Fachliteratur zu bringen. Sie wählen für die informative Darstellung zunächst zentrale, gesicherte und gut bewährte Erklärungsprinzipen aus der Psychologie aus, mit denen Nicht-Psychologen unter praktischen Gegebenheiten auch im Alltag wirklich etwas anfangen können. Sie greifen außerdem einige bedeutungsvolle Phänomene des aktuellen Führungsalltags wie Stress, Gesundheit oder Krisenbewältigung auf und geben handfeste Hinweise zum Umgang damit. Und sie folgen einer hinreichend erprobten didaktischen Vorgehensweise, indem sie ihre Erklärungen der Zusammenhänge dann an ganz konkreten Alltagsbeispielen und Fallgeschichten in der Nutzanwendung sichtbar machen. So eine Schrittfolge hilft beim Verstehen und ermuntert zum eigenständigen Ausprobieren, so werden Instruktionen auch nachvollziehbar und eingängig. Im Ergebnis ist ein handwerklich orientiertes und auf Anwendung gerichtetes Lehrbuch entstanden, geschrieben von vernünftigen Experten für vernünftige »lernende Praktikerinnen und Praktiker«.

So handfest und unprätentiös zu schreiben zeugt, neben großer Erfahrung, auch von Unerschrockenheit und geklärtem Denken. In diesen wechselvollen Zeiten mit ihren sich überschlagenden Innovationsparolen, wechselnden kurzlebigen Trends und formelhaften magisch-modischen Begriffen wirkt es durchaus mutig, sich unaufgeregt dem zuzuwenden, was für den Führungsalltag an gut verwurzelten Erkenntnissen für das Führungsgeschäft bleibt. Die Population der vier Millionen Führungsperso-

nen in unseren Organisationen sehen sich ohnehin ständigen Veränderungsgeboten ausgesetzt, die das Managerleben irritierend durchziehen und dabei vorwiegend Druck, Zweifel und unsicheres Handeln erzeugen.

Insgesamt also ein Buch für Menschen, die solide arbeiten und solide führen wollen und die mehr im Kontakt sind mit der Realität als mit ausgreifenden luftigen Zukunftsbildern. Möge es viele entschlossene Leserinnen und Leser finden.

Darmstadt, im Dezember 2020

Dr. Wolfgang Looss

1 Einleitung

1.1 Was uns die Psychologie über menschliches Verhalten verrät

Wissen und Erkenntnisse über menschliches Verhalten von anderen und Erleben bei sich selbst zu erlangen ist ein Wunsch, den viele Menschen haben, ohne gleich mit dem Gedanken zu spielen, Psychologie zu studieren. Psychologische Bücher für Laien gibt es viele, ohne dass dies gleich im Titel ersichtlich ist. Selbsterkenntnis aller Art oder das Verstehen von Mitmenschen dürfte oft das Motiv sein, diese Bücher zu lesen. Wissen allein hilft nur sehr selten, das eigene Verhalten zu verändern. Erst die Kombination von Wissen und sozialem Erleben einerseits *und* die Rückmeldung aus diesem Umfeld andererseits wird ausreichend Motivation entstehen lassen, eigenes Verhalten zunächst erst einmal in Frage zu stellen. Veränderung ist bekanntlich ein langsamer Prozess, den oft nur diejenigen bemerken, die lange keinen Kontakt zu jener Person hatten, die sich verändert hat. Menschen, die diesen Prozess begleiten, können als Katalysator fungieren und so manche Veränderung beflügeln. Und das gilt für vieles im Leben. Genau deshalb haben sich viele Gebiete entwickelt, in denen die psychologische Wissenschaft forscht und uns immer neue Erkenntnisse ermöglicht, besonders seit sie durch die Gehirnforschung eine wichtige Unterstützerin gefunden hat.

Folgerichtig ist das Wissensgebiet der Psychologie ziemlich breit aufgestellt: Test-, Sport-, Wirtschafts- oder Rechtspsychologie und weitere Schwerpunkte, die hier nicht thematisiert werden, um nur einige zu nennen. Stattdessen begeben wir uns in diesem Buch in die Nähe zur klinischen Psychologie, ohne ein klinisches Interesse zu verfolgen. Ihnen, liebe Leserinnen und Leser, geht es – davon gehe ich mal aus – um menschliches Sozialverhalten und um den Umgang damit, also nicht um Heilung oder Veränderung der Person. Im Fokus der folgenden Kapitel wird deshalb (Sozial) Verhalten stehen, und darauf können Sie aufgrund Ihrer Rolle als Führungskraft Einfluss nehmen. Es macht eben einen Unterschied, ob Sie in einer Besprechung Ihre Stimme heben oder Formen der Erpressung benutzen oder sich wohlwollend verhalten oder Kritik unter vier Augen äußern, statt in aller Öffentlichkeit. Es geht deshalb um Ihre Mitarbeiter*innen und *natürlich auch* um Sie selbst. Verhalten unterliegt – was Ihnen vermutlich bekannt ist – meistens einer Wechselwirkung zwischen Menschen, die im Grunde immer aus der (Lern-)Geschichte der jeweiligen Personen

erwachsen ist.[1] Wir können meist nicht so leicht aus unserer Haut und Veränderung setzt ein hohes Maß an intrinsischer Motivation voraus. Ob es Ihnen gelingen kann, diese Energie in jemandem freizusetzen, hängt von vielen Faktoren ab und dazu kann dieses Buch einen Beitrag leisten.

1.2 Die Funktion von Mustern, Skripten und inneren Bildern

Unternehmen und deren Vertreter*innen – Führungskräfte oder Führungsverantwortliche – sind immer die Umsetzer von Veränderungen. Das gilt sowohl für die Art des operativen Geschäfts als auch dann, wenn die Unternehmen entweder konservativ oder veränderungsbewusst aufgestellt sind. Selbst Unternehmen, die kaum oder gar nicht hierarchisch organisiert sind, bemühen sich um innere und äußere Orientierungen, das wollen die Kund*innen und die Mitarbeiter*innen. Orientierung kann auf vielen Ebenen eine Rolle spielen: Menschen sind soziale Wesen und im Allgemeinen an einem guten Miteinander interessiert. Ihre Beweggründe, so oder so zu handeln, entsprechen lange eingeübten und erlernten Mustern, die sich im Laufe ihres Lebens bewährt, also als wirksam erwiesen haben. In diesem Prozess wurden sogenannte mentale Modelle, innere Bilder oder innere Skripte entwickelt, Begriffe, hinter denen sich das Wesen dieser Lerngeschichten verbirgt. Im Erwachsenenalter wirken diese Muster gelegentlich anachronistisch, sowohl privat als auch im beruflichen Kontext. Und hier kommt Haltung und Werten, die für Führungskräfte handlungsleitend sind, eine besondere Bedeutung zu.

Das operative Geschehen, die Arbeit bzw. Wirksamkeit von Führungskräften, ist bekanntlich nur ein Teil ihrer alltäglichen Realität. Sie brauchen Mitarbeiter*innen, die wissen, was wie zu tun ist. Wie Mitarbeiter*innen ihre Aufgaben übernehmen und Ergebnisse produzieren, ist ein Hinweis, wie sie geführt werden – es lohnt sich, Zeiteinsatz und Qualität in den Fokus zu nehmen –, sie sind ein Spiegelbild dieser Motivation oder der Beziehung. Natürlich ist die intrinsische Motivation immer noch der größte Antreiber für Mitarbeiter*innen. Es ist ein Vorteil, ausreichend davon zu haben. Sie wird gespeist aus dem individuellen Interesse von Menschen, eine bedeutsame Rolle im Miteinander zu spielen – operativ und zwischenmenschlich. Oft

1 Roth, G. (2019): Siehe dort das Kapitel »Die Bedeutung frühkindlicher Einflüsse und der Bindungserfahrung«.

werden die besonderen Eigenschaften eines Menschen für die ausschlaggebenden Faktoren gehalten, zum Beispiel sind begabtere Mitarbeiter*innen[2] hier nicht im Vorteil, was man vielleicht vermuten könnte.

Wissen über Psychologie und Motivation ist ein Beitrag, um Führungskräfte zu Motivatoren zu machen, Erfahrung im Umgang mit Menschen ist ein wichtiger, gleichberechtigter Faktor, beides zusammen unschlagbar. Jedoch lässt sich der Wunsch nach einfachen Lösungen nicht erfüllen, Führung hat nichts mit Technik zu tun, Führungshandeln, Führungsinterventionen müssen täglich neu »erfunden« werden. Und Menschen lernen sowohl durch gelungene Interventionen als auch durch misslungene, was eine Einladung sein kann, Interventionen auszuprobieren und das Risiko einzugehen, dass es nicht so läuft, wie Sie sich das erhofft hatten. Dabei kann die Intervention gut gewesen sein, aber Zeitpunkt oder Formulierung haben vielleicht nicht den Kern getroffen.

Ein weiterer Aspekt ist die Dynamik und das Umfeld, in der Führung stattfindet. Arbeit und sogar Hierarchie wird zurzeit neu »erfunden«, was sich überall dort besonders bemerkbar macht, wo hergebrachte Arbeitsformen disruptiert[3] werden – im besten Fall vom eigenen Arbeitgeber, wahrscheinlicher aber von Organisationen, die keiner Tradition verpflichtet sind. Begriffe, die zunächst eher mit Start-ups in Verbindung gebracht und heute wie selbstverständlich von vielen Führungskräften und Organisationen als die neue Ausrichtung gesehen werden, werden im alltäglichen Sprachgebrauch inflationär verwendet und nicht selten missverstanden. So wie der Begriff Agilität, ein Begriff aus der IT. Er bezeichnet etwa seit 2015 eine neue Arbeitsform, die auch in großen Unternehmen ausprobiert wird – mit den Geburtsschmerzen von hierarchischen Systemen, die plötzlich in Rollen statt in Hierarchie (Macht) denken sollen, wollen oder müssen. Agil bedeutet nicht, besonders beweglich zu sein, sondern beschreibt eine bestimmte Vorgehensweise z. B. in Projekten, die u. a. wertegeleitet, fehlertolerant, feedbackorientiert, dezentral und vertrauensbasiert funktioniert. Zusammenarbeit (Kollaboration), statt Wissen individuell zu horten, steht hier an erster Stelle. Und ganz nebenbei ist Agilität eine Antwort auf sich schnell verändernde Märkte und Herausforderungen.

---

2 Murayama, (2012): Kinder erzielten den größten Leistungszuwachs, die besonders hoch motiviert waren. Die Intelligenz der Schüler spielte hingegen keine Rolle. Aus: Spiegel Wissenschaft, 20.01.2013.

3 Vgl. Keese, C. (2018): Disrupt yourself.

Völlig neue Technologien verändern nämlich die Unternehmenslandschaft. Menschen bauen Autos, die noch nie mit Autos zu tun hatten. Banken und Kaufhäuser verlagern ihre Geschäfte ins Internet. Im Netz einzukaufen wird inzwischen als normal erlebt. Aus dem Katalog (heute das Internet) zu bestellen war früher Versandhäusern vorbehalten und die galten immer schon als etwas angestaubt. Viele Berufsgruppen organisieren sich im Internet, langfristig oder in »Meetups« kurzfristig. Und niemand kann absehen, was sich da noch entwickeln wird. Die Pandemie, die durch Covid-19 alle Lebensbereiche erfasst hatte, hat viele Menschen gezwungen, zu Hause zu arbeiten, unterschiedlichste digitale Plattformen haben das erleichtert. Homeoffice wird plötzlich zur Normalität und ist nicht mehr ein Privileg von Auserwählten.

Nicht nur Organisationen oder Abteilungen ändern sich ständig, auch der Markt, die Randbedingungen und die Bedürfnisse von Mitarbeiter*innen. Führungskräfte sind plötzlich mit Herausforderungen konfrontiert, die sie nicht annähernd geahnt hatten, als sie in die neue Rolle gewechselt sind. Seit mehreren Jahren verändert sich die Situation von Führungskräften auch dadurch, dass ein selbstbewussterer Typus von Mitarbeiter*innen auftaucht, der keinen heroischen Vater mehr sucht oder gar eine Übermutter. Mit Über-Eltern sind viele heute junge Menschen nämlich großgeworden. Sie wollen sich eher absetzen und ihren eigenen Weg finden. Allerdings mit den gleichen Freiheiten wie im Studium oder der Schulzeit oder im Elternhaus. Wie auch die Fallbeispiele in Kapitel 7 zeigen, müssen sich Führungskräfte mehr denn je mit auffälligem Verhalten, einer eigenwilligen Auslegung von Arbeitszeitbedingungen und einem großzügigen Umgang mit Krankheitstagen oder Phänomenen wie Burnout auseinandersetzen. Lange Rauchpausen, im Internet surfen, privates Telefonieren in der Arbeitszeit oder Nichterreichbarkeit im Homeoffice, stellt sie vor Fragen, die nicht mehr allein mit Erfahrung zu bewältigen sind. Ganz zu schweigen von neuen Mitarbeiter*innen, bei denen Selbsteinschätzung und Realität gelegentlich weit auseinander liegen. Und klassische Antworten wie kritische Gespräche, Regeln oder Er- bzw. Abmahnungen haben in einem Arbeitnehmermarkt oder einfach nur bei selbstbewussten Arbeitnehmern viel an Wirkung verloren. Und je mehr Sie an Ihrer Wirksamkeit als Führungskraft zweifeln, desto mehr fragen Sie sich vielleicht, ob es überhaupt belastbare und überzeugende Antworten gibt.

Dieses Buch soll Ihnen helfen, die Plausibilität von alternativen Handlungsmöglichkeiten auszuloten – ganz speziell aus psychologischer Sicht. Wobei es ab und zu nur um konsequentes Handeln geht, was an sich weniger psychologisch, sondern eher

pädagogisch anmutet. Die Fallbeispiele aus der Praxis in Kapitel 7 können Sie als Anregung verstehen, über alternative Handlungsmöglichkeiten nachzudenken. Auf komplizierte Fragen des Führungshandelns gibt es mehr als eine mögliche Antwort, Psychologie ist eine davon.

Die Fragen und Antworten, die Sie in diesem Buch kennenlernen, sind in einer über 20-jährigen Beratungs- und Trainingspraxis entstanden, im Austausch mit realen Führungskräften und deren Fragen im Umgang mit Mitarbeiter*innen, die sich nicht mit Interventionen erreichen ließen, die bei anderen wunderbar funktioniert hatten. Im Training wie auch im Coaching sind viele Antworten entwickelt und von Führungskräften dann in der Alltagsrealität ausprobiert worden. Die Lösungsmöglichkeiten mussten ihre Wirksamkeit unter Beweis stellen. Und natürlich geht es hier nicht um Genauigkeit oder Unveränderbarkeit von Lösungen. Sie allein entscheiden, wie Sie die Anregungen umsetzen, und manchmal entscheiden Sie erst in der konkreten Situation, ob die Antwort von gestern heute noch passt. Und dann machen Sie es ab und zu anders, als Sie es vorbereitet hatten. Das darf man dann mit Fug und Recht als professionelles und situationsgerechtes Führungshandeln bezeichnen.

Psychologie oder psychologisches Wissen ist eben nichts Unabänderliches, es ist niemals die einzige »Wahrheit«, es geht um eine Annäherung an eine gute Lösung und manchmal ist die zweitbeste leichter zu erreichen. Psychologie kann also immer nur bestimmte Aspekte einer Fragestellung beleuchten, bestimmte Untiefen durchforsten und Einblicke verschaffen, zum Beispiel in die Beweggründe, die hinter dem Verhalten von Mitarbeiter*innen stecken könnten. Kreative oder einfache Lösungen bilden also niemals die ganze Wirklichkeit vom Leben oder von Menschen ab, aber sie können Landkarten sein, die Ihnen die Orientierung erleichtern.

Es ist sehr gut möglich, dass Ihnen nicht jedes Modell, das ich hier vorstellen werde, einleuchten oder verständlich erscheinen wird. Ich biete hier bewusst verschiedene Modelle und Tools an, damit Sie jenes nutzen, was Ihnen am meisten zusagt, was Ihnen schlüssig erscheint oder zur Anschaulichkeit bestimmter sozialer Interaktionsmuster beiträgt. Die konkreten Fallbeispiele in Kapitel 7 werden dabei einen Beitrag leisten. Spätestens hier sollte es gelingen, dass sich psychologisches Erkunden hoffentlich mit Ihrer Alltagserfahrung verbindet, im besten Fall nähern wir uns gemeinsam plausiblen Antworten, die für Ihren Führungsalltag tauglich sind.

Psychologie in Laienhänden kann kritisch sein, weshalb psychologisch geschulte und erfahrene Trainer*innen und Berater*innen großen Wert darauf legen, dass diese Modelle ressourcenorientiert gedacht und eingesetzt werden. Psychologisch zu denken ist bereits eine Vereinfachung und wird der menschlichen Komplexität nicht gerecht, Schubladendenken möchte ich entgegenwirken. Nachdem Sie die Fallbeispiele in Kapitel 7 gelesen und vielleicht Ähnlichkeiten zu Ihren Mitarbeiter*innen und Parallelen zu Ihrer eigenen Führungsarbeit gefunden haben, sollte es Ihnen noch besser gelingen, im menschlichen Verhalten (Ihrer Mitarbeiter*innen) die Kompetenz *oder* die Ratlosigkeit zu erkennen und sich Wege der Reaktion darauf zu erschließen. Im besten Fall wird es Ihnen dann völlig plausibel erscheinen, dass Ihren Mitarbeiter*innen – aus welchen Gründen auch immer – alternative Reaktionsmuster versperrt sind und Probleme manchmal einfach nur misslungene Lösungsversuche sind. Ich lade Sie ein, das Verhalten von Mitarbeiter*innen immer in einem Kontext zu sehen und es nicht per se als kritisch zu bewerten. In der Literatur sind viele Beispiele zu finden, was die Unternehmenskultur zu dieser Gemengelage beiträgt. Im besten Fall können Sie einen Beitrag dazu leisten, bestimmte Abläufe und Wahrnehmungen neu zu bewerten und Alternativen auszuprobieren.

1.3 Psychologische Menschenbilder

Menschen sind unterschiedlich. Na ja, das ist, könnten Sie einwenden, doch eher ein Gemeinplatz. Stimmt, dann muss Psychologie eine sehr komplexe Angelegenheit sein, schwer zu verstehen und kaum alltagstauglich. Wenn Sie Psychologie studieren oder eine Therapie-Ausbildung machen würden, dann stimmt das auch. Ich gehe jedoch davon aus, Sie lesen dieses Buch, weil Sie praxisorientierte Antworten für Ihren Arbeitsalltag als Führungskraft suchen, die auch ein Laie nachvollziehen und ausprobieren kann.

Und deshalb verzichte ich weitestgehend auf eine wissenschaftliche Sprache, und wenn es Fachbegriffe gibt, die ein Teil des einen oder anderen psychologischen Menschenbildes sind, werde ich sie erklären. Dabei erläutere ich Begriffe, die immer wieder missbräuchlich genutzt werden, damit Sie besser verstehen, was sich dahinter verbirgt. Kurze Begriffserklärungen im Anhang des Buches sollen Ihnen eine Orientierung geben. Die Literaturangaben ermöglichen Ihnen, gezielt bei anderen Autor*innen nachzulesen, was Sie dann doch etwas genauer wissen wollen.

Die gute Nachricht: Die meisten psychologischen Menschenbilder reduzieren Persönlichkeit auf drei bis sechs[4] Muster. Was wie ein Widerspruch wirkt, ist bei näherer Betrachtung gar nicht so abwegig. Erst die Gewichtung und das Zusammenspiel dieser Muster machen die Persönlichkeit aus. Dazu später mehr.

Psychologische Menschenbilder

Psychologische Menschenbilder haben sich in den verschiedenen therapeutischen Schulen entwickelt und sind eng an den oder die Begründer gebunden. Es gibt vier unterschiedliche Ansätze[5] mit etwa 20 Untergruppen, jenen psychologisch-therapeutischen Schulen, die sich in den letzten vierzig Jahren sowohl weiterentwickelt haben als auch durch ein ausgeprägtes Abgrenzungsbedürfnis aufgefallen sind. Einige dieser Schulen sind mehr als hundert Jahre alt. Mir geht es hier jedoch um die neuere Entwicklung. Gleichzeitig haben viele therapeutisch Tätige oft mindestens zwei dieser Ausbildungen gemacht und setzen die Einsichten und Modelle eklektisch ein. Das führte im Laufe der Jahre zu einer größeren Akzeptanz gegenüber unterschiedlichen Herangehensweisen und zu einer differenzierteren Auslegung dessen, was »richtig/angemessen« oder »falsch/unangemessen« ist. Jede Methode hat mit ihrem Modell ihre Berechtigung, wenn auch nicht für jede Fragestellung. Verschiedene Menschen, verschiedene »Störungen« brauchen unterschiedliche Herangehensweisen. Dabei ist es eher kritisch zu sehen, wenn selbsternannte Expert*innen der einen oder anderen Richtung die Kompetenz zur Wirksamkeit zu- oder absprechen. Man darf davon ausgehen, dass es hier in erster Linie um Marktanteile geht. Eine Kundenstudie[6] in den USA hatte ergeben, dass die Wirkmechanismen der unterschiedlichen Schulen Symptome mal schneller mal langsamer verschwinden lassen, dass am Ende jedoch die Nachhaltigkeit durch die Belastbarkeit der Beziehung zwischen Therapeut*in und Klient*in den Ausschlag gibt, ob die Symptome langfristig verschwinden bzw. das Leben optimistischer und proaktiver angegangen wird – um nur ein paar wünschenswerte Ergebnisse von Psychotherapie zu nennen. Die Widersprüchlichkeit von Anerkennung wird u. a. darin deutlich, dass Österreich zum Beispiel viel mehr therapeutische Schulen anerkennt als Deutschland, wo sich bestimmte Lobbyverbände besser durchgesetzt haben als andere. Wie viel Unkenntnis über die Wirksamkeit vorherrscht, wird zum Beispiel daran deutlich, dass viele – vor allem private – Krankenkassen Psychotherapie nicht bezahlen wollen, sie dagegen

4 Roth, G. (2019): vgl. dort Kapitel 2.
5 Kriz, J. (2007): Grundkonzepte der Psychotherapie 3. und 7. Auflage.
6 The effectiveness of psychotherapy. The Consumer Reports study. 1995.

ungeeignete oder gefährliche medizinische Lösungen immer noch unbedenklich finden. Viele Geschichten, die Menschen mit Suchtproblemen erzählen können, beginnen mit Symptomen, denen besser mit Psychotherapie als mit Medikamenten begegnet worden wäre. Meine therapeutische Arbeit in einer Klinik für psychosomatische Medizin hat das immer wieder deutlich gezeigt. Aber das steht auf einem anderen Blatt und soll hier nur am Rande erwähnt sein.

Eine Sonderform stellen die hypnosystemischen Konzepte[7] von Gunther Schmidt[8] dar, der als Schüler von Milton H. Erickson zu ganz eigenen Erkenntnissen gelangt ist. Der Heidelberger Arzt und Psychotherapeut überzeugt mit einem methodischen Vorgehen, das mit der gleichen Art von Interventionen sowohl im Coaching als auch in der Psychotherapie Lösungen anstrebt. Hinter dieser (therapeutischen) Richtung steckt der Kerngedanke, dass jedem Erleben und Verhalten – auch unerwünschtem – berechtigterweise eine Anerkennung oder Würdigung zusteht. Nehmen wir einmal an, eine Führungskraft reagiert in schwer steuerbaren Drucksituationen mit Aggressionen ihren Mitarbeiter*innen gegenüber, dann sind diese Aggressionen durchaus eine Kompetenz. Lernen muss die Führungskraft jetzt, diese Aggression anzuerkennen als Kraft, sie anders zu steuern und sie in Verhaltensmuster umzuwandeln, die sozial kompatibler sind. Eine verbreitete Haltung ist nämlich, die Aggression zunächst abzuwerten, was dann einer späteren Umwandlung in neue Muster im Wege steht.

Natürlich erfordert eine depressive Episode mit Angstzuständen andere Interventionen von einem Therapeuten, als wenn ein Coach einer Führungskraft durch Phasen hindurchhilft, wie sie oben beschrieben werden. Gleichzeitig steckt auch in der Angst dieser depressiven Episoden eine bestimmte Qualität, die eine Erlebensveränderung erst ermöglicht, wenn das Gute darin anerkannt wird.

Wenn der Hintergrund bestimmter Symptome beispielsweise fehlender Selbstwert ist, helfen Interventionen, die zunächst das Symptom und deren Muster als Kompetenz würdigen. Erst danach lassen sich Veränderungen auf den Weg bringen, die die Chance haben, sich als neue Muster zu etablieren. Das Gute im Schlechten: Menschen

7 Schmidt, G. (2010a): Einführung in die hypnosystemische Therapie und Beratung. 3. Auflage. Heidelberg: Carl-Auer.

8 … und eine ganze Reihe von Therapeut*innen, die ebenfalls stark durch M.H. Erickson beeinflusst sind oder direkt bei ihm gelernt hatten.

haben immer mehr als eine Möglichkeit, sich zu erleben und zu verhalten.[9] Diese Beispiele zeigen auch deutlich, dass Führungskräfte hier schnell an ihre Grenzen stoßen und wie wichtig eine gute Führungskräfteentwicklung ist. Engagierte Führungskräfte können sich diese Haltung durchaus aneignen, was ihren Handlungsspielraum enorm erweitert. Diese Annahme wird von Schmidt mit der Aussage bekräftigt, dass es die Erfahrung der meisten Menschen sei, dass Kolleg*innen, Freunde oder Verwandte sehr viel mehr als immer nur das gleiche Grundmuster im Verhaltensrepertoire haben. Friedemann Schulz von Thun nennt das »innere Pluralität«.[10] Der »mittlere Modus«[11] aus der Gestalttherapie beschreibt einen ähnlichen Zustand. Und natürlich sollte klar sein, dass Verhalten immer auch kontextabhängig ist.

Jeder Mensch bringt von Geburt an ein bestimmtes Temperament mit ins Leben, so dass Störungen bei der Befriedigung von Grundbedürfnissen von ihm unterschiedlich stark erlebt werden und deshalb unterschiedliche Wirkungen zeigen. Sowohl die Intention als auch die Ausdrucksmöglichkeit des elterlichen Verhaltens oder der Bezugspersonen haben Einfluss auf das Erleben eines Kindes. Fürsorglich ist nicht gleich fürsorglich.

Die Zeiträume, in denen jene Musterbildungen »geformt« werden, sind unterschiedlich lang. In den ersten zwei Lebensjahren wird der sogenannten Ich-Entwicklung besonders viel Bedeutung zugeschrieben. Und so haben auch die folgenden Jahre mit zunehmender Reifung des Kindes andere Entwicklungsschwerpunkte. Die Grenzen von einer Entwicklungsstufe zur nächsten sind natürlich fließend. Und für ihre Entwicklung brauchen Kinder »erwachsene Vorbilder, an deren Interessen, Fähigkeiten, Kompetenzen und Haltungen sie sich orientieren können. Das müssten Vorbilder sein, die sie schätzen und mögen, die sie achten und die ihnen wichtig sind, mit denen sie sich [...] emotional verbunden fühlen«[12]. Aus diesen Erfahrungen erwächst Persönlichkeit, die nach Roth von »relativ konstanten Eigenschaften des Füh-

9 G. Schmidt in Sczygiel, C. (2017), S. 26: Menschen sind also nicht auf bestimmte Verhaltensmuster festgelegt, sondern haben mit den verschiedenen Erlebnissen – er (Schmidt) nennt sie Erfahrungsepisoden – ihres Lebens auch verschiedene Handlungsmuster und damit Alternativen erworben, auf die sie zurückgreifen. Er sagt, dass die psychologische Idee von den wenigen grundlegenden Mustern, menschlicher Vielfalt nicht genug Rechnung trägt und nahelegt, wenn man davon ausginge, der Mensch könne sich nur auf eine bestimmte Art und Weise in der Welt verhalten, was sowohl wenig Spielraum suggeriert als auch die Chance auf Veränderung stark einschränken würde.

10 Schulz v. Thun, F. (2019), S. 31.

11 Fuhr, R. (1999, 2017), S. 305.

12 Hüther, G. (2011), S. 220.

lens, Denkens und Handelns«[13] gebildet werden. Wie ein Kind Fürsorge erlebt, wird Einfluss auf das Bindungsverhalten bis ins Erwachsenenalter haben und wesentlich mitbestimmen, wie seine Kontakterfahrungen nach innen und außen sein werden.

1.4 Führungskräfte sind weder Psycholog*innen noch Erziehungsberechtigte

Ich gehe davon aus, dass die meisten Führungskräfte sich sehr wohl bewusst sind, dass ein Buch sie nicht zu Psycholog*innen macht. Wobei gute Menschenkenntnis psychologisches Wissen impliziert. Schließlich ist auch dieses Wissen durch Beobachtung und Erfahrung entstanden und Sie sind nach mehreren Jahren als Führungsverantwortlicher mehr Psychologe oder Psychologin, als Ihnen bewusst sein wird.

Eine wesentliche Rolle spielt dabei immer auch die Organisation, in der Sie führen. Ob Sie konsequent mit Mitarbeiterverhalten umgehen dürfen, wird oft durch die internen Regeln, Personen und Rolleninhaber, die mit (viel) Macht ausgestattet sind, ermöglicht oder verhindert. Letzteres oft durch ein Fürsorge-Missverständnis. Weder Druck machen noch nichts unternehmen sind geeignete Interventionen. »[...] Überall dort, wo Angst geschürt, Druck gemacht, genau vorgeschrieben und peinlich überprüft und kontrolliert wird, wo Mitdenken nicht wertgeschätzt wird und eigene Verantwortung nicht übernommen werden kann, verliert der Innovationsgeist der Mitglieder einer [...] Gemeinschaft die thermische Strömung, die gebraucht wird, um seine Flügel zu entfalten. [...] Man kann [...] keinen Menschen motivieren, sein kreatives Potenzial zu entfalten, man kann ihn nur dazu einladen, ermutigen, vielleicht inspirieren. Die Lust, sich einzubringen, mitzudenken und mitzugestalten, lässt sich nicht anordnen oder verordnen, nur wecken.«[14]

Der Transformationale Führungsstil

Der Transformationale Führungsstil bietet eine Annäherung an, genau auf diese Art zu denken. Gut umgesetzt, wird die Führungskraft zunächst genug thermische Strömung erzeugen, sollte sich dann aber weitestgehend überflüssig machen. Wenn das gelingt, dürfte sie erfolgreich Auftrieb gegeben haben. Ereignisse wie eine Pandemie oder andere Krisen zeigen dann, wie belastbar diese Freiheit ist.

13 Vgl. Roth, G. (2019), siehe dort Kapitel 2.

14 Hüther, G. (2011), S. 242.

Psychologisches Wissen unterliegt immer einer gewissen Reduktion und Vereinfachung, wenn es in kurzer Darstellung wie hier präsentiert wird. Mir geht es um ergebnisoffenes Denken und dem Angebot, möglichst auf eine monokausale Darstellung von Zusammenhängen zu verzichten, da sie die Gefahr birgt, Menschen auf kontext- und stimmungsabhängiges Verhalten zu reduzieren. Erst die *regelmäßige* Erfahrung, also Wiederholung verschiedener Verhaltenstendenzen, lässt den Schluss zu, dass das eine oder andere hier beschriebene Verhalten einem oder mehreren der Muster entspricht. Diese Erfahrung setze ich bei erfahrenen Führungskräften voraus ebenso wie die Kompetenz, möglichst eine wohlwollende Haltung dabei einzunehmen, damit Ihre Mitarbeiter*innen Ihr Wissen und Ihre Erkenntnisse annehmen und nutzen können. Im besten Fall werden sie das eigene Verhalten in Frage stellen und möglicherweise andere Handlungsmöglichkeiten ausprobieren und erwerben. Dabei ist eine selbstkritische Haltung und bei Bedarf eine kritische Selbstreflexion der Führungskraft von Vorteil.

Wohlwollend oder inkonsequent?

In der Praxis wird »wohlwollend« schnell mit »inkonsequent« verwechselt. Wohlwollend meint, dass Sie daran interessiert sind, das Verhalten Ihrer Mitarbeiter*in gründlich zu verstehen also hinter einem schwierigen Verhalten eine Geschichte anzunehmen, die Sie (noch) nicht kennen. Gleichzeitig haben Sie keinen Erziehungsauftrag. Jemanden ernst zu nehmen heißt auch, dass Mitarbeiter*innen in der Regel erwachsen und für ihr Verhalten verantwortlich sind. Dennoch, wenn es Ihnen gelingt, zeitnah und konsequent auf das Verhalten Ihrer Mitarbeiter*innen zu reagieren, werden sich auch Ergebnisse einstellen, die sich von den früheren Ergebnissen Ihres Führungshandelns unterscheiden.[15] Motivierte Mitarbeiter*innen sind für alle ein Gewinn, sowohl auf der zwischenmenschlichen als auch auf der betriebswirtschaftlichen[16] Ebene. Schulz von Thun nennt das »die Verbindung zwischen Professionalität und Menschlichkeit«[17]. Es kann sein, dass Sie das psychologische Wissen nur ab und zu benötigen, meistens reicht der gesunde Menschenverstand – leider liegt er mitunter völlig daneben. In der Suchtarbeit wird das deutlich, wenn Angehörige von alkohol- oder tablettenabhängigen Menschen nach jedem Rückfall glauben, sie waren nicht fürsorglich genug, und wenn sie nur genug für den anderen tun, ihn

15 Viele Probleme mit Mitarbeiter*innen sind hausgemacht: fehlende Wertschätzung, folgenlose Ankündigungen, inkonsequente Führungskräfte oder Personalabteilungen, die aus Angst vor einem schlechten Ruf oder zu hohen Kosten lieber nichts machen, Probleme aussitzen und konsequente Führungskräfte regelmäßig ausbremsen, wenn es ernst wird.

16 Goleman (2005), vgl. auch Senge (1996) und Sczygiel (2017), S. 117.

17 Schulz v. Thun, F. (2019), S. 14 ff.

abschirmen, ihm mehr abnehmen usw., würde der nächste Rückfall nicht passieren (vgl. Fall 6 in Kapitel 7.7).

Mitarbeiter*innen, die Ihnen das Leben schwer machen, kosten viel Zeit. Das wird sich auch mit psychologischem Wissen kaum ändern, aber das Ergebnis wird hoffentlich ein anderes sein. Es gibt allerdings auch Verhaltensmuster, für die Sie wahrscheinlich keine Antwort[18] finden können. Auf diese Sonderformen[19] psychischer Auffälligkeit gehe ich in einem Exkurs im Anhang des Buches ein.

Nachdem Sie dieses Buch gelesen haben, davon gehe ich aus, werden Sie die psychologischen Überlegungen in den richtigen Zusammenhang bringen und die nötige Sorgfalt dabei walten lassen.

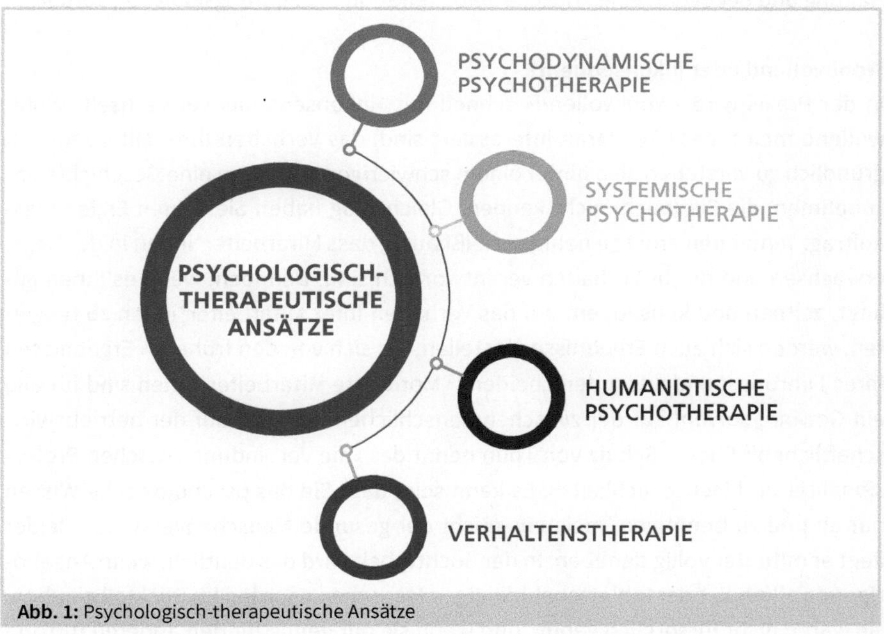

Abb. 1: Psychologisch-therapeutische Ansätze

18 Vgl. auch Laufer, H. (2018), dort in Kapitel 2.3.1 ff.

19 Bestimmte Störungen lassen sich auch mit noch so guten Interventionen nicht ausgleichen. Das gilt für berufliche wie private Situationen gleichermaßen. Das soll hier erwähnt werden, weil es Persönlichkeitsstörungen gibt, die Sie als Führungskraft nur in den seltensten Fällen angemessen ausgleichen können (z. B. Depressionen oder das Borderline-Syndrom). Es gibt Dynamiken, für die es keine Lösung gibt, zumindest nicht am Arbeitsplatz.

Die in den folgenden Kapiteln vorgestellten Modelle haben sich in erster Linie in einem therapeutischen Kontext entwickelt und sind erst sehr viel später auf andere Bereiche übertragen worden. Und zwar nicht nur in die Arbeitswelt, sondern auch in pädagogische oder medizinische Felder.

Psychotherapie ist eine Heilmethode, ihr geht eine Indikation, Diagnose und ein Behandlungsplan voraus und mitunter können therapeutische Prozesse Jahre dauern. Ihr Anliegen ist natürlich ein völlig anderes. Im weitesten Sinne geht es immer um Veränderung nur mit anderen Zielen und anderen Mitteln. Das Wissen dahinter ist universal gültig bezogen auf menschliches Verhalten im Handeln und Nichthandeln. Und dieses Wissen soll uns hier interessieren. Die Erkenntnisse der Gehirnforschung werden partiell einfließen.

Es sind die synaptischen Auf- und Abbauprozesse, die für das menschliche Überleben von Bedeutung sind, in biologischer, psychischer und sozialer Hinsicht. Das Gehirn entscheidet, was wir lernen, uns merken können und was sich davon abrufen lässt. Die Prozesse im Gehirn wählen das aus, was »zur Aufrechterhaltung und Verstärkung des biologischen, psychischen und sozialen Wohlergehens«[20] wichtig ist. Insofern gibt es einen direkten Zusammenhang zum sozialen Lernen, das auf psychologischem Wege erreichbar ist und vom Bewertungssystem des Gehirns unterstützt wird.

20 Vgl. Roth, G. (2019), siehe dort Kapitel »Lernen und Gedächtnisbildung«.

2 Grundformen des Erlebens und Handelns von Mitarbeiter*innen

Vier Persönlichkeitsmuster (Typologien) sind die Basis des psychologischen Menschenbildes, das in diesem Kapitel vorgestellt wird.

Psychologische Muster werden schnell als unveränderbare Zuschreibung erlebt. Es ist jedoch weder ein Mangel noch ein Zeichen für eine psychische Erkrankung, wenn man sich in ihnen (Typologien) wiederfindet. Ganz im Gegenteil. Man kann sagen, dass jedes Muster eine kreative Anpassungsleistung des Kindes an die jeweiligen (Umwelt-)Bedingungen darstellt, die es vorgefunden hat, in die es hineingeboren wurde. Deshalb ist anzunehmen, dass sich jeder bei mindestens drei Mustern selbst (wieder-)erkennt und meist ein bis zwei Muster vorherrschend sind. Unser tägliches Handeln wird als so normal erlebt, dass wir uns dieser Muster meist nicht bewusst sind. Erst in besonderen Situationen oder im täglichen Miteinander können sie als angenehm oder störend erlebt werden. Grundsätzlich empfinden wir sie als positive oder negative Eigenschaft. Was für den einen aufgeräumt und gut strukturiert ist, erlebt jemand anders vielleicht als unlebendig und distanzierend.

2.1 Einführung: Die vier Persönlichkeitsmuster

Die vier Grundformen, die in den Kapiteln 2.2 bis 2.5 vorgestellt werden, sind der Beobachtungskompetenz und Erfahrung von Fritz Riemann[21] zu verdanken, der dieses Menschenbild geprägt hat. Diese Muster oder Typologien sind neben der Anpassungsleistung eingeübte Routinen, die immer zusammen vorkommen – jedoch in unterschiedlicher Gewichtung. Menschliche Entwicklung, Veränderung und Lernen enden erst mit dem Ende unseres Lebens und dennoch kann man relativ zuverlässig sagen, dass die ersten Lebensjahre am stärksten prägend wirken. Etwa in den ersten sechs Jahren unseres Lebens kopieren wir durch verschiedene innere und äußere Bedingungen Verhaltensmuster von den Menschen in unserer Umgebung, zu denen wir die stärkste emotionale Bindung haben. Diese Menschen sind es auch, die großen Einfluss auf unser Erleben hatten und bestimmen, ob dies nährend war oder mit

21 Riemann, F. (2019).

Nichterfüllung einherging, vertrauensbildend war oder uns verunsichert hat. Diese Bindung kann deshalb auch negativ sein. Die Begriffe, die Riemann verwendet, sind für das Anliegen dieses Buches und Ihr Anliegen als Führungskraft wenig hilfreich. Sie waren in seinem Kontext passend, jedoch wegen ihrer defizitären Orientierung würde es schwierig werden, die Sichtweise ressourcenorientiert zu gestalten. In kollegialer Zusammenarbeit sind sie im Laufe der Jahre sprachlich neu modelliert worden, weshalb ich keine konkrete Quelle dafür angeben kann.

Für den Umgang mit Mitarbeiter*innen kann dieses Menschenbild Sie darin unterstützen, im Verhalten Ihres Gegenübers nicht gleich eine böse Absicht anzunehmen. Die meisten Menschen können nicht so einfach »aus ihrer Haut«. Gelingt es Ihnen, auf das jeweilige Muster eine passende Reaktion zu finden, wird Ihre Mitarbeiter*in dankbar sein und Sie werden merken, dass auch Führen damit leichter wird.

Führen unter psychologischen Gesichtspunkten

Führen unter psychologischen Gesichtspunkten kann nur auf Verhaltensänderung, Einsicht oder Motivation abzielen, niemals auf die Änderung der Person. Die Persönlichkeit zu ändern ist von außen ohnehin nicht möglich. Wenn sich das Verhalten einer Mitarbeiter*in verändert, dann nur, weil hier Einsichtsfähigkeit, Motivation oder ein echtes Sich-gemeint-Fühlen eine Rolle gespielt hat. Darauf haben Sie als Führungskraft in der Tat Einfluss und darin zeigt sich Ihre Sozialkompetenz.[22] Was Sie allerdings nicht ändern können, ist die Kultur Ihrer Organisation, der Umgang mit Konflikten, Fehlern, Machtausübung über Hierarchie, Würdigung von Leistung oder Umgang mit Mitarbeiter*innen, die Freude am selbstständigen Denken haben. Einen kleinen Beitrag können Sie immer leisten, niemand zwingt sie, dieser Kultur zu folgen. Im besten Fall sind Ihre Bedingungen günstig, das erweitert Ihren Spielraum natürlich. Organisationskultur kann Ihnen eine Hilfe oder ein Bremsklotz sein.

22 Vgl. auch Laufer, H. (2018), siehe dort Kapitel 2.1 ff.

Hinweis

!

Psychologisches Wissen unterliegt immer gewissen Verkürzungen, wenn es wie hier auf wenigen Seiten kompakt dargestellt wird. Mir geht es nicht um Schubladendenken oder eine monokausale Darstellung von Zusammenhängen, die die Gefahr birgt, Menschen auf kontext- und stimmungsabhängiges Verhalten zu reduzieren. Erst die regelmäßige Erfahrung, also Wiederholung verschiedener Verhaltenstendenzen, lässt den Schluss zu, dass das eine oder andere hier beschriebene Verhalten einem oder mehreren der hier vorgestellten Persönlichkeitsmuster entspricht. Dieses Wissen setze ich bei Führungskräften voraus und die Kompetenz, immer eine wohlwollende Haltung dabei einzunehmen, damit die Mitarbeiter*in Ihr Wissen und Ihre Erkenntnisse nutzen kann, um ihr eigenes Verhalten in Frage zu stellen, und im besten Fall dadurch andere Handlungsmöglichkeiten erwirbt. Dabei ist eine selbstkritische Haltung und bei Bedarf eine kritische Selbstreflexion der Führungskraft von Vorteil.

Wenn Sie nicht bereits über fundiertes Wissen verfügen, werden Sie spätestens nach der Lektüre dieses Buches die psychologischen Überlegungen in den richtigen Zusammenhang bringen und die nötige Sorgfalt dabei walten lassen.

Die **vier Persönlichkeitsmuster** (vgl. Kapitel 2.2 bis 2.5) können so verstanden werden:

- Verstandesorientierte Menschen bevorzugen in ihrer Beziehungsgestaltung eher Distanz als Nähe.
- Gefühlsorientierte Menschen streben Nähe und Zugehörigkeit an.
- Ordnungsorientierte bevorzugen strukturiertes Vorgehen und Konstanz.
- Risikoorientierte Menschen werden in Beziehungen eher indifferent erlebt.

Jede Beschreibung lässt sich besser im Kontext verstehen. Abbildung 2 gibt Ihnen einen ersten Überblick. Im Folgenden werde ich diese Muster in Anlehnung an Fritz Riemann im Einzelnen beschreiben.

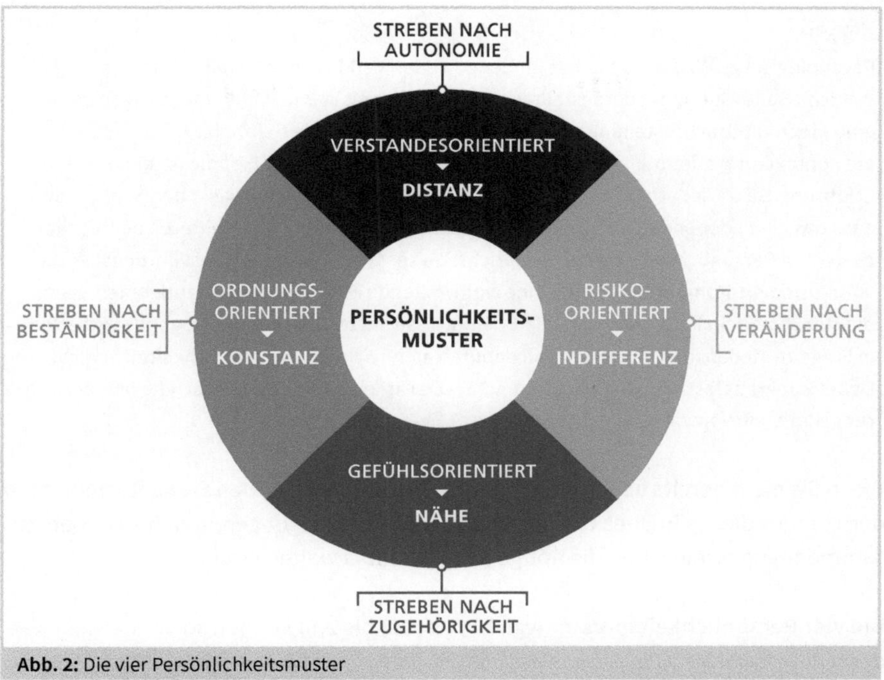

Abb. 2: Die vier Persönlichkeitsmuster

Die Angst als Lebensbegleiter

Riemann gibt seinem Buch den Titel »Grundformen der Angst«. Das ist nicht der Fokus des vorliegenden Buches. Doch vieles, was dort steht, trifft unverändert auf viele Zusammenhänge im zwischenmenschlichen Erleben zu.

»Angst gehört unvermeidlich zu unserem Leben. In immer neuen Abwandlungen begleitet sie uns von der Geburt bis zum Tode. Die Geschichte der Menschheit lässt immer neue Versuche erkennen, Angst zu bewältigen, zu vermindern, zu überwinden oder zu binden. Magie, Religion und Wissenschaft haben sich darum bemüht.

[...] Es bleibt wohl eine unserer Illusionen, zu glauben, ein Leben ohne Angst leben zu können; sie gehört zu unserer Existenz und ist eine Spiegelung unserer Abhängigkeiten und des Wissens um unsere Sterblichkeit. Wir können nur versuchen, Gegenkräfte gegen sie zu entwickeln: Mut, Vertrauen, Erkenntnis, Macht, Hoffnung, Demut, Glaube und Liebe. [...]

Wenn nun auch Angst unausweichlich zu unserem Leben gehört, will das nicht heißen, dass wir uns dauernd ihrer bewusst wären. Doch ist sie gleichsam immer gegenwärtig und kann jeden Augenblick ins Bewusstsein treten, wenn sie innen oder außen durch ein Erlebnis konstelliert wird. Wir haben dann meist die Neigung, ihr auszuweichen, sie zu vermeiden, und wir haben mancherlei Techniken und Methoden entwickelt, sie zu verdrängen, sie zu betäuben oder zu überspielen und zu leugnen. Aber wie der Tod nicht aufhört zu existieren, wenn wir nicht an ihn denken, so auch nicht die Angst. [...] So haben wir heute im Allgemeinen keine Angst mehr vor Donner und Blitz. [...] Dafür kennen wir heute Ängste, die frühere Kulturen nicht kannten – wir haben etwa Angst vor Bakterien, vor neuen Krankheitsbedrohungen, vor Verkehrsunfällen, vor Alter und Einsamkeit.«[23]

Wenn Angst ein Lebensbegleiter ist, muss sie auch eine positive Komponente haben. Veränderung, Neues beginnen oder unbekannte Orte aufsuchen, das alles kann uns Angst machen. Doch es gehört zur menschlichen Realität, dass wir ständig unsere Grenzen ausloten und überschreiten müssen, wenn wir uns weiterentwickeln wollen. Der erste Schultag, in eine andere Stadt ziehen, ein neues Land mit einer anderen Sprache entdecken, den Beruf wechseln oder einen Vortrag halten und ähnliche Herausforderungen lösen je nach Persönlichkeit wenig oder viel Angst aus. Schauspieler*innen haben Lampenfieber, Schüler*innen Prüfungsangst und der erste Urlaub ohne die Eltern oder der erste Kuss ist von der Möglichkeit zu scheitern oder sich zu blamieren begleitet. Die meisten Menschen haben solche Erfahrungen gemacht. Die Angst ist jedoch wichtig für unser Handeln. So ist es angemessen, die Angst als Gradmesser für unser Handeln zu verstehen und vorsichtig zu sein. Eine Woche nach Erwerb des Führerscheins werden wir vermutlich nicht mit 200 km/h über die Autobahn fahren oder 1.000 km in den nächsten Urlaub. Und Sie alle werden vermutlich Menschen kennen, die mit 50 Jahren nicht mehr vorhaben, etwas Neues zu lernen, und 80-Jährige, die voller Freude immer wieder Herausforderungen suchen, Grenzen überschreiten wollen.

Riemann war der Ansicht, dass Menschsein Entwicklung bedeutet und Menschen sich diversen Herausforderungen ausgesetzt sehen. Er hat Anforderungen für die vier Muster herausgearbeitet, die auf den folgenden Seiten kurz beschrieben werden, damit der Aspekt der Angst plausibel wird, die im Titel seines Buches einen

23 Riemann, F. (2019), S. 7 f.

prominenten Platz einnimmt. Vielfach wird diese Angst nicht als Angst, sondern als Herausforderung im Älter- und Erwachsenwerden erlebt, doch die Freude und der Stolz, die wir empfinden, wenn diese oder jene Hürde genommen wurde, treiben die meisten Menschen an, wieder und wieder Grenzen zu überschreiten und die Angst hinter sich zu lassen.

Berechtigte Angst und Muster, um sie zu bewältigen

Menschen machen im Laufe ihres Lebens immer wieder Veränderungen durch. Eine Herausforderung steckt in der Ambivalenz zwischen Zugehörigkeit und individueller Unterschiedlichkeit. Selbst, wenn Sie einen Doppelgänger hätten, wäre der Fingerabdruck Ihrer Daumen unterschiedlich. Gesichtserkennungssoftware ist bereits in der Lage, mit einer hohen Trefferquote Menschen an den Proportionen eines Gesichts zu identifizieren. Mit der Akzeptanz unserer Einmaligkeit fallen wir aus der Gemeinschaft des »Gleichseins« heraus. Gerade in der Pubertät suchen junge Menschen die Nähe zu Gleichaltrigen und orientieren sich sehr stark aneinander, suchen das uniforme Gleiche oder Ähnliche ihrer Peergruppe und grenzen sich stark von ihren Eltern ab. Es scheint so, dass sie zu verhindern versuchen, »aus der Geborgenheit des Dazugehörens [...] [herauszufallen]. [Sie] erleben die Einsamkeit des Individuums mit Angst.«[24] C.G. Jung hat dieses Phänomen als **Individuationsprozess** bezeichnet. Die Peergruppe ist dann der emotionale Schutz vor der Angst, was passieren könnte, wenn z. B. Jugendliche aus dem einen Geborgensein herausfallen, ohne aufgefangen zu werden. Je nach Persönlichkeitstyp entwickeln Menschen Muster der Angstreduktion.

Dieses Anderssein wirft die Frage auf, wie Menschen sich in der Welt zurechtfinden sollen, in der beides gebraucht wird: Die Individualität des Einzelnen mit der ihm/ihr eigenen Persönlichkeit und der Einbindung in eine Gemeinschaft. Von der Lebensgemeinschaft bis hin zu Freunden, Partner*innen und Kolleg*innen. Diese »paradoxe Zumutung«[25], wie Riemann sie nennt, besteht aus der Notwendigkeit der Selbstverwirklichung und Selbstbewahrung wie auch der Selbsthingabe und -vergessenheit. Es geht also darum, sowohl die Angst vor der Ich-Aufgabe als auch der Ich-Werdung zu überwinden.

24 Riemann, F. (2019), S. 15.
25 Riemann, F. (2019), S. 16.

Das Wissen um die Vergänglichkeit des Menschen kann einer anderen Angst Raum geben. Irgendwann alles, was der Mensch sich geschaffen hat, wieder zu verlieren, kann entweder große Anstrengungen im »Festhalten« an Bewährtem und Erschaffenem mobilisieren oder den Menschen dazu »zwingen«, gar nicht erst damit anzufangen. Riemann nahm an, dass Menschen, die ihr Leben auf Dauer ausrichten, von der unbewussten Hoffnung getragen sind, das Leben möge besonders lange dauern und es soll ihnen dabei »gut« gehen. Die Möglichkeit der Vergänglichkeit wird, soweit es geht, ignoriert. »Dauer« oder Konstanz zu schaffen, stärkt die Illusion von unendlichem Leben und ist seiner Ansicht nach der Hauptimpuls für menschliches Handeln.

Wenn Konstanz ein wichtiger Angst-Begrenzer ist, kommt im Erleben das Gegenteil auch oft vor. Und deshalb kann das für die menschliche Psyche *genauso* wichtig sein, neben der Dauer auch die Wandlung, die Veränderung anzustreben. Die biologische Veränderung lässt sich kaum manipulieren. Menschen werden älter, Kinder werden erwachsen und zunächst vergrößert sich ihr Lebensradius, bevor er im Alter wieder enger wird. Wie stark die Ausdehnung ausfällt, liegt an der Bereitschaft, sich neben dem Bedürfnis nach Beständigkeit auf »Angebote« des Lebens zu Veränderung einzulassen. Ob jemand seinen Wohnort wechselt, um eine Ausbildung zu machen, in ein anders Land geht, um die Sprache zu lernen, um die Welt reist, um andere Kulturen kennenzulernen und an ihnen teilzuhaben oder mit möglichst wenig Veränderung an sein Ziel zu kommen versucht, macht einen großen Unterschied. Vielseitigkeit und Beweglichkeit kann Lebendigkeit abbilden, aber auch die Unerreichbarkeit der Person verstärken. Beweglichkeit und Flexibilität bedeuten in diesem Kontext auch, Regeln und Routinen im positiven Sinne zu überwinden. Die Angstabwehr findet statt, indem Regelgrenzen regelmäßig überschritten werden. Menschen, die dieses Muster erfüllen, werden oft als indifferent erlebt.

2.2 Verstandesorientierte Menschen – Streben nach Autonomie

2.2.1 Selbstbild und inneres Erleben

Auf Menschen, die in erster Linie verstandesorientiert sind, trifft zu, dass sie nach innen verletzlich sind, sich nach außen jedoch ungebunden verhalten. Autonomie ist ihnen ein zentrales Anliegen.

Diese Menschen fühlen sich oft in ihrem Inneren labil und leicht verwundbar. Deshalb gehen sie von Anfang an lieber auf Distanz oder suchen sich Rollen als Außenseiter, wo ihnen niemand zu nahe kommt. Unter der daraus resultierenden Einsamkeit leiden sie zwar, doch hilft ihnen ihr oft scharf ausgeprägter Intellekt, dies entweder auf ihre Außergewöhnlichkeit zurückzuführen oder den anderen die Schuld an ihrer Isolation zuzuschreiben. Um ihre Ungebundenheit zu unterstreichen, würden sie niemals zugeben, mit anderen zu tun haben zu wollen.

Sie werden oft als wenig sozial erlebt, und wenn sie überhaupt so etwas wie Vertrauen aufbauen können, so wirken sie oft, als seien kaum Gefühle im Spiel. Es gelingt ihnen nur mithilfe ausreichend exakter Daten und nach entsprechenden Denk- und Analyseprozessen relativ objektive Aussagen über andere Menschen treffen zu können. In einem Beratungskontext habe ich einmal einen Mitarbeiter gefragt, was er denn empfindet, wenn seine Kund*in ihn so behandeln würde (er wurde von ihr persönlich attackiert). Er antwortete, dass er darüber erst einmal nachdenken müsse. Dabei konnte er mir sehr genau beschreiben, was dabei gesagt wurde, hatte aber keinen Zugang zum eigenen emotionalen Erleben, während die Zuhörer*innen dieser Schilderung sich wunderten, keine Empörung beim Erzähler wahrnehmen zu können.

2.2.2 Grundhaltung anderen Menschen gegenüber

Die Angst, dass ihnen jemand zu nahekommt, hat verstandesorientierten Menschen zu einer ausgesprochen feinsinnigen Sensibilität verholfen. Ihre Antennen registrieren bei anderen bereits Stimmungen, Meinungen oder Empfindlichkeiten, wenn diese selbst sie noch nicht wahrnehmen. Das verschafft ihnen einen sozialen Vorsprung. Small Talk ist nicht ihre Sache, lange Vorstellungsrunden sind ihnen ein Graus, in ihren Augen völlige Zeitverschwendung. Gespräche über Befindlichkeiten erleben sie schnell als Gefühlsduselei, an der sie sich auf keinen Fall beteiligen wollen. Doch sind sie keinesfalls unerreichbar oder wollen nur in Ruhe gelassen werden. In Vorstellungsrunden genießen sie sehr, wenn sie ihre Kompetenz, Ausbildung oder ihre fundierte Berufserfahrung in den Fokus stellen können. Zuhörer*innen haben jedoch ab einem bestimmten Punkt das Gefühl, sich nicht angesprochen zu fühlen, dass die Botschaft mehr mit dem Botschafter und nicht mit ihnen als Zuhörer*in zu tun hat.

2.2.3 Verhalten in Beziehungen

Verstandesorientierte Menschen bewegen sich ungern in Gruppen und Teams, sind schwer greifbar und daher auch kaum angreifbar. Maximal sind sie der Einzelgänger in der Gruppe. Sie knüpfen lose Kontakte, die leicht wieder aufgegeben werden können, und schaffen sich gern Hintertüren. Sie sind gern einer von vielen – eher distanziert und zurückhaltend. Wegen ihrer Sensibilität können sie gern gesehene Freund*innen sein. Gelegentlich stellen sie sehr schnell eine Nähe her, schneller als es in einer Situation angemessen ist, dann zieht sich das Gegenüber möglicherweise zurück. Geht der andere jedoch auf das Nähe-Angebot ein, sind sie sehr erfinderisch, um sich in letzter Sekunde wieder genug Distanz zu verschaffen. Wenn sie sich jedoch auf den anderen eingelassen haben, sind sie sensible Zuhörer*innen, gute Ratgeber*innen und zuverlässige Freund*innen.

Aggression

Aggression[26] wird meistens als existenzbedrohend erlebt. Sie selbst können vernichtend zynisch oder anmaßend sein, halten sich durch kühle Sachlichkeit unter Kontrolle und geraten nur selten in Panik. Wenn dann doch jemand ihren Schutzkreis betritt, kann die Aggression, die sie so schwer kontrollieren können, maßlos werden. Dann gehen sie zum Angriff über – zum Zweck der eigenen Entlastung. Immer wieder gelingt es ihnen, ihre Mitmenschen durch Ironie, Misstrauen und Sticheleien zu Wutausbrüchen zu veranlassen, wodurch dann ihre Skepsis gegenüber Nähe und Verbindlichkeit eine Bestätigung findet. Dabei können alle Formen von Schroffheit, verletzender Schärfe, eisiger Kälte oder Unerreichbarkeit auftreten. Aber so widersprüchlich dieses Verhalten wirken mag, kann es sehr schnell in unerklärliche Zuwendung umschlagen. Verstandesorientierten Menschen fehlen ganz besonders die Mitteltöne.

Widersprüchlichkeit

Widersprüchlichkeit gehört zu den Kernthemen für verstandesorientierte Menschen. Nicht selten entscheiden sie sich ständig um und heben gerade getroffene Entscheidungen wieder auf, um sich sofort anders zu entscheiden. Das wirkt auf Mitmenschen irritierend. Bei allen Versuchen, Nähe weitestgehend zu vermeiden, haben sie auf der anderen Seite eine große Sehnsucht nach Geborgenheit und Zu-

26 Riemann, F. (2019), S. 37 ff.

gehörigkeit. Eine Möglichkeit, dieses Bedürfnis nicht in den Vordergrund treten zu lassen, ist großes Misstrauen und Pessimismus anderen gegenüber. Sie fühlen sich leicht verfolgt und von lauter Feinden umgeben. Nicht selten reagieren sie auf das Verhalten anderer mit Arroganz und neigen dazu, andere mit ihrer Überzeugung zu verunsichern, weil sie aus ihrer distanzierten Überlegenheit heraus selten bereit sind, eigene Schwächen anzuerkennen.

Meist richten sie es geschickt ein, auch in Gesellschaft alleine bleiben zu können. Auf ihrem Territorium (sei es zu Hause, in ihrem Büro oder auch an ihrem Schreibtisch) sind sie stets auf der Hut vor Übergriffen. Mit wachsendem Geist und klarem Kopf sind sie nicht nur gegen die Oberflächlichkeit ihrer Mitmenschen gut abgeschirmt, sondern auch gegen ihre eigenen Gefühle, Wünsche, Bedürfnisse und Sehnsüchte.

Das Ziel, nicht von Gefühlen berührt zu werden, erreichen sie, indem sie es mit Vehemenz vermeiden, an ihren eigenen Gefühlen zu rühren – mit dem Effekt, dass sie jeglichen Kontakt dazu verlieren.

Ihre Stärken sind Mut, Autonomie und eine scharfe Beobachtungsgabe. Sie registrieren alles. Man kann sich stets auf ihren kritischen Verstand verlassen. Selten lassen sie sich von einem Gegner einkaufen, weil sie mit einer unglaublichen Ausdauer unbeteiligt bleiben können. In die richtige Position gesetzt, haben sie eine gute Nase für finanzielle Chancen und Gefahren, einen scharfen Blick für Menschen und feine Antennen für Veränderungen der Umwelt. Ihr Verhandlungsgeschick kann legendär sein, weil sie sich in erster Linie von Fakten und nachweisbaren Resultaten leiten lassen und so gut wie nie von der Frage, ob ihnen ihr Gegenüber sympathisch ist. Wenn sie gelernt haben, ihre Aggression als einen starken Teil ihrer Persönlichkeit anzuerkennen, können sie beruflich sehr erfolgreich sein. Und wenn sie dann auch noch lernen, dass Nähe sie nicht überfordert oder ihre Persönlichkeit bedroht, werden sie eine wertgeschätzte Freundin oder ein wertgeschätzter Freund sein.

Als Mitarbeiter*in werfen sie ihre ganze Kompetenz in die Waagschale, sind sehr engagiert, treiben Prozesse voran und sind innovativ, wann immer es geht. Sie übernehmen gern Führungsrollen und die Verantwortung für ein gutes Ergebnis.

!

Was Führungskräfte im Blick behalten sollten

Mitarbeiter*innen mit dem Hauptmuster der Verstandesorientierung sind sehr an differenziertem Wissen (Zahlen, Daten, Fakten) interessiert und übernehmen gern technische oder organisatorische Aufgaben. Sie wirken oft eher distanziert, können wenig über Gefühle reden, neigen zum Einzelgängertum oder fordern manchmal mit Nachdruck eine Sonderrolle ein. Da Nähe zu anderen eher als unangenehm erlebt wird, arbeiten sie sich gern in Sonderthemen ein, um sich abzugrenzen und eine Sonderbehandlung einfordern zu können. Es kann sein, dass sie ein widersprüchliches Verhalten zeigen und zwischen Überheblichkeit und Unterwürfigkeit schwanken.

Vertrauen kann die Beziehung sehr entlasten. Nutzen Sie die Freude Ihrer verstandesorientierten Mitarbeiter*in an komplizierten und anspruchsvollen Aufgaben und vermeiden Sie kritische Rückmeldungen in der Gruppe. Ermuntern Sie die Mitarbeiter*in, sich im Team einzubringen und ab und zu etwas zu erzählen. Geben Sie wertschätzende Rückmeldung, aber nur, wenn es ernst gemeint ist. Sie werden entdecken, dass verstandesorientierte Menschen keineswegs ohne Emotionen sind – sie sind nur viel geübter darin, ihre Gefühle hinter formalen Dingen oder vermeintlicher Interessenlosigkeit zu verbergen. Versuchen Sie nicht, deren Distanzbedürfnis zu verändern. Denn in starken Teams ergänzen sich die Eigenschaften der Mitarbeiter*innen. Jede Persönlichkeit kann dann ihre Kompetenzen ausspielen – je nach Situation und Anforderung.

2.3 Gefühlsorientierte Menschen – Streben nach Zugehörigkeit

2.3.1 Selbstbild und inneres Erleben

Neigung zu Abhängigkeiten

Gefühlsorientierten Menschen fällt es schwer, anderen Menschen mit Distanz zu begegnen. Ihnen ist ein großes Bedürfnis nach Nähe »in die Wiege gelegt«. Dieses Nähebedürfnis wird von einer Urangst gespeist, nahe Freund*innen oder Partner*innen könnten sie verlassen. Kleinste Gesten der Zurückweisung – selbst aus guten Gründen – erleben sie schnell als Ablehnung ihrer Person. Sie neigen deshalb zu engen Partnerschaften, in denen sie bereit sind, sich entweder völlig unterzuordnen oder den anderen in eine abhängige Situation zu manövrieren. Beide Muster dienen der Angstreduktion. Durch wichtige Menschen können sie sich bestärkt, aber auch völlig zerstört fühlen. Sie reagieren meist empfindlich, wenn man ihren Nähe-Ansprüchen nicht folgen mag. Sie sind jedoch Meister im Verwöhnen anderer, wenn man sich von diesem Bedürfnis angezogen fühlt.

Manchmal fällt es gefühlsorientierten Menschen schwer, sich von elterlichen Ansprüchen frei zu machen. So hängen sie noch im fortgeschrittenen Alter sehr an ihren Müttern oder bestehen darauf, dass sie mit ihren Partner*innen möglichst an jedem Wochenende die Eltern besuchen. Das geschieht gelegentlich in einer Weise, die ihren Mitmenschen eigenartig erscheint. Am Arbeitsplatz sind es die Menschen, die im Unternehmen gut vernetzt sind, gut Bescheid wissen, was sich »so tut«, und sich Arbeitsplätze suchen, in denen es um Menschen geht. Pädagogische, psychologische, medizinische und ähnliche Berufsfelder werden von ihnen bevorzugt. Wenn sie sich – warum auch immer – eine Arbeit ausgesucht haben, die wenig mit Menschen zu tun hat, suchen sie innerhalb des Arbeitsplatzes Möglichkeiten und gehen zum Beispiel in die Mitarbeitervertretung. Wenn das nicht möglich ist, wird die Arbeit zum reinen Broterwerb und sie werden in ihrer Freizeit Orte und Wege finden, ihre soziale Kompetenz einzubringen.

2.3.2 Grundhaltung anderen Menschen gegenüber

Der gefühlsorientierte »Mensch [...] ist charakterisiert durch Einfühlung und die Bereitschaft, sich [...] Mitmenschen zuzuwenden, ihn ›anzunehmen‹. Fürsorgliche, hilfsbereite und verstehende Haltungen zeichnen ihn aus. Er kann verzeihen, kann geduldig warten und Dinge reifen lassen und hat einen wenig ausgeprägten Egoismus. Er ist anhänglich in seinen Gefühlsbeziehungen; eher schlicht und anspruchslos[27] in seinen Bedürfnissen, deshalb fallen ihm notwendige Verzichte eher leicht. Das Leben empfindet er dagegen meist als schwer, kann aber als Gegengewicht Humor entwickeln, einen Humor etwa im Sinne des ›Humor ist, wenn man trotzdem lacht‹. [...] Ausharren und Ertragenkönnen sind Haupttugenden von ihm. [...] Gefühlstiefe und Wärme gehören zu ihren schönsten Eigenschaften. Sie sind in der Tiefe dankbar für das, was sie haben; was ihnen glückt, schreiben sie weniger sich selbst und ihren Fähigkeiten zu, als dass sie es als Geschenk und Gnade empfinden, so die Demut in echtem Sinne lebend.«[28]

27 Ihre Bedürfnisse nach sozialer Nähe, Anerkennung, Respekt usw. sind genauso ausgeprägt wie bei anderen Menschen, nur hat sich ihre oft altruistische Haltung so in den Vordergrund geschoben, dass sie diese nur undeutlich wahrnehmen. Ihr Bedürfnis, anderen gegenüber fürsorglich zu sein, ist ein indirekter Hinweis auf die eigene Bedürftigkeit.

28 Riemann, F. (2019), S. 119 ff.

2.3.3 Verhalten in Beziehungen

Gefühlsorientierte Menschen fühlen sich am wohlsten in Paarbeziehungen, je enger, desto besser. Ausschließlichkeit ist dabei ein wichtiger Faktor. Auch bei der Arbeit haben sie ein, zwei sehr vertraute Kolleg*innen. Außenstehende werden schnell als bedrohlich erlebt und zum Schutz der Freund- oder Partnerschaft abgewertet. Klatsch ist eine Spielart davon. Sie gehen in ihren Beziehungen gerne völlig auf und sorgen dafür, dass auch der andere nicht ohne sie auskommt mit dem Ziel, dass er seine Eigenständigkeit verliert und für die Fürsorglichkeit dankbar ist und die gefühlsorientierte Partner*in nie verlässt. Bei der Arbeit bedeutet dies, dass nahe Kolleg*innen immer in der Gefahr schweben, die Vertrautheit zu verlieren, wenn sie auch mit anderen Kolleg*innen gut auskommen.

Reife Gefühlsmenschen haben gelernt, dass es eine gute Mischung zwischen Nähe und Distanz braucht und der oder die Partner*innen bleiben, weil ihre Grenzen nicht infrage gestellt werden. Grenzen meint hier, dass eigene Freizeitgestaltung, Treffen mit Freunden ohne Partner*in oder eine andere Meinung haben zu dürfen, auch zu den zentralen Dingen des Zusammenlebens gehören, ohne dass die Partnerschaft ernsthaft in Frage gestellt wird.

In ihrem Bestreben, Nähe um jeden Preis zu erhalten, schützen sie sich vor Ärger und Abgrenzung, weil das Konflikte und Alleinsein bringen könnte. Je nach Reifegrad nimmt die Angst ab. Gefühlsorientierte Menschen sind dann zunehmend mehr an Eigeninitiative interessiert und sie riskieren im Laufe dieses Prozesses der Selbstwerdung eine größere Selbstständigkeit.

Aggression

Aggression kommt selten offen vor. Der Verzicht auf offene und direkte Äußerungen von Ärger oder Verärgerung werden gelegentlich als moralische Stärke und Überlegenheit verbrämt. Sie rächen sich dann durch moralische Überlegenheit, sanfte Beharrlichkeit, Masochismus oder Erpressung. Ärger oder Aggression äußern sich manchmal in »friedfertiger« Niedergeschlagenheit im schlimmsten Fall in einer Depression. Dahinter steckt eine tiefe Angst, dass die anderen sich abwenden und sie auf »immer und ewig« allein sein würden. Reife drückt sich bei ihnen dadurch aus, dass sie Formen finden, ihrem Ärger Luft zu machen, und sie schneller bereit sind,

»böse Worte« auszusprechen. Dafür können sie Meister des gesprochenen Wortes sein, indem sie sich wohlfeiler Ich-Botschaften bedienen und Entschuldigungen mit großer Geste akzeptieren, weil sie letztlich froh sind, dass es so glimpflich ausgegangen ist.

Widersprüchlichkeit

Wenn Menschen schnell große Nähe herstellen wollen, ist Misstrauen durchaus angebracht. Obwohl gefühlsorientierte Menschen immer wieder diese Nähe anstreben, haben sie gleichzeitig Angst, der andere könnte sich darauf einlassen. Die große Sehnsucht nach Geborgenheit und Zugehörigkeit verstellt ihnen gelegentlich die Sicht auf die Angemessenheit dieses Bedürfnisses. Wenn sie gut mit Freundschaften versorgt sind, reagieren sie manchmal auf Menschen, die es genauso handhaben, unwirsch und mit Ablehnung bis hin zu Verachtung. Als reife Persönlichkeit können sie gut mit ihren inneren Widersprüchen leben und sind in ihren Berufen glänzende Begleiter, Therapeuten, Ärzte usw., weil sie das Spannungsfeld der Widersprüche gut ausgelotet haben und hervorragende Fährtenleser geworden sind mit einem ausgeprägten Einfühlungsvermögen. Sie sind dann ausgewogene, humorvolle Mitmenschen, die ihre eigenen Gefühle, Wünsche, Bedürfnisse und Sehnsüchte in der Beziehung zur Verfügung stellen können, ohne eine Gegenleistung dafür zu erwarten.

Sie lassen sich dann gern berühren und berühren auch andere durch ihre Kunst, sei es in der Pädagogik, Medizin, Musik oder auch in therapeutischen Zusammenhängen.

Die Stärken von gefühlsorientierten Menschen liegt in ihrer Anpassungsfähigkeit. Sie können gut Zuneigung und Wärme zeigen. Sie sind bereit, an den Sorgen anderer teilzuhaben, Verständnis für Schwierigkeiten aufzubringen, sich mit einer Aufgabe zu identifizieren. Sie verfolgen Ziele mit großer Hingabe, selbstvergessen im wahrsten Sinn des Wortes. Wenn die alte Schwäche nach abhängiger Verehrung aufblitzt, nehmen sie anderen übel, wenn diese Hingabe nicht gebührend gewürdigt wird. Als Führungskraft ist hier sehr viel Klarheit gefordert.

!

Was Führungskräfte im Blick behalten sollten

Gefühlsorientierten Mitarbeiter*innen liegt eine vertrauensvolle Arbeitsbeziehung am Herzen. Sie möchten als Mensch gesehen werden, Gemeinsames ist beziehungsstiftend, Vertrauen ist schnell hergestellt, aber bei kleinsten Anlässen zu Misstrauen schnell verspielt. Sie können sehr nachtragend sein.
Vertrauen und eine gemeinsame Schnittstelle (z. B. die Freude an Kinofilmen oder Sportereignissen) können die Beziehung sehr entlasten. Nutzen Sie deren Freude und Kompetenz, um Harmonie und gutes Miteinanderauskommen zu stiften. Kritische Rückmeldungen in der Gruppe sollten Sie unbedingt vermeiden. Auch auf witzig gemeinte Aussagen über deren Umgang mit bestimmten Situationen, die durchaus komisch gewesen sein können, verzichten Sie lieber. Nur sehr reife gefühlsorientierte Mitarbeiter*innen können Bemerkungen zu ihrem Verhalten humorvoll akzeptieren.
Ermuntern Sie gefühlsorientierte Mitarbeiter*innen, ihre Kompetenzen wertschätzend einzubringen, betonen Sie es, wenn es Ihnen auffällt. Geben Sie Rückmeldung, wenn Sie den Eindruck haben, dass die Wertschätzung anmaßend gewirkt hat. Ihre Emotionalität kann einen manipulativen Charakter haben, bleiben Sie hier klar in Ihrer Wortwahl. Sie werden entdecken, dass gefühlsorientierte Menschen sehr loyal sind, wenn sie sich gesehen fühlen.

2.4 Ordnungsorientierte Menschen – Streben nach Beständigkeit

2.4.1 Selbstbild und inneres Erleben

Das Grundthema von ordnungsorientierten Menschen »liegt in ihrem überwertigen Sicherungsbedürfnis«.[29] Sie sind vorsichtig und planen viele Dinge auf lange Sicht. Ihre größte Angst haben sie vor den Dingen, die sich verändern und wandeln. Sie neigen deshalb dazu, Strukturen und Bedingungen zu schaffen, die ein hohes Maß an Wertigkeit darstellen, was ihre konservative Einstellung charakterisiert und Ordnung zum Lebensprinzip erhebt.

Alles, was sich halten und erhalten lässt, ist ihnen wichtig. Oft sind sie begeisterte Sammler, halten museumsreife Ordnung in ihren Archiven, pflegen ihre Gegenstände mit Liebe. Sie sind sparsam, und allein das Wissen, genug Geld auf dem Konto zu haben, wiegt sie in Zufriedenheit – andere wissen selten darum. Eigentlich haben

29 Riemann, F. (2019), S. 123.

sie große Angst davor, dass ihnen jemand etwas wegnimmt, dass sie die Kontrolle über etwas verlieren könnten. So bremsen sie auch ihre eigene Leidenschaft durch ständige Reglementierungen, achten darauf, dass Gebote eingehalten werden, sind meist hoch zuverlässig und zeichnen sich durch »Stabilität, Tragfähigkeit, Ausdauer und Pflichtgefühl«[30] aus. Ordnungsorientierte Menschen werden als strebsam und fleißig erlebt, die auch langfristig ihren Zielen folgen können, was sie die Gegenwart manchmal nicht ausreichend genießen lässt. Man erlebt bei ihnen außerdem konsequentes Handeln mit einem ausgeprägten Sinn für das Mögliche und der Bereitschaft, Verantwortung zu übernehmen. Da alles auf Beständigkeit angelegt ist, lassen sie sich nur mit Mühe von einem Plan abbringen, können aber auch Großes erreichen.[31]

2.4.2 Grundhaltung anderen Menschen gegenüber

Die Angst, eine Situation nicht ausreichend kontrollieren zu können, macht ordnungsorientierte Menschen misstrauisch. Sie beginnen oft sehr früh, andere in ihre Strukturierungsbedürfnisse einzubeziehen. Das kann dazu führen, dass sie Menschen ablehnen oder auf Distanz halten, die diese Bedürfnisse weder teilen noch nachahmen möchten. Das beginnt oft mit kleinen Dingen wie Vorschlägen, das eine oder andere »besser« zu strukturieren. Oder sie bewerten Small Talk als oberflächlich und stellen schnell mal fest, dass sie an einer solchen Zeitverschwendung kein Interesse hätten. Das wirkt auf andere schnell abwertend und schroff. Ihre Annahme, zu wissen, wie man dieses oder jenes »richtig« umsetzen würde, führt dazu, dass sie manchmal als aufdringlich erlebt werden, obwohl sie es aus einem Impuls der Hilfsbereitschaft anbieten. Auf der anderen Seite haben Menschen, die kreativ, lebendig und manchmal etwas chaotisch sind, eine unglaubliche Anziehungskraft. Wenn der andere dann auch noch als sympathisch erlebt wird, entdeckt der Ordnungsorientierte seine Sehnsucht nach der Lebendigkeit, Vielseitigkeit und Veränderung. Hat sich hier eine Freundschaft oder kollegiale Akzeptanz erst einmal eingestellt, ist er ein treuer Freund oder Kollege. Hauptsächlich sucht er in der Welt das Zuverlässige, Vertraute und Wiederkehrende, was sich auch auf seine Sicht auf die (Um-)Welt auswirkt. Wenn jemand demgegenüber offen ist, sich daran nicht stört, hat derjenige

30 Riemann, F. (2019), S. 178.
31 Vgl. Riemann, F. (2019), S. 177 ff.

einen zuverlässigen und hilfsbereiten Freund in ihm. Am Arbeitsplatz genießt er, seine Fachkompetenz zu teilen, und muss als persönliche Entwicklung daran arbeiten, weniger strukturierte Menschen nicht abzuwerten. Je nach Reifegrad ist er dazu in der Lage, insbesondere in einer eindeutig lehrenden oder führenden Position. Seine Lust, auch komplexe Dinge zu durchdringen, macht ihn zu einem wertvollen Teammitglied – diese Rolle kann er durchaus genießen. In vielen Dingen drückt sich eine grundsätzlich positive Grundhaltung anderen gegenüber aus. Und selbst, wenn jemand seine gelegentlichen Marotten komisch findet, hat er nicht selten eine entspannte Art, dem etwas Humorvolles abzugewinnen.

2.4.3 Verhalten in Beziehungen

Am wohlsten fühlen sich ordnungsorientierte Menschen in klaren Verhältnissen, auch in Beziehungen. Streng hierarchisch geordnete Institutionen, in denen leicht zu erkennen ist, wer wo steht, oder Aufgaben, die strukturiert sind und hohes Fachwissen erfordern. Selbst wenn sie sich dort einsam fühlen, schätzen sie doch die korrekten, geregelten Kontakte.

Selbst bei Zuneigung sind sie knapp mit freundlichen Worten, in der Liebe werden sie als wenig leidenschaftlich beschrieben. Dabei zeigen sie ein hohes Maß an Verantwortung, sind verlässlich und treu. Klare Absprachen, Werte und Normen haben einen hohen Stellenwert für ein gutes Zusammenleben.

Sie vermeiden starke Emotionen bei sich selbst und schätzen bei anderen deren Sachlichkeit und das Einhalten von Absprachen. Sie tragen mit eigenem Perfektionismus dazu bei, was gelegentlich als ein Zuviel erlebt wird. Daraus entstehende Irritationen werden dann durch Präzision, Berufung auf Autoritäten und mit technischem Einsatz zu kompensieren versucht. Ordnungsorientierte Menschen gelten als sparsam, gelegentlich als geizig. Als Wachstumsaufgabe würde ihnen helfen, wenn sie sich selbst und anderen bezüglich der Umsetzung von Aufgaben mehr vertrauen würden.

Mitmenschen erleben sie manchmal als unflexibel, besonders wenn sie zu stark an bewährten Verhaltensmustern festhalten oder andere zu ihrem Glück »zwingen« wollen. Der Käfig der Regeln schafft einerseits Sicherheit und mindert andererseits

ihre Flexibilität, was in privaten und beruflichen Beziehungen einiges an Toleranz erfordert – von beiden Seiten.

Aggressionen

Aggressionen und Affekte[32] sind aufgrund der Geschichte von ordnungsorientierten Menschen angstbesetzt. Sie haben sich schon sehr früh kontrollieren und beherrschen müssen. Heftige Gefühlsäußerungen bei anderen werden deshalb schnell als Bedrohung erlebt, worauf sie unangemessen aggressiv reagieren können und deshalb ihre Autonomie und Selbstwirksamkeit überbetonen. Nicht selten erschrecken sie selbst über die Heftigkeit und wollen schnell zum »Regelbetrieb« zurückkehren. Aggressionsausbrüche werden vorher viele Male einer Abwägung unterzogen, ob sie passend, angemessen oder gesellschaftlich opportun sein würden. Und sind sie dann dennoch mal aus der Ordnungsorientierung »herausgebrochen«, werden sie die Aussagen wieder abschwächen, relativieren oder diese als rhetorische Übertreibung darstellen wollen.

Den möglichen Kontrollverlust, auch den Verlust ihrer eigenen Beherrschung wollen sie unbedingt vermeiden. Unsicherheit und Überraschungen sind ihnen unangenehm; Leidenschaft, Hass und Gewalttätigkeit empfinden sie als inakzeptabel. Also sind sie in der Regel im Ausdruck ihrer Aggressionen äußerst beherrscht, korrekt, »hart, aber gerecht«, unerbittlich und unbestechlich. Wandel und Veränderung zu akzeptieren, fällt ihnen unglaublich schwer und löst eher bei anderen, Freund*innen oder Partner*innen, Ärger und manchmal Zorn aus, besonders, wenn sie diese Bedürfnisse zu einseitig betonen. Sie »delegieren«[33] ihre Aggression dann eher und sind gleichzeitig überrascht. Sie neigen ebenso zu Selbstvorwürfen bei eigenen Regelüberschreitungen wie zur Unterdrückung anderer, wenn diese sich nicht an Absprachen, Regeln oder Verabredungen halten. Sie können kämpferisch und trotzig, aber auch fügsam und unterwürfig sein. Macht und Autorität sind für sie unantastbar, gleichgültig, ob sie diese selbst verkörpern oder ihnen ausgeliefert sind. Sie wählen deshalb strukturspezifische Berufe,[34] in denen diese Kompetenzen eine gute Voraussetzung darstellen.

---

32 Heftige Gemütsregung, Zustand außergewöhnlicher Anspannung.

33 Delegieren meint hier, dass die Person die Aggression jemand anderen austragen lässt. Dieses Delegieren passiert unbewusst und gelingt nur, wenn auch das Gegenüber in der Lage ist, dieses Gefühl auszudrücken.

34 Riemann, F. (2019), S. 176.

Widersprüchlichkeit

Widersprüche sind fast schon die logische Konsequenz aus der Überbetonung von Regeln und Gesetzen. So kann ein ordnungsorientierter Mensch bis zur Verachtung alles ablehnen, was chaotisch, unstrukturiert oder unsystematisch ist, aber gleichzeitig auf dem eigenen Schreibtisch eine große Unordnung haben – zumindest von außen betrachtet. Er weiß genau, wo in den vielen Stapeln was liegt, jemanden den Fundort zu beschreiben ist dadurch allerdings unmöglich. Selbst Unpünktlichkeit kann zu seinen Eigenschaften gehören, weil ihm im letzten Augenblick noch etwas Unaufschiebbares einfällt, bevor er zu einem Termin aufbricht. In sozialen Verbindlichkeiten sind ordnungsorientierte Menschen manchmal höchst widersprüchlich. Dafür sind sie bestens über die Tagesordnung informiert und wissen oft nach Jahren noch, in welchem Protokoll welche Information zu finden ist. Da die Betroffenen zu Genauigkeit und Präzision neigen, brauchen sie für viele Arbeiten länger als andere Kolleg*innen. Sie wissen das immer durch gute Argumente zu begründen, Genauigkeit ist ihnen dann wichtiger als Termintreue.

In vielem Tun liegt etwas Unabänderliches, etwas Zwingendes. Das führt immer wieder zu anachronistischen Handlungen, weil sie Zielvorgaben unbedingt einhalten wollen, obwohl die Ausgangssituation sich inzwischen verändert hat. Sie beharren manchmal auf einer Haltung, die sie einmal eingenommen haben, selbst wenn es keine Argumente mehr dafür gibt.

Gleichzeitig durchdenken sie viele Aspekte einer Entscheidung, bevor sie handeln. Der Grad der positiven wie negativen Verhaltensmuster kann sehr schmal sein.[35] So kann das Überschreiten der Grenze zwischen unmenschlichen oder objektiven Entscheidungen einer Pädagog*in oder Richter*in zu großen Härten oder aber wohlwollender Milde führen, je nachdem, ob das Verhalten einer Person als Regelverletzung oder Hilflosigkeit ausgelegt wird. Als Mitarbeiter*innen können ordnungsorientierte Menschen großes Engagement mit Hingabe und Eifer an den Tag legen oder lethargisch und unmotiviert reagieren, wenn ihnen die Arbeit unattraktiv erscheint. Im Großen und Ganzen sind sie hoch loyale Mitarbeiter*innen, wenn sie sich in ihren Kompetenzen ausreichend gewürdigt fühlen. Sie sind ein Synonym für Stabilität, Tragfähigkeit, Ausdauer, Pflichtgefühl und Zuverlässigkeit.

35 Riemann, F. (2019), S. 176.

!

Was Führungskräfte im Blick behalten sollten

Ordnungsorientierte Mitarbeiter*innen orientieren sich gern an zuverlässigen Informationen, neigen zu Redundanz, besonders wenn sie von etwas sehr überzeugt sind, indem sie wiederholt ungefragt andere daran teilhaben lassen. Strukturierte Darstellungen sind für sie überzeugender als differenzierte oder vielseitige Informationen. Versuchen Sie nicht, diese Mitarbeiter*innen zu »beschleunigen«, hilfreich ist die Haltung »Don't push the river!« Einer ordnungsorientierten Mitarbeiter*in bei komplizierten Aufgaben Zutrauen entgegenzubringen, kann die Beziehung stärken. Nutzen Sie deren Spaß an komplizierten und anspruchsvollen Aufgaben und akzeptieren Sie, dass ordnungsorientierte Menschen länger brauchen als andere Mitarbeiter*innen, um sich an Veränderungen zu gewöhnen oder diese zu akzeptieren. Ermuntern Sie die Mitarbeiter*innen, ihr Wissen auch außerhalb des Kernteams zur Verfügung zu stellen, geben Sie jedoch eine klare Struktur dafür vor. Geben Sie wertschätzende Rückmeldung, aber nur, wenn es ernst gemeint ist, obwohl ordnungsorientierte Menschen Ihnen das Gefühl vermitteln können, dass ihnen Lob nicht wichtig ist. Versuchen Sie nicht, deren Distanzbedürfnis zu verändern. Falls Sie größere Umstrukturierungen vorhaben, beziehen Sie diese Mitarbeiter*innen frühzeitig ein, weil sie dazu neigen, die größten Kritiker von Veränderungen zu sein. Nehmen Sie die Bedenken ernst und geben Sie dieser Personengruppe die Möglichkeit, Vorschläge zu machen. Ihr »Lohn« ist dann oft Loyalität.

2.5 Risikoorientierte Menschen – Streben nach Veränderung

2.5.1 Selbstbild und inneres Erleben

Risikoorientierte Menschen erleben sich stets wagemutig und fantasievoll! Betroffene sind sehr aktiv darin, ein Sonnenschein im grauen Alltag zu sein. Sie lieben »Glanz und Pracht, Feste und Feiern [...] und verstehen es auch, sie zu gestalten [...] Sie sind genussfroh, phantasiereich und verspielt. Treue ist ihnen nicht so wichtig – zumindest die eigene [...]«[36]. Ihr Lebenshunger ist groß und so lieben sie die Abwechslung und in gewissem Sinne auch sich selbst. Ihre Ichbezogenheit lässt wenig Raum für eine selbstkritische Haltung und so reagieren sie manchmal gekränkt auf Kritik oder mit heftiger Gegenkritik. Ihr Veränderungswillen ist selbst dann nicht groß, wenn sie mit ihrer Sorglosigkeit andere verletzen und deshalb stark konfrontiert werden. Risi-

36 Riemann, F. (2019), S. 189 ff.

koorientierte Menschen lieben das Leben und biegen die Wahrheit manchmal so hin, wie sie angenehmer erscheint. Da sie wegen ihres Charmes damit oft durchkommen, gibt es wenig Gründe, die eigene Sicht auf die Welt zu korrigieren.

2.5.2 Grundhaltung anderen Menschen gegenüber

Risikoorientierte Menschen sind meist sehr offene, zugewandte und kontaktvolle Mitmenschen. Sie bestimmen schnell die Stimmung in einer geselligen Runde, sind zu allerlei Späßen bereit und können humorvolle Gesprächspartner sein. Solange die anderen aus dieser Stimmung keine allzu großen Nähebedürfnisse ableiten oder zuverlässige Freundschaften darauf aufbauen wollen. Sie nehmen sich auch schon mal das Recht, eine Verabredung nicht einzuhalten, wenn sie den anderen als zu fordernd erleben. Die Grenzüberschreitung vom nachvollziehbaren Verbindlichkeitsbedürfnis zur Zuverlässigkeits»forderung« kann allerdings schnell erreicht sein. Das führt immer wieder zu irritierten Mitmenschen. Bei mir hat sich einmal jemand beschwert, dass er die Einladung zu einem kollegialen Frühstück als Nötigung erleben würde. Präziser kann man ihr Verhältnis zur (Um-)Welt nicht beschreiben.

Allerdings macht ihre weltoffene und vielseitige Art, Begegnungen zu gestalten, sie zu interessanten Gesprächspartner*innen oder Kolleg*innen. Sie werden wegen ihrer gewissen Leichtigkeit gemocht, allerdings manchmal auch schnell verurteilt. Das charakterisiert allerdings auch ihre Haltung zu Mitmenschen. Sie ist meist positiv, spielerisch und durch eine große Offenheit gekennzeichnet. Risikoorientierte Menschen können allerdings auch schnell »wie aus heiterem Himmel« in ihrer Stimmung schwanken und den anderen für sein Verhalten heftig kritisieren oder abwerten, während sie selbst sehr empfindlich reagieren, wenn man sie nur mit halb so viel Vehemenz angreift. In dieser Aussage drückt sich auch die Ambivalenz zu Mitmenschen aus. Die Lernaufgabe wäre, sich ab und zu in den anderen hineinzuversetzen, wenn dieser sich über eine Unzuverlässigkeit beschwert oder mehr Klarheit und Transparenz einfordert, statt auf die eigene Entscheidungsfreiheit oder Interpretationshoheit zu bestehen.

2.5.3 Verhalten in Beziehungen

Risikoorientierte Menschen reagieren sehr impulsiv auf andere, stürzen sich manchmal auf sie, »überwältigen« sie und dringen in ihr Leben ein. Grenzüberschreitungen werden ihnen selten bewusst. Mit großer Suggestivkraft wissen sie mit ihren Vorzügen und Reizen zu überzeugen, so dass Gegenwehr von ihnen kaum wahrgenommen wird. Diese Haltung entspringt ihrer Neigung, alles Unangenehme mit einer eigenen Logik auszustatten, dann ist »[...] die Logik [...] eine lästige Realität«[37]. Der Risikoorientierte sucht im Partner oder Gegenüber einen »Spiegel, in dem er sich als liebenswert gespiegelt sehen will zur Aufwertung seines labilen Selbstwertgefühls. Sein Narzissmus, seine Eigenliebe bedarf immerwährender Bestätigung [...]«, was die Zusammenarbeit sehr belasten kann, weil Kolleg*innen weder Partnerersatz sind noch therapeutische Aufträge erfüllen können und wollen – das gilt für Führungskräfte gleichermaßen. Risikoorientierte Kolleg*innen können aber auch Ideengeber mit Fantasie und Kreativität sein. Sie werden dann geliebt wegen ihrer »Lebendigkeit, Aufgeschlossenheit, Anpassungs- und Wandlungsfähigkeit [...]«[38] und ihrer »Lebensintensität, die etwas Mitreißendes haben kann [...] Sie brauchen Anregung, sind aber auch selbst anregend«[39].

Aggressionen

Die Aggression bei risikoorientierten Menschen ist »elastisch, spontan, unbekümmert und oft unüberlegt, dafür wenig nachhaltend und nachtragend. Sie reicht von allen Graden impulsiver Äußerung bis zur Willkür, ist weniger sach- als personenbezogen.«[40] Wie bereits beschrieben, wird die Aggression auch schon mal für die Selbstglorifizierung eingesetzt[41] und dient gelegentlich der Dramatisierung und soll vor allem andere beeindrucken – ist also deutlich auf ein Publikum ausgerichtet. Zu ihrem Imponiergehabe gehören Überraschungssiege und Hochstapelei. Niederlagen erleben sie als narzisstische Kränkungen, die sie zu intensivem Hass, dramatischen Szenen und Intrigen veranlassen können.[42] In der Zusammenarbeit kann das ein Team sprengen, aber auch Tabus aufbrechen und eingefahrene Wege und ande-

37 Riemann, F. (2019), S. 186.
38 Ebd. S. 200.
39 Ebd. S. 200.
40 Ebd. S. 197.
41 Vgl. Riemann, F. (2019), S. 197.
42 Vgl. Riemann, F. (2019), S. 198.

re Gewohnheiten infrage stellen. Wenn ein Thema dadurch besprechbar wird und es nicht unter einen neuen Teppich gekehrt wird, kann das sehr belebend wirken. Als Führungskraft sollte man darauf achten, dass diese Aggressionen niemanden verletzt. Wenn doch, steht eine deutliche Grenzziehung an, die Sie in einem Gespräch unter vier Augen einfordern sollten. Wenn es Ihnen in dem Gespräch gelingt, dass der oder die Verletzende sich bei dem Teammitglied entschuldigt, ist viel gewonnen. Hier darf es nicht um die Demütigung der risikoorientierten Mitarbeiter*in gehen, sondern es dient in erster Linie Ihrer Fürsorgepflicht, die auch irgendwann von allen eingefordert werden kann. Es ist als vertrauensbildende Maßnahme zu verstehen, die sowohl Sie als Führungskraft als auch die Beziehungsfähigkeit im Team stärkt.

Widersprüchlichkeit

Übertreibung, Geltungsbedürfnis oder kindliche Freude daran, im Mittelpunkt zu stehen, passen nicht gut zu dem Wunsch, ernst genommen zu werden. Diesen Widerspruch aufzulösen gelingt dem risikoorientierten Menschen häufig mit Charme und Witz. Die Diskrepanz zwischen Wunsch-Ich und Real-Ich bleibt dennoch bestehen, verborgen vor der Öffentlichkeit. Gleichzeitig haben sie ein ausgeprägtes Kontaktbedürfnis und können doch die Dauer und Beständigkeit von Beziehungen nicht aushalten. Sie müssen immer wieder flüchten, sowohl aus Partnerschaften wie aus Teams oder laufenden Projekten und schließlich auch vor dem Arbeitgeber. Anders ist das, wenn die Aufgabe die nötige Abwechslung bereithält, also in Berufen, »die einen persönlichkeitsgebundenen Einsatz erfordern, elastisches Reagieren auf den jeweiligen Augenblick, Wendigkeit [...] und Anpassungsfähigkeit, und [...] ihrem Wunsch, persönlich zu wirken, entgegenkommt«[43]. Wenn sie einen Beruf finden, der diese Bedingungen erfüllt, werden sie zu Höchstleistungen fähig sein und können ihren Impulsen zur »zentrifugalen Flucht« vor der Mittelmäßigkeit entkommen. Riemann nennt das »mittelpunktsflüchtig«.[44]

43 Riemann, F. (2019), S. 225 ff.
44 Riemann, F. (2020), S. 200.

!

Was Führungskräfte im Blick behalten sollten

Mitarbeiter*innen mit einem risikoorientierten Persönlichkeitsmuster neigen zu sprunghaften Entscheidungen, die einer ganz eigenen Logik folgen. Nicht selten verweigern sie sich Regeln, Anweisungen und vorgeschriebenen Prozessen und fordern stattdessen Ausnahmen oder Sonderaufgaben. Sie sind oft sehr selbstbewusst und legen sich nicht gern fest. Immer wieder »nötigen« sie ihre Umwelt zu starker Abgrenzung, um sich ihrer Neigung, andere zu vereinnahmen, zu erwehren.

Aufgaben, die sie unterfordern, werden selten ernst genommen und »auf den letzten Drücker« erledigt. Dabei spielt dann Genauigkeit eine eher untergeordnete Rolle.

Lebensgeschichtlich haben risikoorientierte Menschen nicht die elterliche Orientierung bekommen, die sie entwicklungspsychologisch gebraucht hätten – elterliche Führung, altersangemessene Regeln und Vorgaben, eine Form des Reifens für die Welt außerhalb des Elternhauses. Wenn es Ihnen gelingt, diesen Mitarbeiter*innen soziale und berufsspezifische Orientierung zu geben, menschliches Vorbild zu sein, (soziales) Wissen zu vermitteln und sie ernst zu nehmen, indem Sie einerseits nicht alles durchgehen lassen und zugleich Alternativen aufzeigen, dann würden Sie einfach nur führen und gleichzeitig, ohne besonderen Aufwand, eine Erziehungslücke ausgleichen, ganz ohne therapeutischen Hintergedanken. Das wäre gleichzeitig väterliche und mütterliche Orientierung: Klarheit statt Strenge, Grenzen statt Alleingelassenwerden. Dazu brauchen Sie keine besondere Ausbildung, lediglich tägliche Präsenz und ein Bewusstsein für dieses Persönlichkeitsmuster.

2.6 Übersicht: Die vier Persönlichkeitsmuster

Verhaltensmuster (Grundbedürfnis)	verstandesorientiert (Autonomie)	gefühlsorientiert (Zugehörigkeit)	ordnungsorientiert (Beständigkeit)	risikoorientiert (Veränderung)
Beschreibung	Angst, sich auf nähere Beziehungen einzulassen, Ich-Verlust, braucht Distanz	Angst vor Eigenständigkeit, »lieber nicht in die Welt gehen« oder überall dazu gehören wollen	Angst vor Veränderung, wünscht Sicherheit, Dauer und Perfektion	Angst vor der Endgültigkeit, sucht stets Abwechslung und Bestätigung
Neigung, wenn ihnen Personen emotional nahestehen (auch Teams)	Nähe wird oft als Bedrohung erlebt, schwer sich einzulassen, betrachtet soziale Dynamik lieber aus der Distanz	Umklammerung, völlige Identifikation mit den Eigenschaften des anderen, sucht enge Beziehungen, sorgt nicht genug für sich selbst	verliert sich schnell in Prozessen und Inhalten, treu, loyal, gefühlskontrolliert, neigt zu neidischen Reaktionen auf die Leistungen anderer, weil Machtverlust (Wissensverlust) befürchtet wird	steigert sich schnell emotional z.B. bei folgenden Eigenschaften: - leidenschaftlich - fordernd - ungerecht - selbstgefällig
Aggression	bei vermeintlicher Bedrohung unangemessen aggressiv, auf Autonomie bedacht, Überbetonung von Selbstwirksamkeit	weicht der Aggression aus, deutet Situationen um, Dulderrolle, neigt zu Harmonie, statt Konflikte auszutragen	erlebt Aggression als Bedrohung, sucht legitime Ausdrucksform (Justiz), besondere Korrektheit (Beamte), Nörgeln (nichts ist gut genug)	- spontan und unüberlegt - wenig nachtragend - Angriff ist die beste Verteidigung (»Solange es eine Wand gibt, brauche ich keine Tür«)
Lebensgeschichtliche Entwicklung	**Ausprägung** in den ersten Lebenswochen bis etwa 4. Monat	**Ausprägung:** ab 3./4. Monat –Ende des 1. Lebensjahrs 2. Phase: Trennung von der Mutter beginnt, Du (Mutter) versus Ich, Verwöhnung / Versagung Zugehörigkeit wirdausgetestet	**Ausprägung:** 2. –4. (Mitte 3.) Lebensjahr 3. Phase: starke Einengung durch Erzwingung und Bestrafen, (Sauberkeitserziehung), Unterdrückung/Einschränkung der emotionalen Entwicklung, Regeleinforderung	**Ausprägung:**4.– 6. Lebensjahr Verunsicherung durch unstrukturierte Umgebung, mehr Schein als Sein, wenig Begrenzung (Lernen über Grenzen war nicht ausreichend möglich)
Wachstums- bzw. Entwicklungs-aufgaben	Vertrauen zu sichselbst, Lernen, sich in Gruppen zu bewegen, Kontakt statt Rückzug, Unterschiedlichkeit zulassen	Autonomie anstreben, Ich-Stärkung durch (wichtige) Entscheidungen treffen, Nein-Sagen üben, Stärkung des Selbstwertgefühls und der Selbstannahme	Lockerlassen, Mut zu Veränderungen, komplizierte Zusammenhänge kurz (!) zusammenfassen, ab und zu Team-bzw. Projektleitung üben (lassen)	Konsequenz wagen, Frustration ertragen, Selbstwert unabhängig vonanderen entwickeln, Mut zur Echtheit (Glaubwürdigkeit)
Worauf sich Führungskräfte einrichten müssen, worauf sie achten sollten	Diese Mitarbeiter*innen sind sehr an differenziertem Wissen (ZDF) interessiert und sind nur motiviert, wenn dieses Interesse angemessen bedient wird. Möglichst zeitnah und umfassend. Misstrauisches Nachfragen als Interesse werten!	Diesen Mitarbeiter*innen liegt eine vertrauensvolle Arbeitsbeziehung am Herzen. Sie möchten als Mensch gesehen werden, Gemeinsames ist beziehungsstiftend, Vertrauen ist schnell hergestellt, jedoch bei kleinstem Anlass zu Misstrauen schnell verspielt. Achtung nachtragend!	Diese Mitarbeitenden orientieren sich gern an zuverlässigen Informationen, neigen zu engstirnigem Festhalten an einmal gewonnenem Wissen. Strukturierte Darstellungen sind für sie überzeugender als differenzierte oder vielseitige Informationen. Geduld mitbringen!	Diese Mitarbeiter*innen sind gelegentlich sprunghaft mit der Neigung, sich Regeln zu verweigern. Wie wollen sich nicht festlegen, entscheiden ohne ersichtlichen Grund um, lehnenevtl. institutionelle Hilfe ab. Mischung aus Grenzen setzen undviel Freiheit lassen. Ab und zu so herausfordern, dass die Person die Aufgabe ernst nehmen muss.

Abb. 3: Die vier Persönlichkeitsmuster

3 Die Transaktionsanalyse – Ich-Muster in der sozialen Interaktion

3.1 Einführung

Die Transaktionsanalyse (TA) versteht sich als eine Theorie der menschlichen Persönlichkeit und hat den Anspruch, dass durch sie deutlich wird, »wie Menschen psychologisch beschaffen sind«[45]. Sie dient auch als praktikables Instrument zur Analyse des menschlichen Kommunikationsverhaltens. Dabei werden drei Ich-Zustände unterschieden, die die Zusammenhänge abbilden (siehe Abb. 4 bis 7). Auch für diese psychologische Theorie gilt, dass ihr Instrumentarium eine Möglichkeit unter mehreren ist. Sie ermöglicht, die Dynamik in Teams und ganz besonders zwischen Führungskraft und Mitarbeiter*innen verstehen zu können.

Um die Idee, die hinter dieser Theorie steckt, besser verstehen und würdigen zu können, stelle ich hier einige ihrer Eckpfeiler vor. Diese Eckpfeiler will die Transaktionsanalyse als Grundüberzeugungen verstanden wissen.

Erste Grundüberzeugung
Jeder Mensch ist so »in Ordnung« wie er ist, seine Würde und sein Wert werden ohne Einschränkung von Rasse, Religionszugehörigkeit oder Alter anerkannt. Als Mitmensch sind alle Menschen trotz ihrer Unterschiedlichkeit anerkannt, selbst wenn wir deren Verhalten nicht schätzen (müssen). Niemand steht menschlich über einem anderen. Dabei geht es nicht um hierarchische Unterschiede, wie sie in sehr vielen Unternehmen üblich sind. Denn Hierarchie ist Ungleichheit in der Rolle.

Zweite Grundüberzeugung
Jeder Mensch hat die Fähigkeit, zu denken und selbst zu entscheiden, was er oder sie machen oder erreichen möchte. Dabei kann es lediglich biologische oder medizinische Grenzen geben.

45 Stewart, J. (2000), S. 23.

Dritte Grundüberzeugung
Die dritte Grundüberzeugung geht davon aus, dass Menschen sich entscheidungsorientiert verhalten. Wenn wir Entscheidungen treffen, »haben wir [...] die Möglichkeit, diese Entscheidung wieder zu ändern. [...] Das heißt, Menschen können sich ändern«[46].

Die Transaktionsanalyse geht davon aus, dass wir in unserer Kindheit so geprägt worden sind, dass wir diese Prägungen im Erwachsenenalter unwillkürlich wieder abrufen. Das ist der Grund, warum wir uns manchmal, in bestimmten Situationen eher nicht erwachsen verhalten, nicht erwachsen reagieren, sondern wie Kinder in einer vergleichbaren Situation. Niemand hat es Erwachsenen vorgeschrieben, dass das eine Verhaltensmuster erhalten bleibt und das andere nicht ins Erwachsenenalter »mitgenommen« wird. Äußere Bedingungen können manchmal als Druck erlebt werden, der keine andere als diese oder jene Reaktion möglich erscheinen lässt. Andere und möglicherweise bessere Entscheidungsoptionen stehen zur Verfügung, wenn ein Wissen über die eigenen typischen Drucksituationen besteht, die alte Reaktionsmuster aktivieren. Mitarbeiter*innen und die Führungskraft gehen immer einen imaginären Vertrag miteinander ein, wenn sie die jeweilige Rolle des anderen anerkennen. Eine Art unausgesprochenen Vertrag über die Verteilung der Verantwortung. Im Regelfall übernehmen Führungskräfte die Verantwortung, die Mitarbeiter*innen zu fördern und zu fordern, ihnen Aufgaben zu geben und entsprechende Ressourcen dafür bereitzustellen. Manche Unternehmen orientieren sich sogar bei Ausschüttung von Tantiemen an diesen Parametern. Mitarbeiter*innen übernehmen idealerweise die Verantwortung für ihre Leistungserbringung, sie stellen ihr Wissen und ihr Engagement zur Verfügung für eine gute Leistung und eine wertschätzende Beziehungsgestaltung.

Die Kommunikation soll frei und offen sein. Auf diesen Punkt soll Eric Berne, der Begründer der Transaktionsanalyse, großen Wert gelegt haben.[47] Im Kontext von Führung heißt das, dass Führungskräfte ihre Mitarbeiter*innen möglichst umfassend über ihre Absichten aufklären, dass diese verstehen können, weshalb Sie als Führungskraft bestimmte Dinge verlangen und weshalb Sie manche Ziele und Aufgaben gerade mit dieser oder jener Mitarbeiter*in anstreben. Jeder sollte möglichst im-

46 Stewart, J. (2000), S. 29.
47 Vgl. Stewart, J. (2000), S. 30.

mer im Bilde sein, was Sie von ihr oder ihm erwarten und woran alle Beteiligten die Ergebnisse messen und erkennen können. Die Transparenz Ihrer Kriterien ist eine Grundvoraussetzung, um Missverständnissen vorzubeugen und den Mitarbeiter*innen viel Orientierung zu ermöglichen.

Möglicherweise haben Sie bereits von bestimmten Denkmodellen innerhalb der Transaktionsanalyse gehört. Beispielweise von dem Modell »Ich bin ok, du bist ok«, das die wertschätzende Einstellung der Transaktionsanalyse unterstreicht, oder von dem Modell »Dramadreieck«, das etwas über eine bestimmte Beziehungsdynamik aussagt, in der es drei Rollen gibt: »Opfer«, »Verfolger« (»Täter«) und »Retter«. Dieses Modell geht auf Stephan Karpman zurück.

Skripte

In der Transaktionsanalyse wird oft von den Spielen der Erwachsenen gesprochen. Gemeint ist die Dynamik, die zwischen Erwachsenen stattfindet, und nicht etwa ein freies Spiel zwischen »musterfreien« Menschen. Jeder Erwachsene bringt seine ureigenen Skripte in die Kommunikation ein. »Skripte« bezeichnen in diesem Zusammenhang lebensgeschichtliche Notwendigkeiten, die dazu dienen, die Kontrolle über das Geschehen zu behalten. Daraus entsteht eine ganz eigene, auch von außen wahrnehmbare Dynamik, die darin besteht, dass ohne äußeres Zutun je eine Person die Opfer-, Verfolger- oder Retter-Rolle übernimmt. Dabei ist keine der Rollen per se eine schwache Rolle. Es handelt sich immer um diejenigen sozialen Rollen, die jemand aufgrund seiner Lerngeschichte »spielt« und ihm die maximale Macht über die Situation zu verschaffen scheint.

Antreiber

Und schließlich haben Sie vielleicht von den sogenannten »Antreibern« gehört, die die inneren Skripte repräsentieren, die bedingungslosen »Gehorsam« einfordern, die Welt auf eine besondere skriptorientierte Weise zu bewältigen. Alle hier aufgezählten Denkmodelle können parallel stattfinden und schließen keine andere Dynamik aus. Das zeichnet die Transaktionsanalyse aus. Ihr Wert liegt darin, ein in sich schlüssiges Modell darzustellen. In Kapitel 5.2 wird das Thema nochmals aufgegriffen.

Ich-Zustände

Auf den folgenden Seiten soll es jedoch ausschließlich um die Ich-Zustände gehen. Mit diesem Modell wird Führungskräften eine Orientierungshilfe an die Hand gegeben, das so manche Situation im zwischenmenschlichen Miteinander verständlich

macht und Ihnen dabei hilft, handlungsfähig zu bleiben. Wie in allen Modellen ist ein wirksames Handeln dadurch gekennzeichnet, dass es Führungsverantwortlichen gelingt, die Umsetzung der Transaktionsanalyse in ihre natürlichen eigenen Sprach- und Handlungsmuster zu integrieren, damit die Interventionen weder künstlich noch hölzern wirken.

3.2 Grundlagen der Transaktionsanalyse[48]

3.2.1 Ich-Rollen nach Eric Berne

Im Modell der Transaktionsanalyse wird davon ausgegangen, dass sich jeder Mensch je nach Situation unterschiedlich verhält, und zwar immer in Abhängigkeit zu seinem Gegenüber. Jeder Mensch hat demnach die Wahl zwischen verschiedenen Verhaltensmustern, die kontextabhängig zum Ausdruck kommen. Eric Berne hat diese Muster (Ich-Rolle) wie folgt definiert: Ein Ich-Zustand ist ein »in sich geschlossenes Muster von Fühlen und Erleben, das in direktem Zusammenhang steht mit einem in sich geschlossenen Verhaltensmuster«[49]. Die drei Rollen bezeichnet Berne als:

- Eltern-Ich
- Kind-Ich
- Erwachsenen-Ich

Die Zustände beziehen sich immer auf erwachsene Menschen, die sich je nach Situation und Kontext eines dieser drei Muster bedienen. Dabei geht es um ein beobachtbares Verhalten, das für die Betroffenen Fühlen und Erleben gleichzeitig ist. Nicht immer handelt es sich um ein bewusstes Erleben. In der Beratung einer Führungskraft würde es genau darum gehen: Eine Mitarbeiter*in fühlt sich beispielsweise vom eigenen Chef nicht ernst genommen und unterstellt diesem einen bösen Willen. Dass die Mitarbeiter*in vielleicht vorher Signale aus dem Kind-Ich heraus gesendet haben könnte, kommt ihr nicht in den Sinn. So können Sie als Führungskraft bei Ihrer Mitarbeiter*in möglicherweise auch dieses Kind-Ich-Muster wahrnehmen, ohne dass ihr selbst bewusst ist, dass sie sich z. B. unterwürfig oder angepasst verhält, während Sie von Ihrer Mitarbeiter*in Gegenwehr oder eine andere Art von kritischer Re-

48 Stewart, J. (2000), S. 99 ff.
49 Stewart, J. (2000), S. 39.

aktion erwartet haben, was das Erwachsenen-Ich repräsentiert. Die Kunst besteht darin, diese Wahrnehmung so zurückzuspiegeln, dass Ihre Mitarbeiter*in nicht gekränkt reagiert, sondern mit Formen von Erkenntnisgewinn. Idealerweise können Sie schon beim nächsten Mal eine Veränderung bei dieser Mitarbeiter*in erkennen.

Ein Coachee hat mir einmal erzählt, dass er nur dann zu seiner Höchstform aufläuft, wenn sein Chef abwesend ist, er sich jedoch in »kindlicher« Abhängigkeit fühle, wenn er anwesend sei. Der Hintergrund für dieses Erleben war der eigene Vater, der regelmäßig krankheitsbedingt ausfiel, woraufhin er als ältestes Kind diese Lücke, so gut es ging, ausfüllen musste. Kam der Vater genesen zurück, fiel ihm wieder nur die Rolle des (abhängigen) Sohnes zu. Als Erwachsener konnte er seinem Chef nur das Kind-Ich als Kontakt bzw. Beziehung anbieten, solange es um Leistung ging. Seine eigenen Mitarbeiter*innen haben ihn immer als fördernd, wohlwollend und kompetent erlebt. Hier lebte er das Erwachsenen- und Eltern-Ich sowohl in der kritischen als auch der fürsorglichen Rolle. Interessanterweise warf er mir anfangs vor, die Rolle des Coaches nicht angemessen auszufüllen, nicht genug Input zu liefern. Rückwirkend lässt sich daraus schließen, dass er die bekannte Vaterrolle (Eltern-Ich) erwartete: Ich als Coach habe die Aufgabe (so seine logische Annahme) zu sagen, was richtig oder falsch ist, was als Nächstes zu tun ist, was er nun machen solle. Das wiederum widerspricht meiner Haltung als Coach. Erst nach diversen Gesprächen über die nicht erfüllte Erwartung, änderte sich langsam unsere Arbeitsbeziehung.

Abb. 4: Ich-Rollen nach Eric Berne

Jeder Ich-Zustand kann auf zwei Ebenen (Strukturmodell) gedacht werden. Es gibt die Möglichkeit, zunächst den Inhalt (Struktur = Was) zu betrachten, der immer auch im Kontext zum Prozess (Funktion = Wie) gesehen werden sollte.[50]

50 Vgl. Stewart, J. (2000), S. 47 ff.

3.2.2 Eltern-Ich

Funktionell gesehen kann das Eltern-Ich eine kritische und eine fürsorgliche Seite haben, das Kind-Ich eine angepasste oder freie Seite. Das Erwachsenen-Ich wird beim funktionellen Modell nicht geteilt. Mit Teilung ist hier gemeint, dass dem Erwachsenen-Ich nicht mehrere Seiten (z. B. strenges und gewährendes Erwachsenen-Ich) zugesprochen werden, wie etwa den beiden anderen Ich-Zuständen. Die Wirkung im Zusammenspiel der Ich-Funktionen (Prozessebene) werde ich weiter unten anhand von kurzen Beschreibungen und Grafiken verdeutlichen. Eine theoretische Erörterung an dieser Stelle würde sowohl den Rahmen sprengen als auch die Intention dieses Buches verfehlen.

Das Eltern-Ich umfasst Verhaltensweisen, die man in ähnlicher Form auch bei Eltern beobachten kann und die Transaktionsanalyse differenziert in das belehrend-tadelnde und das fürsorglich-stützende Eltern-Ich. Befehle, Anweisungen, Vorwürfe, Maßregelungen u. Ä. wären typische Verhaltensweisen aus dem tadelnden Eltern-Ich; Beruhigen, Trösten, Beschwichtigen sind Beispiele für das Handeln aus dem fürsorgliche Eltern-Ich. Je nach der persönlichen Lebensgeschichte wirken diese elterlichen Botschaften mehr oder weniger stark bis in unser Erleben im Hier und Jetzt. Wenn Erwachsene in bestimmten Situationen auf diese »alten« Muster zurückgreifen, reagieren sie wie ein tadelndes Elternteil mit erwachsenen Worten, jedoch in einem Tonfall, der dem eines Elternteils mit erhobenem Zeigefinger ähnlich ist. Schon während Erwachsene so reagieren, könnten sie wahrnehmen, dass sie gerade einen unter Erwachsenen unangemessenen Ton gewählt haben. Manchmal bedarf es allerdings eines kritischen Feedbacks zum Beispiel von der Führungskraft oder einer anderen Gesprächspartner*in, um sich dessen bewusst zu werden. Einschränkend ist hier anzumerken, dass dieses Feedback in beruflichen Kontexten, insbesondere gegenüber Vorgesetzten »vom alten Schlag«, nur angemessen und mit Fingerspitzengefühl angewendet werden kann, wenn die Beziehung es erlaubt.

3.2.3 Erwachsenen-Ich

Wenn Menschen aus dem Erwachsenen-Ich heraus handeln, haben sie einen klaren Blick auf die (Alltags-)Realität mit Anforderungen, Aufgaben und Grenzen, die sie beobachten und in den richtigen Kontext setzen können. Sie sind und wirken in-

teressiert und reflektiert. Ihnen wird sofort zugetraut, Möglichkeiten angemessen ausgelotet und sachlich abgewogen zu haben. Das Erwachsenen-Ich zeichnet sich dadurch aus, dass eigene Bedürfnisse und Wünsche berücksichtigt und mit Anforderungen von außen sorgsam abgeglichen worden sind. In der Auseinandersetzung mit anderen sind sie in der Lage, Lösungen zu erarbeiten, die eine ausgewogene Klärung sichtbar werden lassen. Gefühle spielen dabei eine gleichberechtigte Rolle neben kognitiven Überlegungen, so dass dieser Umstand von Menschen, die aus diesem Ich-Zustand heraus handeln, als natürlich oder authentisch erlebt wird – eine Begegnung auf Augenhöhe.

3.2.4 Kind-Ich

Im Kind-Ich werden Verhaltensmuster wie das rebellische, das angepasste oder das unterwürfige Kind-Ich unterschieden. Spontaneität, Emotionalität aber auch Trotz und Widerstand sind kennzeichnend für das freie Kind-Ich; Nachgeben, Sich-zurück-Nehmen oder Resignieren sind typische Verhaltensweisen des angepassten Kind-Ichs.

Die meisten Menschen können sich an Erlebnisse und Erfahrungen der Kindheit erinnern. Dabei werden diejenigen Situationen am stärksten erinnert, die emotional »aufgeladen« waren, also in denen Wut, Schmerz, Angst oder Trauer das zentrale Erleben ausgemacht haben. Selbst in der Erinnerung können diese Gefühle bis ins Heute wirksam sein und Reaktionen beeinflussen. In einem psychodramatischen Rollenspiel (im klinischen Kontext) habe ich einen Klienten zu einem Ereignis in seiner Kindheit begleitet, bei dem er noch einmal seine Wut spürte und plötzlich im Dialekt wütend seinen Onkel anschrie. Hier hat er reagiert, wie er es als Kind nicht wagte. In der Nachbesprechung konnte er sich an viele Situationen erinnern, in denen er – nachträglich betrachtet – oft mit dieser Wut auf eher unbedeutende Situationen reagiert und so manchen Freund vor den Kopf gestoßen hatte. Um Spannungen abzubauen, hatte er oft zu Alkohol gegriffen. In der Erinnerung habe er sich oft in der Kind-Rolle wiedergefunden, sagte er damals. Die wütende Zeit als Jugendlicher hatte weit über die damaligen Ereignisse hinaus bis ins Erwachsenenalter seine Wirkung entfaltet. Das geschieht auch dann, wenn die Ereignisse weniger spannungsgeladen sind, aber ganz besonders unter Alkoholeinfluss.

Die Anordnung der drei Ich-Zustände ist weder zeitlich noch hierarchisch zu verstehen. In jedem Menschen sind zu jedem Zeitpunkt alle angeborenen, erfahrenen und

erworbenen Verhaltensmuster latent vorhanden. Die Transaktionsanalyse spricht hier vom Lebensskript.[51] Ähnliche Überlegungen stecken in den inneren Bildern, die ich später noch erläutern werde. Ob und auf welchen Ebenen bei einer einzelnen Person ein Übergewicht in einem der Ich-Zustände vorherrscht und das Verhalten stärker beeinflusst, würde eine Strukturanalyse mithilfe des Egogramm-Tests zeigen. Den Test finden Sie im Internet[52], so dass hier nur erwähnt sei, dass er im Ergebnis alle Aspekte der Transaktionsanalyse auswertet und eine gute Ergänzung zum »gesunden Menschenverstand« darstellt.

Wie bereits mehrfach erwähnt, ist kein Verhalten oder Verhaltensmuster für sich genommen gut oder schlecht. Entscheidend ist, ob das Verhalten situativ angemessen ist, also ob der oder die Handelnde sich so verhalten kann, wie es die Sache oder Situation erfordert und wie es für sein oder ihr Gegenüber annehmbar ist – immer unter Berücksichtigung seiner oder ihrer eigenen Bedürfnisse.

3.3 Arten von Transaktionen

Wenn Menschen zusammentreffen, ist jede Art von Kommunikation, insbesondere gesendete und empfangene Botschaften, der Nährboden für Missverständnisse und unangemessene Reaktionen. Nun sind nicht alle Reaktionen unangemessen – wahrscheinlicher ist sogar, dass Kommunikation meistens als unproblematisch erlebt wird. Bei schwierigen Mitarbeiter*innen kann Ihnen jedoch diese Dynamik schwer im Magen liegen. Jede Interaktion, in denen Ich-Zustände zum Vorschein treten, wird in der Transaktionstheorie als Transaktion bezeichnet. Diese zu kennen und zu verstehen, kann Ihre Handlungssicherheit erhöhen. Um welche Transaktion es sich handelt, ergibt sich aus zwei Aspekten: Erstens der Frage, aus welchem Ich-Zustand heraus eine Botschaft ausgesprochen wird und wohin sie gerichtet ist, und zweitens auf die Antwort des anderen.

Grundsätzlich unterscheidet man drei Arten von Transaktionen:

- parallele Transaktionen
- gekreuzte Transaktionen
- verdeckte Transaktionen

51 Vgl. Stewart, J. (2000), S. 152 ff.

52 Hier wird das Thema vertieft: https://www.youtube.com/watch?v=BQv_zwITMeI. Informationen finden Sie auch bei der Deutschen Gesellschaft für Transaktionsanalyse: https://dgta.de/.

3.3.1 Parallele Transaktionen

Menschen finden Gespräche dann angenehm, wenn die Aussagen und Antworten zueinander passen. Wenn jemand beim Betreten eines Raumes den Anwesenden grüßt und dieser zurückgrüßt, hat eine minimale parallele Transaktion stattgefunden. Wenn Sie nach Hause kommen und Ihre Partner*in fragen, ob sie noch Lust auf einen Spaziergang hat und diese dem ohne Umschweife zustimmt, bilden Frage und Zustimmung ein ebenso parallele Transaktion.

Wenn in einem Gespräch mit Ihrer Mitarbeiter*in Fragen, Aussagen und Antworten in sich stimmig sind und von jedem als angemessen und schlüssig verstanden werden, haben Sie eine parallele Transaktion erlebt. Die folgenden drei Beispiele zeigen Transaktionen die jeweils das Erwachsenen-Ich betreffen.

In Abbildung 5 wird eine Transaktion vorgestellt, die parallel und zwischen Eltern- und Kind-Ich stattfindet. Stellen Sie sich vor, Sie sind gerade im Büro, als eine Ihrer Mitarbeiter*innen zum dritten Mal in dieser Woche zu spät kommt. Sie könnten dazu eine Bemerkung machen wie »Das ist das dritte Mal in dieser Woche!«, nicht als bloße Feststellung, sondern mit einem leisen Unterton des Ärgers, und die Mitarbeiter*in antwortet aus dem Kind-Ich mit dem Satz »Entschuldigung, kommt nicht mehr vor«. Dabei ist der Tonfall entschuldigend und so, wie jemand, dem etwas peinlich ist. Das tadelnde Eltern-Ich hat ein angepasstes Kind-Ich erwirkt. Die Beschämungsreaktion passt schlüssig zu Ihrer Ermahnung, ist also auch eine parallele Transaktion. Genauso wäre denkbar, dass eine Mitarbeiter*in sich bei Ihnen beschwert, weil sie bei dem interessanten Projekt nicht berücksichtigt worden ist, woraufhin Sie beschämt reagieren, weil die Bevorzugung anderer Kolleg*innen aufgeflogen ist. Dann käme der Vorwurf auf der Ebene des Kind-Ichs und Ihre Antwort auch.

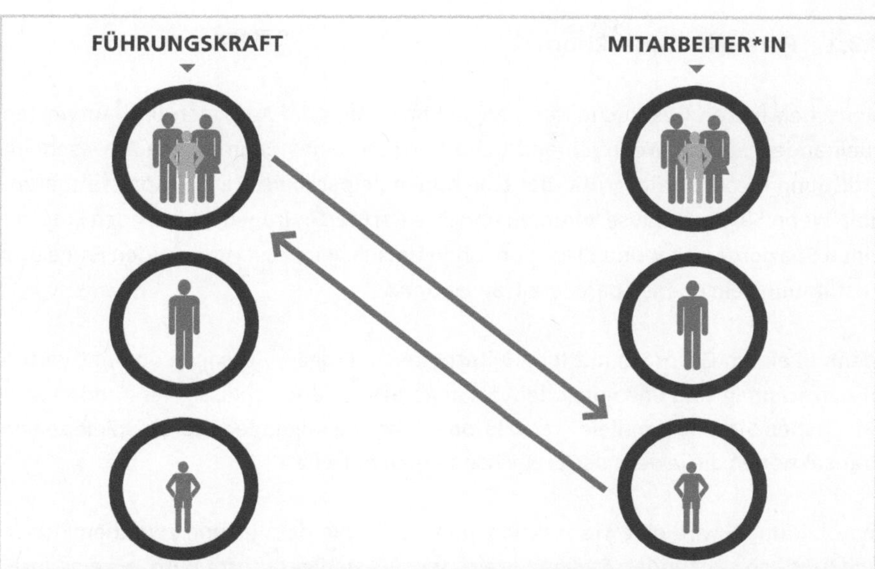

Abb. 5: Parallele Transaktion zwischen Führungskraft und Mitarbeiter*in

Parallele Transaktionen resultieren meist aus dem, was erwartet wurde: Spontan reagiert der andere aus dem angesprochenen Ich-Zustand heraus und damit wie erwartet. Es ist also das Verhalten, das zwei Personen voneinander kennen oder bei dem sie sich aus einer inneren Gewissheit heraus nicht vorstellen können, dass die Reaktion anders sein könnte. Diese Gegebenheit nennt Berne die »erste Kommunikationsregel«[53].

3.3.2 Gekreuzte Transaktionen

Laut der »zweiten Kommunikationsregel«[54] reagiert der andere nicht aus dem angesprochenen und vermuteten Ich-Zustand, sondern (völlig) anders als angenommen. In dem Fall sprechen Transaktionsanalytiker von einer gekreuzten Transaktion.

53 Vgl. Stewart, J. (2000), S. 102.
54 Vgl. Stewart, J. (2000), S. 106.

Stellen Sie sich ein Gespräch unter Mitarbeiter*innen vor, in dem eine Kollegin ihren Kollegen nach dem Termin der nächsten Besprechung fragt und eine verächtliche Antwort erhält. Zum Beispiel die Frage, wieso sie sich die Termine denn nicht selber aufschreiben könne, mit einer entsprechenden Handbewegung oder einer Antwort aus dem Eltern-Ich. Gekreuzte Transaktionen bergen ein großes Konfliktpotenzial, da sie meist mit unterschiedlichen Einschätzungen und Erwartungen verbunden sind. Unerwartete Reaktionen führen leicht dazu, dass man sich spontan darauf einlässt und in eine Form der Kommunikation abgleitet, die nicht beabsichtigt ist. Es wäre also denkbar, dass die Kollegin sich ins Kind-Ich drängen lässt und angepasst oder trotzig reagiert, um der Kommunikation eine andere Wende zu geben. Sie bevorzugt aber normalerweise das Erwachsenen-Ich, möchte die Situation aber nicht eskalieren lassen. Ebenso wenig will sie ein zweites Mal herabgewürdigt werden. Offenbar steht diesem tadelnden Kollegen in diesem Augenblick keine Verhaltensalternative zur Verfügung. Er weiß nicht, was seine Lernaufgabe wäre, wenn es immer wieder zu einer ähnlichen Dynamik kommen sollte. Das kann die Kollegin in seiner Mimik sehen, ist seine Reaktion doch bei ihm mit einem abschätzigen Gesichtsausdruck verbunden. Sie hat aus dem Erwachsenen-Ich heraus das Erwachsenen-Ich ihres Kollegen angesprochen, aber eine unerwartete Antwort erhalten.

Seine Chance besteht darin, dass er es im Nachhinein bemerkt. Das setzt entweder eine kritische Selbstreflexion voraus und die Mitarbeiterin in unserem Beispiel fordert ein klärendes Gespräch ein oder bittet zumindest darum. Im besten Fall entschuldigt sich der Kollege für seine Intervention aus dem tadelnden Eltern-Ich heraus. Allerdings deutet seine Reaktion auf die Frage der Kollegin auf ein persönliches Muster hin, das im Sinne von Riemann verstandesorientiert ist. Der Mitarbeiter verschafft sich durch solche Bemerkungen Abstand. Das wiederum wird es ihm schwer machen, sich zu entschuldigen. Hier wird deutlich, dass manchmal die Dynamik zwischen Menschen transparenter wird, wenn mehrere psychologische Deutungsmuster zur Verfügung stehen.

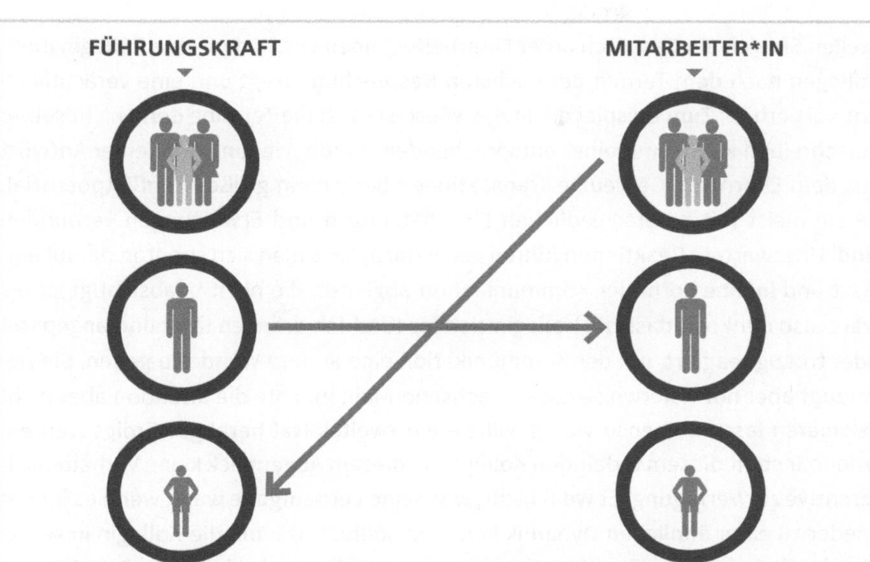

Abb. 6: Gekreuzte Transaktion zwischen Führungskraft und Mitarbeiter*in

Allerdings warne ich vor voreiligen Schlüssen zum Kommunikationsgeschehen: Ohne das Wissen um die Zusammenhänge lässt sich von außen schwer beurteilen, ob die Reaktion oder Intention des Mitarbeiters nachvollziehbar ist, sein Tonfall aber völlig unangemessen war. In der Transaktionsanalyse wird den körpersprachlichen Aspekten erst in der dritten Kommunikationsregel Bedeutung gegeben. Menschen können jedoch kaum ohne diese zusätzlichen Botschaften kommunizieren, unser Körperausdruck, die Sprachmelodie oder unsere Arme und Hände sprechen meistens mit. Sie haben jedoch nicht diesen Stellenwert wie bei einer psychologischen Betrachtung der Transaktionen.

Gekreuzte Transaktionen können auch sehr fruchtbar sein, wenn sie Routinen infrage stellen oder eingefahrene Beziehungsmuster offenlegen. Veränderung beginnt mit der Wahrnehmung des Gegenwärtigen. Mit den Worten Fritz Perls: Bewusstheit per se (awareness[55]) ist der erste Schritt der Veränderung, die im Weiteren sogar

55 Perls, F. (1974), S. 26.

Heilung bedeutet. Nach einer Klärung zwischen den Kontrahenten wird eine parallele Transaktion wieder möglich und könnte sogar als Indiz für eine gelungene Aussprache betrachtet werden. Hierin wird deutlich, dass die Ich-Zustände weder gut noch schlecht sind. Sie machen Kommunikationsmuster beschreibbar und tragen zu mehr Gewahrsein bei – sofern dies gewünscht ist.

3.3.3 Verdeckte Transaktionen

Die dritte Kommunikationsregel[56] besagt, dass in einem Kommunikationsgeschehen nicht in erster Linie die soziale Ebene, sondern vor allem die psychologische ins Spiel kommt. Die offene und verdeckte Körpersprache, sowohl die Betonung der Wörter als auch der Klang einer Aussage oder Antwort zeigen, dass Inhalte transportiert werden (sollen), die sich beim Schreiben eines Satzes nicht zu erkennen geben würden. Erst in der beobachtbaren Kommunikation oder in der Teilnehmerperspektive wird deutlich, dass es um mehr als den Austausch von Fragen und Antworten geht. So könnte eine Führungskraft mit der Frage, wie lange ihre Mitarbeiterin noch für die Erstellung der Präsentation brauche (von und an die Ebene des Erwachsenen-Ich), die implizite Botschaft senden wollen: »Kommen Sie endlich mal in die Puschen, das dauert ja ewig bei Ihnen!« Diese verdeckte Botschaft ist jedoch aus dem Eltern-Ich an das Kind-Ich gerichtet. In Abbildung 7 ist sie durch den gestrichelten Pfeil gekennzeichnet.

Je nach persönlicher Lerngeschichte der Mitarbeiterin wird sie auf einer der Ebenen antworten. Bleibt sie auf der Erwachsenen-Ebene und antwortet rein sachlich, könnte ihre Führungskraft das Gefühl haben, sie hätte den Ernst der Lage nicht erkannt, und eine unangenehmere Botschaft nachschieben.

56 Vgl. Stewart, J. (2000), S. 110.

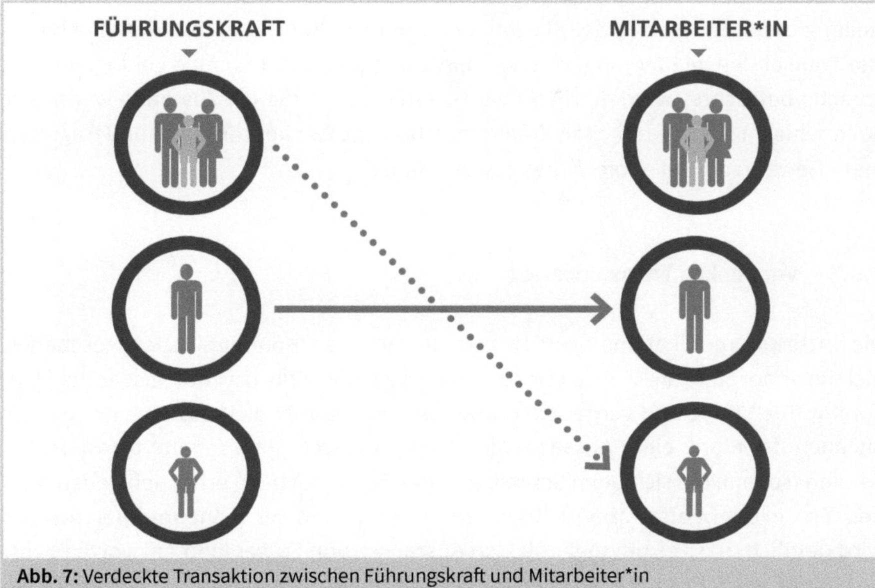

Abb. 7: Verdeckte Transaktion zwischen Führungskraft und Mitarbeiter*in

Reagiert die Mitarbeiterin auf den unterschwelligen Vorwurf, begibt sie sich in eine unangenehme Verteidigungsposition und lässt sich möglicherweise in die Ecke drängen, was sich dann weder gut anfühlt noch ihr Selbstwertgefühl stärken würde. Sie käme sich »klein gemacht« vor, was seiner Intention entsprochen haben könnte, als er ihr die Rolle zugeschoben hatte, aus der Ebene des Kind-Ichs zu reagieren oder sich mindestens unter Druck gesetzt zu fühlen. Sie hat auch die Möglichkeit, ihrem Vorgesetzten zu erklären, weshalb sie mehr Zeit braucht, und würde ihm dadurch auf Augenhöhe begegnen. Dann wäre die Kuh vom Eis, sofern die Führungskraft die Erklärung akzeptiert.

Möglicherweise reagiert die Mitarbeiterin in unserem Beispiel zunächst gar nicht, was sowohl als Einverständnis (parallele Transaktion) gewertet würde oder als Ignoranz (trotziges Kind-Ich). Die hier beschriebene Dynamik wird auch im Vier-Ohren-Modell[57] von Friedemann Schulz von Thun beschrieben. Berne ging davon aus, dass verdeckte Transaktionen verdeckte (geheime) Botschaften in der weiteren Kommu-

57 Nach dem Vier-Ohren-Modell von Friedemann Schulz von Thun hören Menschen eine Botschaft individuell anders. Dabei unterscheidet er eine Sachbotschaft, eine Beziehungsbotschaft, einen Appell und eine Ich-Aussage.

nikation erzwingen würden.[58] Wenn es keine der Gesprächspartner*innen gelingt, auf die Metaebene[59] zu wechseln, kann der verdeckende Zyklus nicht so einfach aufgelöst werden. Denkbar wäre auch, dass einer der beiden Personen zu einer parallelen Transaktion wechselt und das Gegenüber das Angebot annimmt. Wenn das Friedensangebot allerdings nur erreichen sollte, in Ruhe gelassen zu werden, würde weiterhin eine verdeckte Transaktion »im Raum stehen«. Was das für die weitere Beziehungsgestaltung bedeutet, kann nur vermutet werden. Zumindest zementiert es hierarchische Unterschiede.

Die positive Wirkung verdeckter Transaktionen ist immer dann gegeben, wenn wir jemandem etwas *indirekt* sagen wollen, beispielsweise dass wir nicht gestört werden wollen oder die Anwesenheit der Person gerade ungelegen ist. Gleichzeitig wissen wir, wie sie eine direkte »Ausladung« kränken würde. Also sagen wir es »durch die Blume«, was meistens auch verstanden wird und weniger beziehungsschädigend ist. Sollten wir annehmen, dass der Wunsch, nicht gestört werden zu wollen, von unserem Gegenüber mit Gelassenheit aufgenommen werden wird, sagen wir direkt, was wir (nicht) wollen. Reagiert unser Gegenüber wie erwartet, hat eine parallele Transaktion stattgefunden.

Fazit !

Transaktionen im Sinne der Transaktionsanalyse gehören zum Alltag aller Menschen, die miteinander in Kontakt treten, sich austauschen und miteinander kommunizieren. Je besser Sie diese Muster verstehen, desto schneller werden Sie diese durchschauen. Dadurch können Sie aus Gewohnheiten ausbrechen und ab und zu etwas Neues ausprobieren. Das Verständnis dieser Muster dient sowohl der Selbstwahrnehmung als auch dem Kontakt mit Ihren Mitarbeiter*innen.
Jede wirkungsvolle Musterunterbrechung kann machtvoll sein.

58 Vgl. Stewart, J. (2000), S. 110.

59 Auf der Metaebene geht es nicht mehr um den Inhalt des Gesagten, sondern um die Dynamik zwischen den Gesprächspartner*innen. Also nicht darum, **was** gesagt wurde, sondern darum, **was** zwischen den beiden **passiert** bzw. worum es eigentlich geht.

4 Das Kontaktmodell

4.1 Einführung

In diesem Kapitel werden die Grundgedanken, die dem psychologischen Kontaktmodell zugrunde liegen, ausführlicher beschrieben. Denn der psychologische Kontaktbegriff geht über unseren Alltagssprachgebrauch deutlich hinaus.

Der psychologische Kontaktbegriff

Unter Kontakt wird jede Begegnung verstanden, die mit Themen, Dingen, Menschen oder Bedürfnissen zu tun hat, die das Interesse oder Begehren des entsprechenden Menschen weckt. Der Begriff wird auch als eine aktive, bewusste Wahrnehmung eigener Bedürfnisse und deren Befriedigung verstanden. Wahrnehmung bedeutet hier also nicht nur ein Prozess, der die Sinne erfordert, sondern auch das aktive Handeln, um ein Bedürfnis zu befriedigen. Den Hunger wahrzunehmen ist das eine, sich einen Apfel zu holen etwas anderes, es setzt aktives Handeln voraus. Kontakt ist also mehr als eine körperliche Berührung, wir können auch emotional von einer Geste, von Worten oder einem Bild berührt werden, auch das ist kontaktvoll, sofern wir uns berühren lassen. Berührung ist so etwas wie ein Urkontakt, eine allererste Berührung, die ein Säugling erfährt, ein Grundbedürfnis aller Menschen. Kontakt findet auch beim Sehen, Hören, Riechen, Sprechen und bei Bewegung statt. Es ist naheliegend, dass wir Kontakt nicht nur ermöglichen, sondern auch blockieren oder vermeiden können.

Fritz und Lore Perls sind die Begründer der Gestalttherapie und bilden zusammen so etwas wie das »Urgestein« der **Humanistischen Psychologie**. Sie haben fünf Muster identifiziert, die hinter dem Ermöglichen und Vermeiden von Kontakt stecken.[60] Je nach Autor*in werden sie entweder Kontaktunterbrechung, Kontaktressource oder neutral Kontaktfunktion genannt. Die Arbeit mit diesen Mustern kann u. a. bei der Diagnose von Kommunikationsstörungen oder bei der Beratung von Führungskräften eingesetzt werden. Bis in die 90er Jahre wurde dieses Modell ausschließlich in der Gestalttherapie und -pädagogik eingesetzt. Es ist jedoch so universal, dass es zum Verständnis von Kommunikation und in der Begegnung überall dort passt, wo Menschen mit Menschen zu tun haben, oder bei der Selbstbeobachtung und -steue-

60 Polster, E.; Polster, M. (1992/2001), S. 77 ff.

rung. Mitte der 90er Jahre wurden dann die ersten Gestaltberater*innen in Deutschland ausgebildet, so dass Kontaktprozesse wahrzunehmen und zu beschreiben auch in deren Fachtermini aufgenommen und selbstverständlich wurden.

Gestalt in der Psychologie und im Führungshandeln

Ziel des Gestaltansatzes ist es, das menschliche Potenzial zur vollen Entfaltung zu bringen. Ein anspruchsvolles Ziel, das sich in erster Linie auf therapeutische Prozesse bezieht. Führungskräfte sind natürlich in einer anderen Situation, sie haben nicht den Anspruch, die Persönlichkeit ihrer Mitarbeiter*innen zu verändern. In den allermeisten Fällen geht es darum, dass Führungskräfte ihre Mitarbeiter*innen fördern und fordern wollen, was eine gute Voraussetzung sein dürfte, um die Führungsaufgabe ernst zu nehmen. Die Tatsache, dass Sie Bücher wie dieses lesen, ist auch ein Indiz für diese Haltung.

Bewusstheit für das eigene Tun

Kontaktprozesse sind allerdings nur ein Aspekt des Gestaltansatzes. Ein weiterer Aspekt ist die Bewusstheit für das eigene Tun, die eigenen Ziele, die eigenen Gedanken, Gefühle, Wünsche etc. Bewusstheit wird von Fritz und Lore Perls als die zentrale Schnittstelle der menschlichen Veränderung benannt, sozusagen der Übergang von der Unwissenheit zum Startschuss für etwas Neues. Perls hat auch zwischen interner, externer und intermediärer Bewusstheit unterschieden. **Interne Bewusstheit** ist das Spüren von Hunger, Durst usw. **Externe Bewusstheit** bezieht sich auf äußere Dinge, die in uns Bedürfnisse wecken: Angreifen bis fliehen zu wollen, mit allen Zwischentönen, die diese Gefühle haben können. Wenn ich meine Gedanken zu einem inneren oder äußeren Geschehen bewusst wahrnehme, ist **intermediäre Bewusstheit** gemeint.

Aus der gesteigerten Bewusstheit ergeben sich neue Einsichten in eigene Verhaltensweisen. Außerdem können Blockierungen erfahrbar werden. Wichtig ist die Haltung des inneren freundlichen Beobachters, der sich selbst und den eigenen Strategien auf die Schliche kommt, ohne das Muster zu verurteilen, das sich gerade in den Vordergrund drängt und sich als Störung entpuppt.

In aller Kürze: Auch Führungskräfte sollten sich immer wieder der eigenen Persönlichkeit widmen.[61]

---

61 Vgl. Broekman, B. (2017), S. 28.

Eigene Kontaktfähigkeit

Genau deshalb besteht ein weiteres zentrales Element des Gestaltansatzes darin, die eigene Kontaktfähigkeit in den Fokus zu nehmen. Das bedeutet, neben der Notwendigkeit, zu sich selbst in einem guten Kontakt zu stehen, auch im Umgang mit anderen, sowohl Nähe und Förderung als auch Distanz und Forderung (mit allen dazwischenliegenden Schattierungen) herstellen zu können. Hier geht es mit anderen Worten um die Konflikt- und Konsensfähigkeit. Ziel ist dabei immer die Steigerung des eigenen Verhaltensrepertoires, also die Schaffung von Wahlmöglichkeiten. Es ist eben gut, wenn eine Führungskraft sich selbst gut kennt und über eine Vielfalt von Rollen verfügt.

Die eigene Kontaktfähigkeit schließt dichotome Handlungsmuster ein: Die Führungskraft sollte fördern und fordern, Fragen stellen sowie Antworten geben können, sollte ihr eigenes Verhalten und das ihrer anvertrauten Mitarbeiter*innen verstehen, sollte lernen, Mitarbeiter*innen zu motivieren und zur Not auch mal zu frustrieren. Das bedeutet auch, sich der eigenen Grenzen bewusst zu sein.[62]

Eigenverantwortung

Und schließlich ist die Eigenverantwortung ein Aspekt der Gestalthaltung. Es geht darum, zum »Verantwortlichen« des eigenen Handelns und Lebens zu werden, autonom in seiner Bedürfnisregulierung zu werden und für den eigenen Erfolg oder Misserfolg Verantwortung zu übernehmen. Deshalb wäre es durchaus passend, von Führungsverantwortlichen[63] zu sprechen, statt von Führungskräften.

Das Kontaktmodell beschreibt ein Vorgehen und Erleben, das von kontaktvollen und kontaktunterbrechenden Kommunikationsmustern ausgeht. Kontakt ist eine aktive, bewusste Wahrnehmung entweder eigener Bedürfnisse und/oder die Erfüllung dieser Bedürfnisse.

Das Wissen um psychologische Prozesse sagt meist nicht, wie diese im konkreten Handeln umgesetzt werden können. Als Führungskraft werden Sie immer wieder an den Punkt kommen, an dem Sie überlegen, wie Sie etwas formulieren und in welcher Situation das passend sein würde, was Sie einer Mitarbeiter*in sagen wollen. Wäh-

62 Vgl. Nevis, E. (1988).

63 Vgl. Krizanits et al. (2017).

rend einige Führungskräfte in erster Linie über eine Anweisung (autoritär) führen, gibt es Führungskräfte, die einfach davon ausgehen, dass die Mitarbeiter*innen es schon irgendwie richtig machen. Beiden Methoden ist gemein, dass sie »kontaktlos« sind. Sie sind nicht verbunden durch einen Dialog, durch Anregung oder Austausch, sondern durch Distanz. Ein Kontaktverständnis ist die Basis, aber selbst noch nicht kontaktvoll. Kontakt entsteht an der Grenze zwischen Innen und Außen. Diese Grenze zu ignorieren wäre eine Kontaktvermeidung. Freundlicher formuliert: Sie ist der »Ort«, an dem Kontakt stattfinden kann, aber auch muss, wenn es ihn geben soll. Die Muster bzw. Formen des Kontaktes und wie er reduziert wird, werden auf den folgenden Seiten besprochen.

4.2 Das Kontaktmodell in der Praxis[64]

4.2.1 Wie wir miteinander in Kontakt treten

Wenn Menschen miteinander arbeiten oder ihre Freizeit miteinander verbringen, entstehen ganz automatisch Phasen von Nähe und/oder Distanz, kontaktvoll oder mit weniger Kontakt. Stellen Sie sich einen Abend mit Freund*innen vor. Sie stehen in einer Bar und unterhalten sich über Dinge aus Ihrem Leben. Es kann ein gutes Miteinander geben, in dem alle zu Wort kommen, jede Meinung gefragt und diskutiert wird, und wenn jemand mal länger ruhig war, gibt es jemanden, der ihn oder sie wieder mit einbezieht. Das wäre ein kontaktvolles Miteinander. Alle gingen zufrieden (sozial gesättigt) nach Hause. Nehmen wir einmal an, es liefe anders, jemand will, dass Sie sich seiner oder ihrer Meinung anschließen, oder jemand möchte, dass Sie den Ort wechseln, was Sie vielleicht nicht möchten, dann werden Sie offen oder versteckt in die Opposition gehen, dieses Verhalten mobilisiert Ihre Widerstände. Je nach Persönlichkeit und Gruppe werden Sie dann irgendwann einlenken oder bei Ihrer Meinung oder Haltung bleiben. Der Widerstand bleibt bestehen und schließlich gehen Sie unzufrieden nach Hause. Sollten Sie sich durchsetzen, hat die Gruppe Ihr Kontaktangebot angenommen und sich darauf eingelassen. Anderer Meinung zu sein ist nahezu immer als Kontaktangebot zu verstehen. Nicht immer sind Widerstände so deutlich sichtbar. Eine Mitarbeiter*in, die einen Auftrag annimmt, ihn aber nicht erledigt oder zu spät damit anfängt, befindet sich oft auch im Widerstand, ohne

64 Perls, F.; Hefferline, R.; Goodman, P. (1996) und Wheeler, G. (2015).

dass jemand diesen Begriff dabei verwenden würde. Möglicherweise würden Sie die Situation ganz anders problematisieren, ohne dabei an »Widerstand« zu denken, und den Umstand einfach als Unfähigkeit oder Arbeitsverweigerung abtun.

Widerstände entstehen oft dort, wo Entscheidungen Angst machen, immer dort, wo jemand seine Komfortzone verlassen muss oder soll. Auch Unlust befördert Widerstand oder ist der Widerstand. Widerstände sind eine Überlebensstrategie, die Kinder entwickeln (als kreativen Prozess ihrer psychologischen Entwicklung – auch Ich-Entwicklung genannt), die den Spielraum des späteren Erwachsenen vergrößert oder ihn in seiner freien Entfaltung hemmt. Auch eine hohe Resilienz[65] ist Ausdruck einer gelungenen Ich-Entwicklung. Ich-Entwicklung ist also nicht nur in diesem Kontext von Bedeutung.

Kontakt ist immer auch ein innerer Prozess, der beschreibt, wie wir unsere Bedürfnisse wahrnehmen und dafür sorgen, uns diese zu erfüllen, oder Wege finden, sie auf später zu verschieben.

Beobachten oder reagieren können wir im beruflichen Alltag meist nur auf die Art der Kommunikation, auf Nähe und Distanz oder darauf, wie unser Gegenüber mit Beziehungsangeboten umgeht – auch kollegiale.

Diese Kontaktformen sind immer auch kontextabhängig. Eine genaue Kenntnis dieser Prozesse kann Ihnen helfen, Gespräche erfolgreicher und zufriedenstellender zu führen oder Verständnis dafür zu entwickeln, weshalb Mitarbeiter*innen oder Kund*innen zu der einen oder anderen Strategie greifen. Ursprünglich hat Perls fünf Kontaktfunktionen unterschieden. Dreitzel[66] und andere Autor*innen wollen davon nur drei manche auch vier gelten lassen. Die Diskussion möchte ich hier nicht darstellen. Meiner Meinung nach können die drei im Folgenden dargestellten Muster bzw. Kontaktfunktionen ausreichend viele Irritationen im Miteinander erklären und das soll für Ihren Führungskontext reichen.

Sowohl für Perls als auch für Buber ist Begegnung ohne Kontakt nicht möglich. Ein Kontaktangebot hat also weitestgehend damit zu tun, wie wir unserer Umwelt signalisieren, wer wir sind und welche »Grenze« für uns eine gute Mischung aus Nähe und

65 Vgl. Antonovsky, A. (1997), S. 53 ff.
66 Vgl. Dreitzel, H.-P. (2004), S. 55 ff.

Distanz darstellt. Menschen, die das respektieren, werden im Allgemeinen als angenehme Kolleg*innen erlebt. Bedrängendes Verhalten, Unterstellung, Anmaßung oder Schuldzuschreibung können als Kontaktangebot gemeint sein, werden aber in erster Linie unsere Widerstände wachrufen.

Die drei Kontaktformen oder -funktionen, die in den Abschnitten 4.2.2 bis 4.2.4 beschrieben werden, kommen selten allein vor, dennoch bevorzugen Menschen besonders in Stresssituationen ihre Vorzugsstrategie (vgl. Kapitel 5). Da es sich fast immer um unbewusste Prozesse handelt, benötigt die Wahrnehmung Zeit und Erfahrung.

!

Fazit

Eine grundsätzliche Funktion der Kontaktgrenze – auch Ich-Grenze genannt – ist das Unterscheidungsvermögen zwischen dem, was mir selbst und dem, was dem anderen »gehört«. Eine weitere Funktion besteht darin, Kontakt zu ermöglichen oder zu vermeiden. Dabei werden je nach Autor*in drei bis fünf Muster genannt:

- Introjektion
- Projektion
- Retroflektion
- Deflektion/Egotismus
- Konfluenz

Die Kontaktmuster geben Ihnen Hinweise darauf, wie Beziehung gestaltet wird.

4.2.2 Introjektion

Unter Introjektion[67] wird die Kompetenz verstanden, wohlwollend mit Impulsen und Angeboten der äußeren Welt umzugehen. Gleichzeitig fällt es dem Betroffenen schwer, kritisch mit seiner Umwelt zu sein. Regeln, Lebenseinstellungen und Gebote, die ein Mensch unzensiert verinnerlicht, werden Introjekte genannt. Introjekte veranlassen Menschen manchmal dazu, sich gegen eigene Werte, Haltungen oder Bedürfnisse zu richten. Introjekte sind nicht per se schlecht oder gut.

Lebensgeschichtlicher Hintergrund: Das Säugling oder Kleinkind war darauf angewiesen, die dargebotene Nahrung so zu nehmen, wie sie angeboten wurde, sie weder auszuspucken noch zu assimilieren. Selbst sie anzupassen – also sie zu integrieren –

67 Dreitzel, P. (2004), S. 61 ff., und Polster, E.; Polster, M. (1992), S. 78 ff.

ist nicht oder nicht genug gelungen. Wird die soziale Umgebung als vertrauenswürdig erlebt, wird Nahrung tun, was sie soll, nämlich das Kind nähren. Dann ist Nahrung »wertschöpfend«. Eltern mit einem starken Sendungsbedürfnis für moralische Gebote und als richtig empfundenes Verhalten finden auf dieser Vertrauensbasis einen guten Nährboden für ihre Erziehungsbotschaften. Kinder lernen, in dem sie Muster der sie umgebenden Umwelt kopieren. Jedes Kind spürt genau, ob es das Wohlwollen seiner Eltern verspielen würde, wenn es sich nicht an ihnen orientiert.

Je nach Ich-Entwicklung, Temperament und Charakter des Kindes wird es ab einem bestimmten Alter eigenen Impulsen und Bedürfnissen folgen wollen. Wenn das Gebot der Anpassung größer ist als der Ich-Impuls, wird es nachgeben und dem Außen mehr Wirkung ermöglichen als den eigenen Bedürfnissen. Dann wird das Außen introjiziert auf Kosten dieses eigenen Bedürfnisses.

Erziehungsmethoden wie Gewalt oder Vernachlässigung, Diskriminierung wegen gesellschaftlicher oder politischer Umstände erzeugen natürlich sehr ungünstige Voraussetzungen für ein spannungsfreies Leben. Die meisten erwachsenen Berufstätigen, um die es hier geht, können sich nur sehr selten auf Umstände berufen, die es ihnen unmöglich machen, Verantwortung für ihr Handeln und Nichthandeln zu übernehmen. Insofern kann eine Führungskraft erwarten, ein mündiges Gegenüber zu haben.

Die Lösung heißt: Verantwortung für das eigene Handeln und Nichthandeln zu übernehmen. Das kann auch für Sie als Führungskraft als Leitmotiv dienen, wenn Sie diese Mitarbeiter*innen stärken wollen.

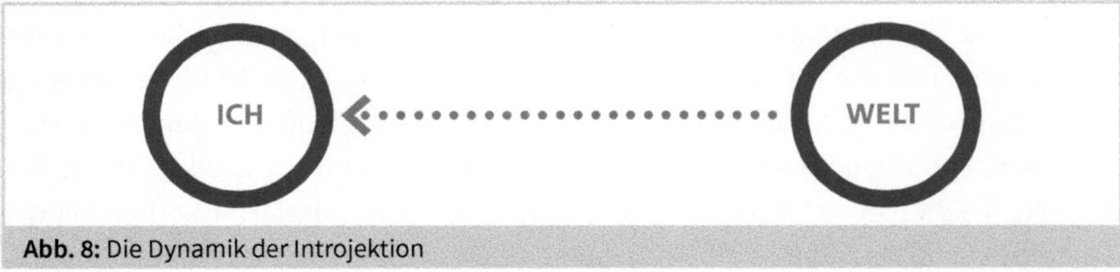

Abb. 8: Die Dynamik der Introjektion

Dynamik der Introjektion	
Verhalten der Mitarbeiter*in	**Psychologische Dimension**
• Die Mitarbeiter*in sagt schnell ja, ohne überzeugt zu sein. • Sie gibt der Führungskraft gern das Gefühl, dass sie alles tun werde, um Differenzen auszuräumen. • Sie entschuldigt sich unangemessen oft oder übernimmt mehr Verantwortung für zwischenmenschliche Irritationen als nötig. • Sie sitzt schnell zwischen den Stühlen, weil sie es allen recht machen will. • Sie stimmt zu schnell zu, um Druck auszuweichen. • Sie ist schnell entschieden und eine angenehme Kolleg*in oder Vertragspartner*in.	• Passives Aufnehmen von Angeboten aus der Umwelt. • Introjekte sind meistens von Eltern übernommene Verbote oder unerwünschtes Handeln (z. B.: »Das macht man nicht!«). • Die Mitarbeiter*in fühlt sich schnell verantwortlich für Stimmungen. • Sie kann Ursache und Wirkung von Unstimmigkeiten oder Konflikten nicht gut auseinanderhalten. • Sie hat ein sehr gutes Einfühlungsvermögen und in Gruppen ein gutes Gefühl für das, was gerade los ist. • Sie ist eine gute Mentor*in bei der Einarbeitung neuer Mitarbeiter*innen.

Unterstützung durch die Führungskraft

Überprüfen Sie als Führungskraft, ob das vermeintlich Verstandene wirklich verstanden wurde. Weil introjizierende Mitarbeiter*innen meist zu schnell zustimmen oder signalisieren, Gesagtes bereits verstanden zu haben oder zu wissen, was gemeint ist usw. Ermutigen Sie Ihre Mitarbeiter*in, auch mal zu ihrer Meinung zu stehen, wenn der Rest der Gruppe anders denkt. Stärken Sie deren Kritikfähigkeit und Äußerungen, die ihre Kompetenz unterstreichen. Bremsen Sie übertriebenen Selbstzweifel. Vermeiden Sie Aussagen wie: »Das schaffen Sie schon« oder »Bisher hat doch alles gut geklappt« oder »Die anderen kochen auch nur mit Wasser«. Sie können diese Mitarbeiter*innen unterstützen, indem Sie Fragen stellen wie »Ich höre da Zweifel heraus, sind Sie sicher, dass es nicht auch anders sein kann?« oder »Sie haben die meisten Projekte, die ich kenne, sehr gut abgeschlossen, weshalb sollte das jetzt anders sein?«. Wenn diese Fragen wenig Wirkung zeigen, hilft eventuell eine skalierende Frage: »Wenn die Möglichkeit zu scheitern besteht, wie groß ist die Wahrscheinlichkeit auf einer Skala von 1 bis 10, dass das auch passiert?« Nähren Sie die Zweifel am Selbstzweifel.

4.2.3 Projektion

Um den Begriff »Projektion«[68] zu veranschaulichen, können wir uns ein Bild vorstellen, das auf eine Leinwand projiziert wird. Wenn ein Mensch sein inneres Bild projiziert, sieht er beim anderen vor allem dieses (eigene) Bild und nicht die Person, wie er sie sehen würde, ohne die Projektion. Aus Gestaltsicht wird dieser Vorgang immer von Affekten begleitet. Affekte sind Stimmungen und Emotionen, die zum Teil körperlich wahrgenommen werden, z. B. Verzweiflung, Wut oder Freude.

Es ist also nicht nur ein Bild, sondern es handelt sich um ängstigende oder abgelehnte Introjekte (Gefühle, Vorurteile, Katastrophenfantasien usw.), die zu dem projizierenden Menschen »gehören«, jedoch in der Projektion dem anderen zugeschrieben werden. Darüber weiß der Projizierende selten etwas, ihm fehlt die Wahrnehmung dieses Vorgangs. Deshalb ist es im alltäglichen Umgang kaum möglich, die Projektion auf der Ebene von Argumenten aufzulösen, wenn Sie in einer solchen Situation fragen, was der andere Ihnen konkret vorwirft, werden Sie vermutlich ihr Gegenüber verwirren oder im besten Fall verärgern. Das hat den Vorteil, dass ein Teil des projizierten Affekts wieder beim Sender landet.

Interessanterweise erfährt man über den etymologischen Umweg deutlicher, was projizieren eigentlich meint: vorwerfen, verachten, verschmähen und fortjagen. Im übertragenen Sinne möchte der Projizierende die eigenen unerwünschten Affekte »davonjagen«, was einfacher ist, wenn sie einem Außenstehenden, einem Gegenüber zugeschrieben werden. Selbst wenn nicht jede Projektion eigene Anteile haben muss, so sind es meistens jene unerwünschten Introjekte (z. B. die Abweichung von Normen, etwas, was man nicht tun sollte usw.), die eine Ablehnung erzwingen und die Projektion fördern. Das ist insofern problematisch, weil dieser Vorgang ein kontaktvolles Miteinander – das Reden, Leben und Arbeiten – erschwert. Fast jeder kennt Begegnungen, bei denen man später feststellt: »Ich bin mit ihm/ihr nicht warm geworden« oder »Irgendetwas stand zwischen uns« oder »Die Missverständnisse ließen sich einfach nicht auflösen«.

Ihre Herausforderung als Führungskraft besteht nun darin, Ruhe zu bewahren und der Projektion nicht auf den Leim zu gehen, sondern stattdessen immer wieder ge-

68 Dreitzel, P. (2004), S. 61 ff., und Polster, E.; Polster, M. (1992), S. 78 ff., und Lexikon der Gestalttherapie (2017).

nau hinzusehen, um die Projektion zu verstehen. Das Gebot der Stunde heißt dann, nachfragen und nochmals nachfragen. Lassen Sie sich durch die manchmal ärgerliche Reaktion auf Ihre Frage nicht den Mut nehmen, diese Reaktion ist ein immanenter Aspekt der Projektion.

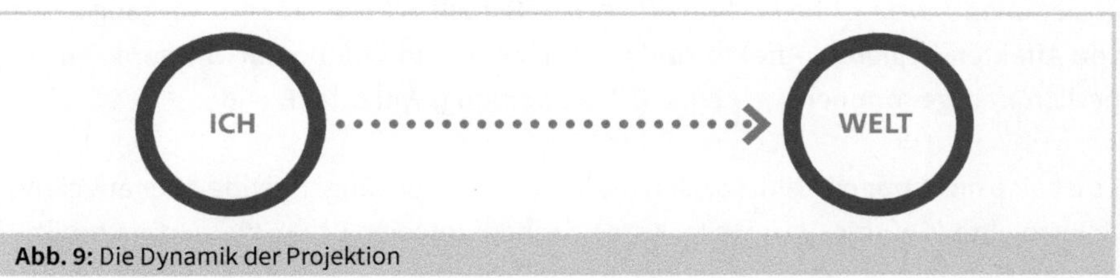

Abb. 9: Die Dynamik der Projektion

Dynamik der Projektion	
Verhalten der Mitarbeiter*in	**Psychologische Dimension**
• Die Mitarbeiter*in kann unterschwellig aggressiv erlebt werden. • Sie kann Ihnen (als Führungskraft) schnell unterstellen, Sie meinten es »irgendwie« nicht ehrlich mit ihr. • Die Mitarbeiter*in ist schnell mit Argumenten, die gut überprüft werden sollten. • Sie macht Sie (als Führungskraft) dafür verantwortlich, wenn etwas nicht so klappt wie besprochen. • Die Mitarbeiter*in empfindet es als angenehm, wenn man ihr großzügig entgegenkommt. • Sie empfindet es als angenehm, wenn strittige Passagen des Kontaktes (Formen der Irritation oder Meinungsverschiedenheit) schuldfrei aufzulösen waren (Gesichtsverlust vermeiden). • Sie kann sehr treffsicher in der Argumentation sein und genau analysieren.	• Bestimmte Gefühle werden verleugnet, es findet keine Auseinandersetzung statt. • Eigene Impulse/Anteile werden nicht akzeptiert (→ Introjekte) und ihnen wird eine objektive Existenz verliehen, für die der andere dann verantwortlich gemacht werden kann. • Nachteil: Man fühlt sich als passives Opfer der Umstände, statt das eigene Leben aktiv zu gestalten. • Typisches Verhalten: Die Mitarbeiter*in sagt, die anderen seien schuld – wenig Selbstgewahrsein. • Die Ursprungsfamilie der Mitarbeiter*in arbeitete mit Schuld und Anklage. • Die Welt wird zum Schlachtfeld der privaten Konflikte. • Sie neigt dazu, vor allem die Fehler oder Schwachstellen zu sehen und den Finger in die Wunde zu legen. Dies geht oft mit einem Mangel an Einfühlungsvermögen einher.

Unterstützung durch die Führungskraft
In Situationen, die von Projektion gekennzeichnet sind, geht es zunächst darum, das Tempo rauszunehmen, wenn es hitzig wird, und für Genauigkeit zu sorgen: Wer hat was, wann, wie gesagt. Zeigen Sie als Führungskraft ein konstruktives Lösungsinteresse und achten Sie darauf, dass Sie sich nicht in Rechtfertigungsschleifen verwickeln lassen, wenn Sie einer Unterlassung oder einer anderen Sache »beschuldigt« werden. Offene Fragen an die Mitarbeiter*in helfen: »Was meinen Sie (denn) genau?« »Ich verstehe gerade nicht, worauf Sie hinauswollen« »Ich würde Ihr Anliegen gern verstehen ...« usw. Versuchen Sie, die Mitarbeiter*in dazu zu bringen, den eigenen Anteil am Konflikt oder Missverständnis herauszuarbeiten. Achten Sie darauf, dass die Mitarbeiter*in ihr Gesicht wahren kann. Humor klappt hier oft nicht und wird schnell als Ironie erlebt.

4.2.4 Retroflektion

Menschen sind soziale Wesen und brauchen für ihr Wohlbefinden innerhalb ihres sozialen Umfelds Aufmerksamkeit, Wertschätzung und das Gefühl, ein wichtiger Teil dieser sozialen Umwelt zu sein. Retroflektierende Menschen sind von dieser Art sozialen Austausches in bestimmten Situationen abgeschnitten, in denen Introjekte sie daran hindern, ihren gesunden Egoismus zu vertreten. Normalerweise ist Handeln auf Wirksamkeit ausgerichtet, möglichst mit einer Resonanz im Umfeld des Handelnden oder für ihn selbst. Das wird dann als Kontakt erlebt, als etwas Nährendes. Wenn diese Bedürfnisse statt nach außen nach innen gerichtet werden, sind sie retroflektiert worden – sowohl im positiven wie im negativen Sinne. Selbstbestrafung oder Selbstbelohnung sind die Folge dieses kontaktvermeidenden Prozesses. Wenn der Handelnde befürchtet, von der Umwelt nicht das zu bekommen, was er sich wünscht, sucht er nach Wegen, es sich selbst zu beschaffen oder zu ermöglichen. Das kann sich dann z. B. in Kaufsucht ausdrücken.

Retroflektierende Menschen werden oft als verschlossen, erduldend oder kühl erlebt. Wie bei allen Kontaktfunktionen ist auch hier eine gute Seite zu finden: »Verantwortliches Handeln beinhaltet, gegebenenfalls Schuld und Fehler einzugestehen. Den moralischen Maßstab, den man an andere anlegt, muss man auch für sich selbst gelten lassen, also ›retroflektieren‹ können. Allerdings bleibt auch die Negation der Retroflektion eine Art Retroflektion: Man holt sich das, was man von anderen will – ›Entschuldung‹ bzw. ›Wertschätzung‹ –, aber nicht bekommt, nur durch sich selbst.«[69]

Menschen, die retroflektieren, versagen sich wohlwollende wie aggressive Impulse, unterdrücken die Wut, die sie auf ihre Partner*in oder Kolleg*in haben, und nehmen den traurigen Freund nicht in den Arm. Stattdessen drücken sich die Gefühle dann körperlich aus: Sie kratzen sich, schlagen mit der Faust gegen eine Wand oder verletzen sich durch Ungeschicklichkeiten.

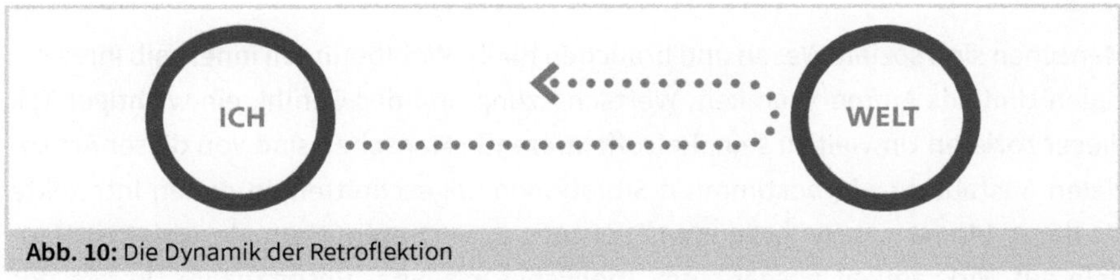

Abb. 10: Die Dynamik der Retroflektion

69 Dreitzel, P. (2004), S. 61 ff., und Polster, E.; Polster, M. (1992), S. 78 ff. und Lexikon der Gestalttherapie (2017), S. 246 (Kindle).

Dynamik der Retroflektion	
Verhalten der Mitarbeiter*in	**Psychologische Dimension**
• Die Körpersprache einer retroflektierenden Mitarbeiter*in äußert sich als nach außen drängende Energie, die gegen sich selbst umgelenkt wird (z. B. Zähneknirschen, sich kratzen, sich festhalten, aufstampfen). • Die Mitarbeiter*in erscheint undurchsichtig, als Geheimniskrämer. • Es ist schwierig, mir ihr ein flüssiges Gespräch zu führen. • Oder sie kann sehr mitteilungsbedürftig sein, was vom Eigentlichen ablenkt. • Oder sie sagt fast nie, was sie wirklich denkt. • Die Mitarbeiter*in reduziert Gesagtes auf das für ihr Gegenüber (!) Wesentliche. • Sie wird Kritisches möglicherweise nicht thematisieren (lässt andere raten, ob sie es wohl merken). • Man weiß oft nicht, woran man bei ihr ist. • Die Mitarbeiter*in sagt manchmal, dass alles in bester Ordnung sei, man spürt aber an Gestik und Mimik, dass das nicht stimmt. • Wenn erst einmal Vertrauen vorhanden ist, hat man eine zustimmende Partner*in gewonnen (aufkommende Probleme müssen aber vom Gegenüber angesprochen werden).	• Die Aggression wird nicht bearbeitet. • Der Konflikt wird vermieden. • Die Erregung (Aufregung) wird zurückgenommen. • Die retroflektierende Mitarbeiter*in wird als abgeschlossene Einheit wahrgenommen. • Es findet kein Austausch mit der Umwelt statt. • Die retroflektierende Mitarbeiter*in fügt sich selbst das zu, was sie einem anderen gern zufügen möchte. • Bedürfnisse des Kindes wurden frustriert. • Es findet ein innerer Kampf zwischen widerstreitenden Kräften statt. • Verschwiegene und zurückhaltende Menschen, die sehr vertrauensvoll sein können und sich nicht in den Vordergrund spielen, treten bescheiden, aber durchaus anspruchsvoll auf.

Unterstützung durch die Führungskraft

Geben Sie retroflektierenden Mitarbeiter*innen Aufgaben, die mit der Öffentlichkeit zu tun haben, zum Beispiel Präsentationen. Fragen Sie oft nach, wenn Sie ahnen, dass das Gesagte nicht alles sein kann. Ermuntern Sie die Mitarbeiter*in – besonders in Gruppen –, dass sie auch etwas sagen oder von sich mitteilen solle. Wenn Sätze kommen wie »Es ist schon alles gesagt«, haken Sie nach und bitten Sie Ihre Mitarbeiter*in, es dennoch in eigenen Worten zu sagen.

Sie werden vermutlich immer wieder die Situation erleben, dass Absprachen nicht funktionieren, weil die Person zu lange wartet, bis sie etwas abklärt, jemand mit einbezieht etc. Bitten Sie um eine Zwischenrückmeldung, die zeitlich (!) befristet ist, damit die Rückmeldung nicht vom Inhalt oder dem Klärungsbedarf abhängt. Sollte die retroflektierende Mitarbeiter*in signalisieren, dass alles klar oder in Ordnung sei, lassen Sie sich beschreiben, wo das Projekt steht, welche Fragen geklärt wurden, mit welchen Problemen zu rechnen ist usw. Damit werden Sie Ihre Mitarbeiter*in unterstützen, aktuelle Themen anzusprechen, ohne diesen Mangel an »Austausch zur rechten Zeit« zu thematisieren.

5 Handeln in Stresssituationen

von Anna Wittgrebe

5.1 Einführung

Stress in Krisenzeiten

Wirtschafts- und Finanzkrisen lösen bei den meisten Menschen Stress aus, wenn eine existenzielle Bedrohung damit einhergeht. Die aktuelle Pandemie ist so eine Krise. Mit Stress ist hier weniger der alltägliche Druck durch Ressourcen- und Zeitmangel gemeint. Es geht psychologisch und biologisch ums Überleben, wenn auch nur im psychischen Erleben vieler Menschen.

Robert Weisz hat sich ausdrücklich dafür ausgesprochen, dass Führungskräfte die besondere emotionale Belastung in solchen Zeiten sorgsam begleiten. Jeder Mensch habe nur eine begrenzte Energie zur Verfügung, um solche Krisen zu bewältigen. Das gilt natürlich für Führungskräfte gleichermaßen. Unter Stress würde Kommunikation schnell stereotyp und repetitiv werden. Das kann zu Irritationen und Konflikten führen, die sich nur auflösen lassen, wenn die Mitarbeiter*innen Licht am Ende des Tunnels sehen. Solange geht es dann um Rechthaben und andere Kommunikationsmuster.

Es ist fast unmöglich, dass zwei Personen das gleiche Geschehen gleich erleben. Gleiches gilt für Gesagtes. Der Empfänger der Botschaft bestimmt, was er gehört hat,[70] und das kann gänzlich abweichen, von dem, was intendiert war. Weisz ist davon überzeugt, dass Stress in Krisenzeiten nur zu bewältigen ist, wenn die Menschen an ein positives Erleben ihrer Kompetenz andocken können. Zur Verdeutlichung verwendet er das Bild eines Ertrinkenden, dessen Gehirn nicht mehr mit genug Sauerstoff versorgt werden wird, solange er unter Wasser ist, und es nur noch ums Überleben geht. Wenn Führungskräfte diese Not erkennen, sorgen sie automatisch für mehr »Sauerstoff«. Im Führungsalltag von Krisenzeiten ist Kommunikation,

70 Foerster, H. von, in: Gumin, H. und Meier, H. (1992), S. 85.

Begegnung, Austausch und vor allem Vertrauen sehr wichtig – Wachstumsmodus der Kommunikation nennt das Weisz.[71;72]

Krankenkassen empfehlen, was fast alle Mitarbeiter*innen längst schon wissen, ohne sich daran zu halten. Sich zu verändern, ist ein sehr kräftezehrender Akt. Die meisten Menschen beginnen erst damit, wenn Krankheit, Scheidung oder ähnliche Krisen ein Weggucken unmöglich machen. Alternativen hätten u. a. sein können:

- ausgewogen zu essen, sich regelmäßig zu bewegen und zu entspannen,
- das soziale Umfeld zu pflegen, Familie und Freunde aktiv einzubeziehen sowie
- Handy- und PC-freie Zeiten einzuführen.

Bei Pandemien, in denen Begegnung oft nur online stattfindet, Kontakte zum Teil nicht erlaubt sind und Partnerschaft und Elternsein zusätzlichen Druck erzeugen, helfen diese Empfehlungen leider nur bedingt. Die Besinnung auf eigene Stärken und gelungene Krisenbewältigung in der Vergangenheit können oft nicht wirkungsvoll abgerufen werden. Wenn es der Führungskraft allerdings gelingt, eine gute Energie in die Arbeit zu tragen, »werden die Mitarbeiter ein normales Energieniveau wiedererlangen und zugleich ihre Talentressourcen zurückgewinnen, um sich besser an die Situation und an die Menschen vor ihnen anpassen zu können«.[73]

Arbeitszeiten und das operative Handeln sind für sehr viele Menschen in den letzten 20 Jahren zu einem drängenden Problem geworden. Das war auch jenseits von Krisenzeiten der Fall. Die Verdichtung der Arbeit aus den verschiedensten Gründen führt oftmals in eine körperliche und psychische Sackgasse, aus der viele Menschen nur mit fremder Hilfe wieder herauskommen. Stichwort: Burnout, aber auch Bluthochdruck, Schlaf- und Essstörungen, Tinnitus und eine Reihe von Erkrankungen, mit denen der Körper auf mangelnde Ruhe, fehlenden Schlaf, Daueranspannungen oder Mangelernährung reagiert. Essen hat bekanntlich nicht unbedingt mit Ernährung zu tun. Viele Menschen suchen den Mangel außerdem durch Medikamente oder Alkohol auszugleichen, was langfristig wieder ganz andere Probleme erzeugt. Die

---

71 Robert Weisz, Professor für Organisationsverhalten und Organisationsentwicklung in einem Interview mit Dean Graham, erschienen in Forbes. Stand: September 2020.

72 Im Original: »... what I call the survival mode of communication.«

73 Im Original: »The conceptual answer is we have to give good energy to these people, in order that they go out of the stress – what I call the survival mode of communication – to go back in the normal mode of communication, what I call the growth mode of communication.«

Krankenkassen stellen seit Jahren fest, dass psychische Erkrankungen zunehmen und die Genesungsphase sehr viel länger dauert als bei körperlichen Krankheiten.

Christoph Sczygiel und ich haben im Laufe der letzten Jahre sehr viele Menschen getroffen, die ihre Arbeit sehr gern machen, die kein Problem darin sehen, ihre Arbeitszeit regelmäßig zu überschreiten, die bereit sind, am Wochenende, am Abend und in ihrem Urlaub beruflich präsent zu bleiben, wohlwissend, dass Erholung so wichtig für die Gesundheit ist. Wir haben von Mitarbeiter*innen gehört, dass ihre Chefs private WhatsApp-Gruppen gebildet haben, um sich mit ihnen weiterhin auszutauschen, weil ihre Unternehmen den Server am Wochenende ausschalten. Ganz selten fand das jemand unangemessen. Es kommt z. B. nicht selten vor, dass Mitarbeiter*innen auf Druck ihrer Vorgesetzten am Abend ihr Unternehmen verlassen, obwohl sie gern viel länger arbeiten würden. Einige berichten, sie würden nur mit der Absicht gehen, um spätestens, sobald ihr Vorgesetzter das Unternehmensgelände verlassen hat, wieder hineinzugehen, um weiter zu arbeiten – allerdings ohne einzustempeln. Zum einen ist es in der Tat die Lust an der Aufgabe, ganz häufig aber der Wunsch, einigermaßen druckfrei nach Hause gehen und dann abschalten zu können. Nun darf gefragt werden, ob jemand nach mehr als zehn Stunden Anwesenheit noch produktiv arbeiten kann und wie sich dieses Verhalten auf die Fehlerwahrscheinlichkeit auswirkt.

Führungshandeln findet in diesem Kontext statt. Das ganze psychologische Wissen und die Lebenserfahrung können sehr wertvoll sein, viele Tricks zu kennen und Abweichungen vom regelhaften Verhalten für den Arbeitsfrieden zu tolerieren – dennoch ist Führung nicht losgelöst von diesen Randbedingungen. Druck, Mitarbeitermangel, Arbeitsverdichtung und eine hohe Leistungsbereitschaft haben großen Einfluss – und jetzt auch noch eine Pandemie. Bestimmte Interventionen werden ins Leere laufen, wenn dieser Kontext Lösungen verhindert oder zumindest ausbremst. Arbeitsplatzsicherheit, Betriebs- und Personalräte sind eine sehr wichtige Errungenschaft, solange sie sich verantwortlich fühlen für die Mitarbeiter*innen, die ihren Beitrag fürs Ganze liefern wollen. Mir hat ein Manager erzählt, dass er eine Mitarbeiter*in ermahnt hatte, weil diese seit Wochen fast keine Ergebnisse mehr ablieferte und schließlich nach vielen Gesprächen und Unterstützungsangeboten selten mehr als sechzig Prozent erbrachte. Nach der mündlichen Ermahnung bekam er als Führungskraft Druck vom Betriebsrat, er möge diese Mitarbeiter*in in Ruhe lassen, sie sei schließlich schon dreißig Jahre im Unternehmen. Das sind keine Einzelfälle, obwohl ich weiß, dass viele Betriebs- und Personalräte eine gute und wertvol-

le Arbeit leisten, verhindern sie manchmal auch, dass Mitarbeiter*innen, die keine angemessene Gegenleistung für ihr Gehalt und das entgegengebrachte Vertrauen abliefern, mit Konsequenzen rechnen müssen. Das geht dann nur auf dem Rücken der Mitarbeiter*innen, die täglich unter »Voll-Last« fahren. Bei vielen Beispielen, die uns berichtet wurden, waren den Führungskräften die Hände gebunden, weil Unwillen der Personalabteilungen oder Chef-Chefs und eben auch das Arbeitsrecht den konsequenten Umgang mit Mitarbeiter*innen, die durch Minderleistung auffielen, vereitelten.

Es wäre konsequent und wünschenswert, die Mitarbeiter*innen so zu motivieren, dass sie ohne äußeren Antrieb ihre Arbeit bestmöglich machen. Natürlich müssen hier auch Versäumnisse oder Fehler der Unternehmen mitgedacht werden, »Mitarbeitertreue« ist keine Einbahnstraße. Wenn Mitarbeiter*innen jahrelang Versprechungen gemacht, diese aber nicht eingehalten werden, hat das natürlich Einfluss auf deren Leistungswillen – ich erwähne das hier, weil mir davon oft berichtet wurde –, sowohl von Führungskräften als auch von Mitarbeiter*innen. Das deutsche Arbeitsrecht stärkt nicht nur die Position der Mitarbeiter*in und gibt – anders als in vielen anderen Staaten, was zuletzt die Corona-Krise deutlich gezeigt hat – Sicherheit in der Lebensplanung und für den Arbeitsplatz, es wird jedoch immer wieder sehr großzügig ausgelegt. Die wenigen Mitarbeiter*innen, die dies tun, schaden der Glaubwürdigkeit dieser Rechte und der Instanzen, die sie für ihr Anliegen nutzen. Mehrstündiges Surfen im Internet oder häufiges privates Telefonieren kosten nicht nur Konzentration, sondern auch Arbeitszeit, die oft von anderen Kolleg*innen kompensiert werden müssen. Eine großzügige Regelung durch Arbeitgeber ist durchaus angemessen, die Möglichkeiten, das Verhalten zu kontrollieren oder einzuschränken, sind sehr begrenzt und haben in vielen Organisationen, mit denen wir zu tun hatten, bisher noch selten zu einer ausgewogenen Situation geführt. Hier sind psychologisch orientierte Führungskonzepte nahezu machtlos. Dieser Kontext erzeugt bei vielen Führungskräften sehr viel Druck und ist für einen Teil ihrer Dauerbelastung verantwortlich.

Betriebsvereinbarungen können eine gute Lösung liefern, weil sie Orientierung für Mitarbeiter*innen und Handlungssicherheit für Führungskräfte bedeuten, die hier reagieren wollen. In einer pluralistischen Gesellschaft Freiheiten zu beschränken ist nicht leicht. Das richtige Maß für alle Seiten zu finden, eine ziemliche Herausforderung, besonders wenn in einer Organisation viele unterschiedliche Arbeitsplätze

vorhanden sind. Am Fließband machen andere Regeln Sinn als in Forschungsabteilungen oder im Büro, es geht dann um die Frage der Angemessenheit und weniger um die der Gerechtigkeit.

Menschen erleben Drucksituationen sehr unterschiedlich, was der einen Mitarbeiter*in einen willkommenen Schub gibt, setzt die andere so unter Druck, dass ihre Handlungsfähigkeit leidet. Auch hier würde man in der persönlichen Lerngeschichte Antworten finden. Ob die Führungskraft die richtige Person dafür ist, die Frage nach der Lerngeschichte zu stellen, kommt auf den Einzelfall an. Nicht immer die passenden Antworten zu kennen, ist auch stressfördernd.

5.2 Der gesunde Umgang mit Stressoren

In zahllosen Büchern finden wir Empfehlungen dafür, wie Menschen gut mit Stress umgehen könn(t)en. Immer wieder taucht in diesem Kontext die Frage auf, weshalb es Menschen gibt, die viel arbeiten und dennoch niemals in die Nähe eines Burnouts geraten, während andere plötzlich mittendrin stecken, obwohl sie gern und auch gern lange gearbeitet, die damit einhergehende Erschöpfung aber niemals wahrgenommen hatten.

Einige Aspekte der Transaktionsanalyse sind in Kapitel 3 bereits besprochen worden. Hier wird nun ein weiterer Teil dieses Modells vorgestellt.

Die Antreiber oder Stressoren

Eine Grundannahme der Transaktionsanalyse ist, dass Menschen das Bedürfnis haben, in ihrem Handeln gesehen, anerkannt und unterstützt zu werden. Dafür sind sie bereit, eigene Interessen in den Hintergrund zu stellen wie z. B. Freizeit und Gesundheit. Diesen inneren Motor nennen die Transaktionsanalytiker »innere Antreiber«. Das Besondere dieser Antreiber ist, dass sie uneingeschränkte Gefolgschaft »erzwingen«, ohne eine Obergrenze für die Antreiber mitzuliefern. Je stärker jemand sich an die Gefolgschaft gebunden fühlt, desto schwächer wird sein Widerstand sein, desto weniger wird er sich verweigern.

Die fünf häufigsten Antreiber sehen Sie hier in einer Übersicht.

Antreiber 1: Sei perfekt!

Innere Vorgabe	Sei absolut gründlich, genau und präzise, liefere möglichst immer mindestens 100 %.
Erreichbarkeit	Selten, Obergrenze unbekannt.
Nachteil	Ziel unerreichbar, sehr arbeitsintensiv, Arbeit dauert zu lange.
Positiv	Zielgenau, gründlich, zuverlässig.

Antreiber 2: Streng dich an!

Innere Vorgabe	Streng dich maximal an, nur wenn du an Grenzen stößt, hast du dich dem Genug angenähert.
Erreichbarkeit	Selten, Obergrenze unbekannt.
Nachteil	Vernachlässigt eigene Bedürfnisse, gehetzt, fühlt sich ungenügend, wertet sich selbst ab.
Positiv	Proaktiv, initiativ, aufmerksam.

Antreiber 3: Beeil dich!

Innere Vorgabe	Nicht lange überlegen, machen und zwar so schnell wie möglich, trödeln geht zu Lasten von Schnelligkeit und führt zu unzufriedenen Chef*innen, Kund*innen und mir selbst.
Erreichbarkeit	Kaum, Obergrenze unbekannt.
Nachteil	Übersieht schnell Wichtiges, macht Flüchtigkeitsfehler, wirkt oberflächlich, ist überall und nirgends.
Positiv	Zeitbewusst, schnelle Auffassungsgabe, pragmatisch.

Antreiber 4: Mach's anderen recht!

Innere Vorgabe	Sorge dafür, dass alle zufrieden sind und möglichst das Unerwartete bekommen. Überrasche die anderen mit der maximalen Dienstleistung, keiner soll sich beschweren, alle sollen begeistert sein. Je mehr du dich an den Bedürfnissen der anderen orientierst, desto besser wirst du ihnen helfen können. Hohes Anpassungsvermögen, geringe Fähigkeit, Konflikte auszutragen.
Erreichbarkeit	Eher selten, Obergrenze für Begeisterung unbekannt.

Nachteil	Darf nicht nachfragen, muss viel raten, fühlt sich nicht gesehen, Selbstverleugnung.
Positiv	Empathisch, aufmerksam, zugewandt.

Antreiber 5: Sei stark!

Innere Vorgabe	Zeige niemals Schwäche, kämpfe auch, wenn es unmöglich erscheint, das Ziel zu erreichen. Haltung: Krankheit ist etwas für Schwache, verachtet Menschen, die jammern, zeigt selten Gefühle.
Erreichbarkeit	Selten, Obergrenze unbekannt.
Nachteil	Arrogant, will alles selber machen, kann keine Hilfe annehmen.
Positiv	Mutig, kämpferisch, hohes Durchhaltevermögen.

Bestimmte Faktoren begünstigen, dass die inneren Antreiber so mächtig sind:
- unerfüllbare Vorgaben
- unklare Erfolgskriterien
- große Verantwortung unter Zeitdruck
- langweilige Routinen
- mangelnde Kontroll- und Einflussmöglichkeiten
- ständige Unterbrechungen des Arbeitsablaufes
- schlechtes Betriebsklima, Konflikte mit Vorgesetzten und Kolleg*innen
- Angst um den Arbeitsplatz[74]

Wenn Sie viel in Projekten arbeiten, empfiehlt Andrea Windolph:
- Reagieren Sie möglichst gelassen auf akuten Stress.
- Geben Sie eigenen Stress nicht an Ihr Team weiter.
- Sie sollten Ihre Kompetenzen kennen und darauf vertrauen, Probleme lösen zu können.
- Bewahren Sie Ruhe, wenn der Rest chaotisch reagiert, bauen Sie Pausen ein.
- Lassen sich nicht von unklaren Zukunftsaussichten zur Verzweiflung treiben, sehen Sie das Positive der Zusammenarbeit und die Erfahrung der Gruppe.
- Arbeiten Sie gezielt an den Dingen, die sie kontrollieren können – und akzeptieren Sie den Rest.[75]

74 Siehe Liste im Literaturverzeichnis: Thema Burnout.
75 https://projekte-leicht-gemacht.de/blog/pm-in-der-praxis/stressmanagement-techniken-in-krisenzeiten/.

5.3 Stress als Wachstumschance[76]

Die Forschung zu Stress hat sich in den letzten dreißig Jahren stets weiterentwickelt. Wie in der Forschung üblich, gab es viele Irrtümer und Sackgassen. Dennoch sind die Arbeiten einiger Forscher*innen zu vielversprechenden Ergebnissen gekommen. »Die beiden Studien von Aaron Antonovsky und Emmy Werner sind dabei nur die berühmtesten Beispiele aus der Stressforschung, die zeigen, dass auch chronischer Stress nicht immer krank machen muss. Es gibt inzwischen sehr viele Studien, die zeigen, dass Menschen auch unter chronischem Stress sehr wohl gut gedeihen können.« In diesem Kontext ist der Begriff der **Resilienz** von großer Bedeutung, den Antonovsky **Salutogenese**[77] genannt hat. Hier geht es um den Erhalt und die Gewinnung von Gesundheit auch unter schwierigen Lebensbedingungen. Die Art und Weise, wie diese Stressbewältigung und dazugehörige Strategien lebendig werden, wird als **Coping** bezeichnet.

»Offenbar kann Stress [...] zu unterschiedlichen Reaktionen führen und damit auch unterschiedliche Folgen haben. Ein Teil der Erklärung dafür liegt wohl darin, wie Betroffene in der Stresssituation die Risiken und ihre eigenen Bewältigungsressourcen bewerten. Das erklärt aber nur, warum akuter Stress oft gut bewältigt werden kann. Was fehlt, ist eine einfache Erklärung dafür, warum auch chronischer Stress, wie z. B. die Gefangenschaft in einem Konzentrationslager, nicht alle Menschen völlig zerbricht.«[78] Diese Extrembelastungen sind deshalb oft im Fokus bestimmter Stressforscher gewesen. Jähner[79] beschreibt sehr anschaulich in seinem Buch Wolfszeit, dass die Menschen in den Jahren 1945 bis etwa 1948 extremem Stress ausgesetzt waren, also in der zum Teil lebensbedrohlichen Nachkriegszeit, in der manche Menschen zugleich exzessiv lustvoll ihr aktuelles Leben lebten. Sie ließen sich weder von Hungersnot, fehlenden Wohnungen, Kälte noch von marodierenden Soldaten davon abhalten. Ähnliche Phänomene ließen sich während des ersten Lockdowns im Frühsommer 2020 und im Herbst des gleichen Jahres beobachten. Es gab Gruppen vor allem jüngerer Menschen, die sich in Kellern, an meist geheimen Orten oder in Parks durch nichts aufhalten ließen, ihren Lebenshunger zu stillen. Beide Phänomene lassen auf eine Art Angstbewältigung schließen, ein Kick, etwas zu finden, was mit

76 Douma, Y. (2020), Link siehe Literaturverzeichnis.
77 Antonovsky, A. (1997).
78 Douma, Y. (2020), Link siehe Literaturverzeichnis.
79 Jähner, H. (2019): Wolfszeit.

Stress zu tun haben könnte, lässt sich nicht so einfach bestätigen. Um bei der Metapher des Ertrinkenden zu bleiben: Nach der Rettung kann man ja überlegen, ob man abends noch ins Kino geht.

Alia Crum und ihre beiden Kollegen, Peter Salovey und Shawn Achor, stellen »der situationsspezifischen Stressneubewertung eine generische, also allgemeine, situationsunspezifische Stressbewertung an die Seite. Sie setzen bei etwas an, was sie als »Stress-Denkweise« (Stress-Mindset) bezeichnen: Beim konventionellen Stress-Mindset von »Stress ist schädlich« (stress is debilitating) und beim unkonventionellen Stress-Mindset von »Stress ist förderlich« (stress is enhancing).

Crum und ihre Kollegen gehen dabei auch von einer neuen, nicht mehr primär körperbezogenen Stressdefinition aus: »Stress ist [...] die Erfahrung, Widrigkeiten in seinen zielgerichteten Bemühungen zu begegnen oder zu antizipieren.«[80] Vereinfacht ausgedrückt: Menschen sind gestresst, wenn sie erfahren oder denken, dass sie nicht erreichen können, was sie sich wünschen. Oder anders: Wenn Menschen Ziele erkennen, die erreichbar sind, wird sie das motivieren, ihnen Kraft geben und kaum Stresserleben hervorrufen. »Stressoren lassen sich nach Vermeidbarkeit unterscheiden. Es gibt den vermeidbaren Stress, den wir uns selbst und anderen antun, – und es gibt den unvermeidbaren Stress, der einfach zur menschlichen Existenz dazu gehört.«[81]

Jeder weiß, dass der Spielraum für Gelassenheit extrem eng wird, wenn sich Stress auf allen Lebensebenen abspielt. Es ist deshalb eine große Unterstützung, wenn wir »rücksichtsvoll mit uns selbst und anderen umgehen [...], um den vermeidbaren Stress soweit wie möglich zu reduzieren.

Es macht wenig Sinn, Menschen [...] zu erklären, dass sie Angst vor dem unvermeidbaren Stress haben sollten, weil dieser sie unweigerlich krank machen würde – das ist nicht nur unwahr nach den jüngeren Erkenntnissen der Stressforschung, es erzeugt eben auch [...] Sekundärstress.

80 Douma, Y. (2020), Link siehe Literaturverzeichnis.
81 Douma, Y. (2020), Link siehe Literaturverzeichnis.

Dabei zeigte sich, dass die Probandinnen und Probanden mit dem Stress-is-enhancing-Mindset signifikant günstigere physiologische Reaktionen auf Stressoren aufwiesen und dabei leistungsfähiger waren als diejenigen mit dem Stress-is-debilitating-Mindset.«[82] Das wird in ähnlicher Form von anderen Forschungsergebnissen bestätigt. Sich in schwierigsten Lebenssituationen zu behaupten und nicht unterzugehen wird begünstigt durch eine »stärkere internale Kontrollüberzeugung, ein positives Selbstkonzept, eine sorgsamere, verantwortungsbewusste und erfolgsorientierte Lebenseinstellung, sowie ein Kohärenzempfinden in ihrem Leben und die Fähigkeit, eine Anzahl von informellen Quellen der Unterstützung anzuzapfen.«[83]

Die Forscherin plädiert dafür, den Stress willkommen zu heißen.

Für die Strategie, den eigenen Stress willkommen zu heißen, gibt es nach Crum sogar mehrere gute Gründe:

Erstens macht der Schritt, sich Stressoren zu nähern, statt sich von ihnen zu entfernen, sie ironischerweise weniger bedrohlich. Strategien, mit denen Menschen sich emotional vom Stress zu entfernen versuchen, wie beispielsweise das Unterdrücken von oder das Grübeln über Stress, sind oft kontraproduktiv. Das Unterdrücken von unerwünschten Gedanken kann diese paradoxerweise verstärken. Das Grübeln kann die Problemlösungsfähigkeiten beeinträchtigen, die soziale Unterstützung verringern oder sogar zusätzliche kognitive Verzerrungen hervorrufen.

Wie eine Reihe von Studien mit Menschen, die in irgendeiner Form über ihren Stress kreativ schreiben, gezeigt hat, kann der Schritt, den eigenen Stress willkommen zu heißen und ihm sogar entgegenzugehen, dazu beitragen, Angst zu reduzieren, die Gesundheit zu fördern und das eigene Kontrollgefühl zu verbessern.

Zweitens kann der Schritt, den eigenen Stress zu begrüßen, zu mehr Sinnerleben im eigenen Leben beitragen. Das hat damit zu tun, dass sich Stress, wie bereits zuvor beschrieben, definieren lässt als die Erfahrung, Widrigkeiten bei der eigenen Bedürfniserfüllung vorwegzunehmen oder zu erleben. Wenn Sie genau wissen, was Ihnen

82 Douma, Y. (2020), Link siehe Literaturverzeichnis.
83 Antonovsky, A. (1997), S. 56.

wichtig ist und warum, werden Sie sich von Hindernissen nicht aufhalten lassen, sondern Wege um diese Hindernisse herum finden.[84]

Die Arbeitsbelastung hat in den letzten 20 Jahren deutlich zugenommen. Eine relativ aktuelle Umfrage[85] hat auch gezeigt, dass das Arbeitstempo abgenommen hat. Die Gleichzeitigkeit vieler Aufträge belastet, dagegen wird die Erreichbarkeit in der Freizeit und im Urlaub nicht als belastend wahrgenommen, sie verhindert aber oft, dass Entspannung eintritt. Die Pandemie 2020/2021 wurde von vielen Menschen als Stressmacher erlebt, für den es bisher keine Routinen gab. Ebenso viele haben kreative Lösungen in zum Teil bedrohlichen Situationen geschaffen. Ein positives Mindset ließ sich in der Musik oder im Applaudieren auf Balkonen, beim Zusammenspielen in großen Gruppen auf große Entfernung oder bei kleinen Wohnzimmerkonzerten oder durch das Kochen für Menschen, die im Krankenhaus arbeiten, entdecken. Die positive Haltung drückt sich in großer Kreativität aus. Virtuelle Spaziergänge, Online-Yoga und schließlich viele Homeoffice-Varianten mit und ohne Kinder. Die Vielfalt an Lösungen, den Stress umzuleiten, sind großartig umgesetzt worden – gleichzeitig starben sehr viele Menschen in Europa und anderen Erdteilen und jeden hätte es treffen können. Mehr Stress geht kaum. Auch Verschwörungstheorien dienen der Angstbewältigung. Bestimmte Stressoren lassen sich nicht umgehen, für das positive Mindset können wir weitestgehend selber sorgen.

Ganz grob kann gelten: Kommunikation, der kontinuierliche Austausch auch über große Distanz, Anteil nehmen am anderen, Interesse zeigen, zuhören, Zeit für sich nehmen, für Kontemplation mit Yoga oder Meditation sorgen, wertvolle Nahrung zu sich nehmen und gelegentlich nicht erreichbar sein oder nicht immer sofort antworten. Also nichts Neues. Die Information zu diesem Wissen könnte jedem bekannt sein, der sich bisher dafür interessiert hat. Aus der Fülle der Informationen das Passende herauszufiltern, ist jedoch eine große Herausforderung. Relativ neu in der Stressforschung ist der Ansatz des Neurobiologen Andrew Huberman, der an der Stanford University forscht:

»Sehen und Atmen sind ohne Frage die schnellsten und offensichtlichsten Wege, um autonome Erregung zu steuern. Die Art und Weise, wie wir atmen, wirkt sich sehr

84 Douma, Y. (2020), Link siehe Literaturverzeichnis.
85 BIBB/BAuA-Erwerbstätigenbefragung 2018.

stark auf unseren Stresszustand aus. Daten zeigen, dass Menschen und Tiere während des Schlafs und unter beengten Umständen so genannte physiologische Seufzer ausstoßen, das heißt: doppeltes Einatmen gefolgt von Ausatmen. Kinder tun das, wenn sie schluchzen. Zwei oder drei physiologische Seufzer sind der schnellste bekannte Weg, die autonome Erregung wieder auf ein normales Niveau zu bringen.«[86]

Dass Durchatmen hilft, ist natürlich bekannt. Welche Wechselwirkungen sich in unserem Gehirn beim Atmen noch so abspielen, ist noch relativ unbekannt.

Wenn es Menschen gelingt, einigermaßen im Einklang mit sich selbst zu leben, dann deshalb, weil sie diese vier Bereiche ihres Lebens aktiv angehen:

- Aufmerksamkeit auf gute Beziehungen
- Selbstwirksamkeit in ausreichendem Maß
- Stressregulation
- ein subjektives Gefühl von Kohärenz[87]

»Wenn es uns gelingt, erfüllte Beziehungen zu gestalten, Belohnungen und Stress in einem gesunden Verhältnis zueinander zu halten und das mit einem Gefühl der Stimmigkeit des eigenen Lebensentwurfes zu untermauern, dann fühlen wir uns wohl. Da sich ein solches Gleichgewicht nicht von selbst einstellt, sollten wir unsere Bedürfnisse kennen.«[88]

Das Kennenlernen eigener Bedürfnisse setzt einen lebenslangen Austausch mit sich selbst und unserer relevanten Umwelt voraus und der wichtigste Schlüssel heißt Kommunikation. Der Sinn unserer Worte bildet sich beim Sprechen durch die Lücke bzw. Pause zwischen den einzelnen Wörtern ab. Hier ist dann auch die große Nähe zum Atmen zu finden.

Krisen sind also auch eine große Chance, viele Dinge unseres Lebens auf den Prüfstand zu stellen und ab und zu einen Ort aufzusuchen, an dem wir noch nie waren. Es versteht sich von selbst, dass es sich nicht um geografische Orte handelt.

86 https://www.spektrum.de/news/mit-der-richtigen-atmung-und-weitem-blick-stress-abbauen/1813064.
87 Thomashoff, H.-O. (2017), siehe dort Kapitel 7 (eBook).
88 Thomashoff, H.-O. (2017), siehe dort Kapitel 7 (eBook).

6 Führen in Krisenzeiten

6.1 Covid-19 – Führen auf Distanz

Kaum ein Ereignis der letzten 100 Jahre hat die Welt so nachhaltig erschüttert, so deutlich die Abhängigkeit von Wirtschaft, Krankheit und Vorsorgemaßnahmen durch Krankenkassen und Arbeitslosenversicherung aufgezeigt wie Covid-19. Nur die Spanische Grippe, die ihren Ursprung in den USA hatte, kann in ihrer weltumspannenden Auswirkung als Vergleich dienen. Sie ging allerdings mit dem Ersten Weltkrieg einher und traf wahrscheinlich überwiegend europäische und amerikanische Familien. Nur der Zweite Weltkrieg kostete noch mehr Menschenleben weltweit als die Spanische Grippe – mehr als 60 Millionen Menschen.

Das Virus SARS-CoV-2 erzeugt die Lungenkrankheit Covid-19 und spätestens seit Mitte März 2020 ist anerkannt, dass es sich um eine Pandemie handelt. Ab Mai 2020 zeichnete sich ab, dass auch andere Organe betroffen sein würden. Diese Tatsache hat zur Folge, dass manche Genesenen langfristig an den Folgen leiden. Es ist ähnlich dramatisch, wenn auch nicht auf der körperlichen Ebene, dass Covid-19 bei vielen Menschen große Angst auslöst. Denn sie müssen von heute auf morgen und ohne Vorbereitung die Situation der wirtschaftlichen Not, Zwangsbeurlaubung, Kurzarbeit oder die Bedrohung von Arbeitslosigkeit in den Griff bekommen. Viele von ihnen haben zusätzlich die Herausforderung, ihre Kinder über Wochen bei Laune zu halten und manchmal parallel im Homeoffice, also zu Hause zu arbeiten.

Was macht eine Führungskraft, deren Mitarbeiter*innen nicht mehr am Arbeitsplatz sind, sondern zu Hause mit häuslicher Mehrfachbelastung? Es gibt auch jetzt schon Führungskräfte, die auf Distanz führen müssen, weil ihre Teams in verschiedenen Städten oder Ländern arbeiten. Die Situation ist insofern eine andere, weil die meisten Menschen, die das betrifft, an nur einem Standort arbeiten und dennoch soweit es ging, ihre Arbeit zu Hause erledigt haben. Hinzu kommt, dass die Situation nicht selbst gewählt ist und vielen die Ungewissheit Angst macht. Wie groß diese Angst ist, kann man gut auf den Demonstrationen wahrnehmen, die vorgeben, für Bürgerrechte einzutreten oder vor einer Diktatur zu warnen und Freiheit auf Selbstbestimmung einzufordern. In Staaten, deren soziale Absicherung schlecht oder gar nicht vorhanden ist, kann man diese berechtigte Angst, Arbeitsplatz und Wohnung zu verlieren, auch gut nachvollziehen. Sicherheitsbedürfnisse nach gesundheitlicher Unversehrt-

heit einerseits und das gleichwertige Bedürfnis auf einen sozialen Platz in der Gesellschaft andererseits, der durch Einkommen und Wohnung möglich wird, lassen sich oft nicht vereinbaren. Die Sicherheit, sich vielleicht anzustecken und glimpflich davonzukommen, gibt es nicht, dem Teufelskreis zu entkommen, ist fast nicht möglich. Die meisten europäischen Länder können ihren Bewohnern soziale Sicherheit anbieten, jedoch nicht garantieren, sich nicht anzustecken.

Wie erleben Führungskräfte die Corona-Krise?
Um das Spektrum an Fragestellungen zu erfassen, habe ich zwischen Mai und Oktober 2020 etwa sechzig Führungskräfte im Rahmen von Trainings, im Coaching und auch im privaten Kontext nach ihren Erfahrungen befragt. Hier eine Auswahl der Antworten:

- »Der soziale Kontakt fehlte und internetbasierte Medien können das nur bedingt auffangen.«
- »Mitarbeiter*innen können sich arrangieren, weil sie auch vorher schon flexibel waren.«
- »Mitarbeiter*innen rebellieren, weil sie sich weder auf die neuen Kontaktformen einstellen können noch wollen.«
- »Einige lassen sich krankschreiben, um dem Druck zu entkommen.«
- »Einschränkungen in der persönlichen Weiterentwicklung werden jetzt besonders deutlich.«
- »Interessanterweise haben einige Mitarbeiter*innen die Situation genutzt, um ihre eigenen Führungskräfte bei ihren Chef-Chefs zu diskreditieren.«
  Dies war besonders dann der Fall, wenn sie die Veränderungen, die ihnen in den letzten Wochen und Monaten »zugemutet« wurden, als besonders belastend erlebt haben. Im Interview ging es um Verwaltungsmitarbeiter, die sich mit Ende 50 gegen jede Art von Veränderung gewehrt hatten. Einige Hilfsangebote wurden sogar als Nötigung erlebt. Allein schon die Begriffe lassen das Angstpotenzial erahnen, das dort dicht unter der Oberfläche schlummert.
- »Soziale und intellektuelle Unterschiede werden noch deutlicher: Flexibilität und Auseinandersetzung mit anderen Kontakt- und Arbeitsformen (Internetmedien) nimmt deutlich ab oder zu.«
- »Bei manchen Mitarbeiter*innen macht es kaum einen Unterschied, ob sie von zu Hause aus oder im Büro arbeiten.«
- »Andere Mitarbeiter*innen sind mit der fehlenden äußeren Struktur so überfordert, dass sich das auch in der Qualität ihrer Arbeit abbildet.«

Auch Führungskräfte selber zweifelten an der Durchführbarkeit ihres Auftrags, besonders dann, wenn die persönliche Ansprache als ein Teil ihres Erfolgskonzeptes verstanden wurde. Ihnen wurde klar, dass einige Mitarbeiter*innen verunsichert sind und andere sich »endlich« verselbstständigen konnten, was ein Verlust der Steuerung bedeutete. Hier wurden auch Selbstzweifel der Führungskräfte sichtbar. Sie fragten sich, ob ihr bisheriges Verständnis von Führung noch passte.

6.2 Führen in sozial unsicheren Zeiten

Wer bisher im Homeoffice arbeiten wollte oder durfte, sah sich immer wieder mit der Frage konfrontiert, ob er die Zeit zu Hause auch wirklich gut einsetzen würde. Diese Frage bewegte auch viele Führungskräfte, mit denen ich in den letzten Jahren zu tun hatte. Der Dreh- und Angelpunkt ist das Maß an Vertrauen, das Sie oder Ihre Organisation Ihren Mitarbeiter*innen entgegenbringen will und kann. »Vertrauensbildung setzt voraus, dass eine Annahme über eine Kompetenz, die erwartet wird, oder ein Verhalten, das man als angemessen empfindet, auch tatsächlich stattfindet oder erfüllt wird. Müller-Stevens und Lechner sprechen in Bezug auf Führung hier von »symbolischer Führung«.[89] Das zuverlässige Handeln einer Führungskraft schafft Vertrauen. Vertrauen ist gewissermaßen ein Aspekt von Kommunikation, eine Interaktion zwischen Personen, die »zuversichtliche positive Erwartung«[90], die zwischen ihnen existiert und von der der Vertrauende annimmt, dass sie vom Gegenüber nicht mutwillig aufs Spiel gesetzt wird. Es gibt viele inzwischen gut belegte Untersuchungen, die eine deutliche Konvergenz aufzeigen, wie sich sozial positive Zuwendung auswirkt. Die Botenstoffe Oxytocin und Dopamin sind so etwas wie »Motivationsdrogen«[91], die uns zu kooperativem Verhalten »zwingen«. Indirekt verhelfen sie uns auch dazu, dass es sich lohnt, jenes Risiko einzugehen, das wir für mehr Vertrauen brauchen. Die Tatsache, dass Menschen gern kooperieren, minimiert dieses Risiko. Die weit verbreitete Annahme, dass Menschen in erster Linie ihrem genetischen Code folgen, also nur deshalb vertrauensvoll oder eher misstrauisch im sozialen Kontext erlebt werden, ist mehrfach widerlegt worden. Man weiß inzwischen, dass Menschen u. a. durch frühkindliche Trennungserlebnisse genetische Veränderungen durchlaufen, die Auswirkungen auf alle Lebensbereiche haben und sie lebenslang

89 Müller-Stevens, G.; Lechner, C. (2005), S. 400.
90 Oswald, M. (2010), S. 64.
91 Bauer (2006), S. 46.

begleiten.[92] Führungskräfte, denen es gelingt, dieses Vertrauen zu erbringen, ihr eigenes Kontrollbedürfnis zugunsten einer Belastbarkeit von virtuellen Arbeitsbeziehungen zurückzustellen, sind klar im Vorteil. Dies immer wieder unter Beweis zu stellen, wird Sie als Führungskraft viel Bewusstheit (Awareness) kosten, besonders auch dann, wenn Sie neben Leistungsträgern unterschiedlichster Art, Abwägungen von Präsenz treffen müssen. Wen wollen Sie, so oft es geht, im Büro sehen, wen rufen Sie häufiger an oder fragen Sie häufiger um seine oder ihre Meinung und wen lassen Sie länger als andere ausschließlich im Homeoffice arbeiten.

Für Mitarbeiter*innen besteht die Herausforderung darin, zugleich in Konkurrenz zu ihren Kolleg*innen zu stehen und für die Führungskraft sichtbar zu werden. Dafür bedarf es kreativer Lösungen, die auch von deren Charakter bestimmt werden. Wenn Sie klare Regeln von Präsenzzeiten, der Erreichbarkeit oder Kommunikationsregeln einführen können, werden diese Ihnen den Rücken freihalten. Wie gut Ihnen das gelingt, ist auch abhängig von der Zeit und Intensität der realen Begegnung, denn nur dort entsteht Kontakt und Beziehung.

Die Pandemie 2020/2021 hat viele Menschen ins Homeoffice katapultiert. Von heute auf morgen sind virtuelle Begegnungen die Regel geworden. Besonders diejenigen haben die Grenzen dieser Arbeitsform erlebt, deren Wohn- und Lebenssituation nicht gerade zum Homeoffice einladen, weil es z. B. kein häusliches Büro gibt oder (kleine) Kinder die Aufmerksamkeit in eine andere Richtung lenkten und Partner*innen ebenfalls zu Hause bleiben mussten. Wer irgendwie konnte oder durfte, ist so oft es geht doch lieber ins leere Büro ausgewichen. Viele Führungskräfte sahen sich plötzlich einer Situation gegenüber, die sie weder selbst gewählt hatten, noch hätten sie je gedacht, sie zulassen zu müssen. Während bisher das Homeoffice ein Privileg für die Mitarbeiter*innen und manchmal auch ein Machtinstrument der Führungskraft war, mussten gerade sie sich damit arrangieren, fast ausschließlich mit Führung beschäftigt zu sein und weniger im operativen Geschäft. Im Gegensatz zur Kurzarbeit, die überschaubar ist, tritt Operatives deutlich in den Hintergrund, der Mitarbeiter aber auch. Viele Gespräche mit Führungskräften während der ersten Hochphase der Pandemie im April und Mai 2020 offenbarte Führungsfragen, die sich immer wieder um den Themenkreis Angst, Verlust, Unsicherheit und Krankheit drehten – sowohl bei den Mitarbeiter*innen als auch bei den Führungskräften selbst.

92 Ebd., S. 130 ff. und Sczygiel (2017), S. 96.

Ab und zu drückte sich dieses Thema auch im Verhalten aus: Mitarbeiter*innen meldeten sich im Homeoffice krank, die sonst nur selten krank waren (möglicherweise eine Form der Retroflektion, vgl. Kapitel 4.2.4), Mitarbeiter*innen nutzten die Abwesenheit der Vorgesetzten, um ihrer Angst projektiv Ausdruck zu verleihen, und begannen, die sogenannten Schwächen ihrer Führungsverantwortlichen als sichere Erkenntnis zu verkaufen und das Ende einer Ära einzuläuten. Darauf angesprochen, konnten sie sich selbst nicht erklären, wie sie zu dieser Ansicht gelangen konnten. Selbst erfahrene Führungskräfte mussten sich fragen (lassen), welchen Sinn (Purpose[93]) Arbeit in solchen Zeiten habe. Hierauf gibt es logischerweise keine richtigen Antworten, es macht aber deutlich, dass diese Mitarbeiter*innen sich in der Adresse geirrt haben könnten, denn diese Frage passt eher in den Kontext einer Lebensberatung und nicht zur Führungskraft. Wenn es eine neue Rolle in Krisen braucht, dann kommt Führungskräften zunehmend auch die Aufgabe zu, sinnstiftend für alle operativen Themen zu sein. Sinn hat dann immer sowohl eine emotionale als auch sachlich-inhaltliche Dimension. In Krisenzeiten werden offenbar auch hierarchische Unterschiede flacher und der Bedarf an Sicherheit wächst, den die Führungskraft geben solle und in Krisenzeiten auch geben kann, wenn sie denn will. Wenn Ihnen die Kurve der Veränderungen vertraut ist, sehen Sie besonders am Anfang einer Krise Mitarbeiter*innen, die sich fragen, wozu sie sich jahrelang vorrangig mit Ausbildung, Arbeit und Geldverdienen beschäftigt haben. Die Pandemie hat also nicht nur für Verunsicherung gesorgt, sondern auch ein Innehalten ermöglicht, sofern die Angst vor der Zukunft nicht zu mächtig geworden war.

Psychologische Antworten sind möglicherweise einfach, die Umsetzung ziemlich anspruchsvoll. Sie werden entdecken, dass viele Menschen mit umfangreichen häuslichen Aktivitäten auf diese Krise reagiert haben, was die langen Schlangen zu Schrottplätzen und Verwertungshöfen sichtbar gemacht haben. Sehr viele Produkte waren ausverkauft oder nur noch zu überhöhten Preisen zu haben wie Headsets aber auch Gartenstühle. Es passt zu Krisen und Veränderungsphasen, dass Menschen nicht resignieren, sondern zunächst aktiv werden. Die Krisen kommen meist später, wenn die Aktivität ins Leere läuft oder keine positive Veränderung bringt. Eine Ausdrucksform dieser Krisenstimmung könnte bei den Gruppen zu beobachten sein, die Verschwörungen hinter Covid-19 und dem Lockdown erkannt haben wollen. Einschränkungen in einem solchen Ausmaß haben die meisten Menschen noch nie

93 Vgl. Moeller, M.; Fink, F. (2020).

erlebt, auch die politisch Verantwortlichen nicht. Dahinter Böses zu vermuten, setzt ein gehöriges Maß an einem innewohnenden Misstrauen voraus, das sein Unwesen als Introjekt treibt und sich projektiv u. a. in Verschwörungstheorien abbildet. Zumindest kurzfristig könnten Erklärungsversuche zur Beruhigung beitragen. Unterm Strich sind sie jedoch nicht belastbarer als die Annahme, dass zornige Götter hinter Gewitterdonnern stecken könnten. Führungskräfte können mit einem klaren Rahmen und möglichst klaren Absprachen viel »halten«. Hierarchie zu nutzen, um Sicherheit zu geben, dürfte eine neue Erfahrung sein.

! **Tipp: Psychologisch relevant führen**

- Seien Sie so klar wie möglich, wenn Sie über die Zukunft Ihrer Organisation oder Ihres Teams gefragt werden. Vermeiden Sie Beschönigungen, aber auch die Überbewertung der Situation. Oft ist es die Wahrheit, die Sicherheit schafft, und nicht Versuche, der Realität das Antlitz von Harmlosigkeit zu geben.
- Hilfreich ist auch, wenn Sie aus einer Zuversicht heraus handeln, jedoch nicht vorgeben, einen Plan zu haben, und dennoch Maßnahmen einleiten und Strukturen für die aktuelle Zeit schaffen.
- Auch Krisen erhöhen Komplexität, weil Routinen dafür fehlen. Der Arbeit und dem Handeln Sinn zu geben, erhöht die intrinsische Motivation von Mitarbeiter*innen und entlastet sowohl sie als auch die Führungsverantwortlichen.
- Kommunikation schafft Kontakt und meistens auch Sicherheit. Führen Sie temporäre Möglichkeiten für Begegnungen ein: z. B. ein virtuelles kurzes morgendliches Treffen über ein digitales Medium, wenn keine Anwesenheit erlaubt oder möglich ist. Schaffen Sie auf diese Weise eine kurze Möglichkeit, die Stimmung im Team einzufangen, z. B. mit einem »Daily Scrum Meeting«[94] jeden Morgen vor Beginn der Tagesroutine. Auch das heißt »einen Rahmen geben«.

Alle in diesem Buch beschriebenen Persönlichkeitsmuster können Antworten liefern, wenn einzelne Mitglieder Ihres Teams auffälliger auf die Krise reagieren als andere. Ihre Aufgabe besteht vorrangig darin, Präsenz- und Gesprächszeiten anzubieten, nicht Lösungen für starke Ängste zu generieren. Ihre Mitarbeiter*innen sind schließlich erwachsene Menschen, die sich meistens selber helfen können.

94 Daily Scrum ist ein 15-minütiger Austausch über die aktuellen Arbeitsergebnisse im Projekt. Die Art des Projektmanagements wird meist von IT-Entwicklern genutzt und ist unter der Bezeichnung »Scrum Framework« bekannt.

Eine Krise wie z. B. die Dynamik einer Pandemie ist eine gute Gelegenheit, Ihre soziale Kompetenz unter Beweis zu stellen. Schaffen Sie Möglichkeiten, um sich zu begegnen, lernen Sie zuzuhören und zeigen Sie Verständnis für die vorgebrachten Alltagsherausforderungen. Selten wollen Mitarbeiter*innen Antworten und Lösungen, sie wollen jedoch ernstgenommen werden. Das schafft Kontakt und langfristig loyale Mitarbeiter*innen.

6.3 Fazit: Routinen sind Fluch und Segen zugleich

Routinen sind eine sinnvolle Erfindung unseres Gehirns. Viele Aspekte, die ich bisher erörtert habe, beruhen auf dieser Sinnhaftigkeit. Diese Alltagsrealität wird jedoch gerade in Krisenzeiten enorm belastet – liebgewonnene Routinen einfach über den Haufen geworfen, weil Gesundheit plötzlich wichtiger ist. Wenn jemand allerdings glaubt, dass eine Pandemie zu besiegen, das Ende von Veränderung bedeutet, wird enttäuscht sein. Die gegenwärtige Pandemie hat die meisten Menschen aufgeschreckt. Es gibt eine Gruppe von Menschen, die es sich an ihren Arbeitsstellen »gemütlich« gemacht haben. Sie kennen jede »Ecke« ihres Unternehmens, jeden Handgriff und haben viele Veränderungen und viele Führungskräfte kommen und gehen gesehen, sie sind nur schwer zu bewegen, Veränderungen zu akzeptieren, sei es in den Arbeitsabläufen oder den Mitteln, die eingesetzt werden sollen und müssen. Die Folgen der Pandemie dürften den einen oder anderen ziemlich aufgeschreckt haben. Es sich in einer Ecke gemütlich zu machen und dabei langsam dem Rentenalter entgegenzusehen, hat sich als trügerisch erwiesen. Es reicht 2021 nicht mehr, sich mit seinen Kenntnissen von Windows 95 über Wasser zu halten. Das mag eine bittere Erkenntnis sein, sie kann jedoch auch beflügeln und Kompetenzen wachrufen, die in Vergessenheit geraten sind. Und diese Kompetenzen gibt es, sie zu reanimieren mag beschwerlich wirken, wenn sie aber erst einmal wachgerüttelt sind, bekommt auch das Arbeitsleben wieder neuen Schwung.

Weshalb also sollte ein Kapitel über Routinen an dieser Stelle einen Mehrwert für das vorliegende Buch sein? Der Beschleunigung bei Veränderungen wurde durch die Lockdowns ein Bärendienst erwiesen, weil die Digitalisierung sich in allen Lebensbereichen unentbehrlich macht. Das gilt sowohl für die Aufgaben, die anstehen, als auch für die Arbeitsplätze und Arbeitsweisen, die unausweichlich auf große Verän-

derungen zusteuern. Christoph Keese hat es überdeutlich beschrieben[95], wenn sich Organisationen mit ihrer zum Teil hundertjährigen Expertise (Routine) sicher fühlen, wird es sie bald nicht mehr geben. Unternehmen wie Kodak, Schlecker oder Nokia haben es vorgemacht. Veränderungen angehen, Routinen unterbrechen setzt voraus, sie als solche zu erkennen. Welche Routine stellt noch eine Expertise da und welche ist eher ein Bremsklotz? Damit werden sich alle beschäftigen müssen, wenn Sie es nicht von sich aus tun, werden Sie von Bedingungen und Notwendigkeiten getrieben. In vielerlei Hinsicht ist die Frage nicht unerheblich, welche Position Sie dabei einnehmen. Meistens sind Führungskräfte nicht gut darauf vorbereitet, da sie vor allem wegen ihrer Expertise als Fachleute in die Führungsrolle gegangen oder berufen worden sind. Und sofern Sie eine Führungskräfteentwicklung genossen haben, hat auch diese Sie kaum gut vorbereitet. Das kann sowohl Auswirkungen haben auf die Beziehung zu Ihren Mitarbeiter*innen als auch auf Ihre Gesundheit. Wenn es Ihnen bisher dennoch gelungen ist, einen guten Umgang mit den aktuellen Anforderungen zu finden, ist dieser vermutlich einzig und allein Ihrer Lebenserfahrung oder Ihrer Lerngeschichte zu verdanken. In allen Trainings, die ich geleitet habe, ist mir hier die größte Unerfahrenheit begegnet und gleichzeitig ein ausgeprägtes und manchmal sehr interessiertes Bedürfnis, Licht in diese dunkle Ecke zu bringen.

»Trotz vieler Untersuchungen und dem Wissen um die Zusammenhänge zwischen Gesundheit und emotionaler Intelligenz […] wird diesem Bereich *(Anmerkung des Autors: innere Bilder und die damit verbundenen Routinen)* in der Führungskräfteentwicklung nur wenig Aufmerksamkeit eingeräumt. Und wie Goleman nachweist, hätte eine hohe emotionale Zufriedenheit und starkes Gewahrsein für das eigene Wirken positive Auswirkungen auf den Unternehmenserfolg. Ein guter Zugang, die eigene emotionale Intelligenz zu entdecken, ist die Selbstreflexion. Innere Bilder zu erkunden, stellt einen Weg dar. Diese sind deshalb so zentral, weil sie mit der eigenen Lerngeschichte verbunden sind und der Führungskraft viel über sich selbst verrät und etwas von ihrer »Gewordenheit« widerspiegelt, für mehr Verständnis und besseres Verstehen.«[96]

Hier geht es nicht um die Muster der Persönlichkeit, hier geht es um »Spurrillen« der eigenen Lerngeschichte, um die Dinge, die wir machen, weil sie uns logisch, angemessen und schlüssig vorkommen. Wir müssen nicht darüber nachdenken, wir

95 Keese, C. (2018).
96 Sczygiel, C. (2017), S. 241.

machen es »einfach« so. Die Spurrillen sind geronnene Lebenserfahrung, es sind bewährte Wege. Für einen Hirnforscher verbirgt sich hinter all dem, »was Menschen antreibt und sie dazu bringt, ihr Leben auf eine bestimmte Weise zu betrachten und zu gestalten, immer das Gleiche: Es sind strukturgewordene Erfahrungen, also im Lauf des Lebens erworbene und im Gehirn verankerte Verschaltungsmuster zwischen den Nervenzellen. Immer dann, wenn eine solche Verschaltung aktiviert wird, entsteht ein bestimmtes Erregungsmuster, das das Denken, Fühlen und Handeln eines Menschen bestimmt.«[97]

Manchmal ist das, was Führungskräfte im Zusammenhang mit ihrer Mitarbeiterführung tun, ungeschickt, wenn Sie es stattdessen mit den richtigen Worten in der richtigen Haltung tun oder sagen, werden Sie trotzdem viel erreichen. Wenn Sie großzügig sein können mit Ihrem eigenen Gewordensein, Ihrer eigenen Lerngeschichte, wird sich diese Haltung langsam von selbst einstellen und die Ungeschicktheit wandelt sich langsam dahingehend, dass Tun und Sagen kongruent werden.

Innere Bilder

»Innere Bilder sind nicht nur handlungsleitend, sondern auch ein Spiegelbild dieses Gewordenseins. Ohne diese Bilder wären Menschen darauf angewiesen, die sie umgebende Welt ständig neu zu erkunden, bereits gefundene Lösungen immer wieder neu zu finden. Es wäre fast unmöglich, die komplexe Welt zu bewältigen, in der die meisten Menschen leben. Innere Bilder reduzieren Komplexität und machen professionelles Handeln überhaupt erst möglich. Und Menschen erschaffen sie selbst, sie sind die Produkte aus Erfahrungen, Lernen, Emotionalität, Scheitern und dem Bedürfnis an überschaubaren Handlungsmustern. Diese Reduktion bildet sich zum Beispiel in Routinen ab,«[98] die in Krisenzeiten gänzlich fehlen.

»Das innere Bild ist nur ein Baustein, der der […] Führungskraft helfen kann, Zusammenhänge zwischen eigenem Handeln und sich als Person zu verstehen. Selbsterfahrene Führungskräfte sind da sehr im Vorteil. Je bewusster das innere Bild wahrgenommen wird, desto mehr Einfluss erhält die Führungskraft, sich zu verändern oder Handlungsoptionen zu erweitern.«[99] Innere Bilder haben immer etwas zu tun mit Sinn (Purpose) und bewährten Reaktionen auf alltägliche Herausforderungen.

97 Hüther, G. (2020), S. 83.
98 Sczygiel, C. (2017), S. 244.
99 Ebd., S. 243 ff.

Persönlichkeitsentwicklung

Persönlichkeitsentwicklung ist im Grunde nie Gegenstand einer Führungskräfteentwicklung. Das führt dazu, dass nur sehr wenige Führungskräfte auch selbsterfahren sind und sie deshalb unter Führungshandeln in erster Linie die Erfüllung von Aufgaben, das Verteilen von Aufträgen sowie die Prozesssteuerung verstehen. Die Bewusstheit vom eigenen »Sosein«, Wissen zur Lerngeschichte und den inneren Bildern reduziert Reibungsverluste.[100] Gerald Hüther beschreibt diese Zusammenhänge so, dass ein entwicklungspsychologischer Aspekt deutlich wird: »Die konkrete Form dieser inneren Bilder und Orientierungen, die ein Mensch im Lauf seines Lebens für seine weitere Lebensgestaltung herausbildet, hängt im hohen Maße von den jeweils vorgefundenen und als besonders ›erfolgreich‹ bewerteten Vorbildern ab, die er als Heranwachsender innerhalb seines Kulturkreises und der dort herrschenden sozialen (familiären und gesellschaftlichen) Beziehungen vorfindet.«[101]

Vielleicht wird jetzt noch deutlicher, warum in einem Buch über Psychologie soviel über innere Bilder oder Skripte steht. Das hängt auch damit zusammen, dass psychologisch schlüssiges Handeln durch Ihre inneren Bilder behindert oder gefördert werden kann. Wenn es Ihnen also (nicht) gelingt, auf eine bestimmte Weise zu interagieren (zu führen), dann wird das sehr wahrscheinlich an diesem inneren Bild liegen. Und dann lautet die erste Frage nicht »Was mache ich mit meinen Mitarbeiter*innen?«, sondern »Wie hindere ich mich selbst an einer wirksamen Führung?«. Welche Gewohnheiten verhindern, dass ich Zusammenhänge erkenne, und welche Denkmuster lassen mich immer das Gleiche (Falsche) machen? Je mehr Sie darüber wissen, desto einfacher wird Führen in Krisenzeiten für Sie sein, weil nicht nur Ihre Mitarbeiter*innen, sondern auch Sie selbst Kraft und Klarheit gewinnen werden. Und getreu der Tatsache, dass Menschen sich durch mehr als ein Persönlichkeitsmuster ausdrücken können, wohnen einem inneren Bild auch mehrere Werte inne und kann ihr Handeln auf mehrere Weisen sinnstiftend sein.

Der Gedanke oder Begriff des inneren Bildes ist nicht neu, er wurde bereits Mitte des letzten Jahrhunderts verwendet und bekommt mit der Komplexitätsdiskussion nochmal eine ganz neue Bedeutung. Das innere Bild oder mentale Modell leistet gleichzeitig einen Beitrag zum Verständnis davon, wie wir[102] Routinen schaffen

100 Sczygiel, C. (2017), S. 243.
101 Hüther, G. (2020), S. 83.
102 Menschen im Allgemeinen.

und unser Handeln und Nichthandeln diesen Routinen »unterordnen. Kenneth Craik benutzte 1943 erstmalig den Begriff des »mentalen Modells«. Für ihn waren diese Modelle Repräsentanten eines Gegenstandes oder Prozesses. Ed Schein nannte es »innere Skripte«[103] und bezeichnete mit diesem Begriff einen Aspekt der Kultur in einem Unternehmen. 2014 nennt Gerald Hüther diese Muster »innere Bilder«[104] und Piaget »mentale Logik« – allerdings 40 Jahre früher. Piaget war in erster Linie Entwicklungspsychologe.[105] Ihm ging es bei dem Begriff der mentalen Logik um Handlungsmuster, die einer inneren Logik folgen. Bourdieu weitet diese Skripte auf das Verhalten bestimmter sozialer Schichten aus und nennt sie »kollektive Dispositionen«. Damit will er zum Ausdruck bringen, dass Menschen, die in einer bestimmten sozialen Schicht aufgewachsen sind, kollektive Muster ihrer sozialen Schicht als »Erkennungsmerkmale« für Menschen aus der gleichen (Zugehörigkeit) oder einer ganz anderen Schicht aufweisen und sichtbar machen und an denen erkannt werden. Sie drücken das u. a. in Kleidung, Habitus oder Sprache aus. Und schließlich kann man sagen, dass innere Bilder handlungsleitend sind. In »Bezug auf Führungshandeln beruhen […] [sie] meistens auf Überzeugungen, Grundhaltungen und Werten. Sie repräsentieren auch die individuelle Gewissheit, ob etwas richtig, falsch, angemessen, inadäquat usw. ist […] und ein dahinter liegendes Menschenbild.«[106]

Für David Kantor bilden mentale Modelle die Fundamente dafür, wie wir wahrnehmen, wie wir denken und wie wir unsere Arbeit machen.

Für Ernst Pöppel ist das »bildliches Wissen«, es zwingt uns zur Kategorisierung. Und Wertheimer wird die »Theorie der guten Gestalt« zugeschrieben, die besagt, dass Menschen aus der Summe ihrer Wahrnehmung (riechen, schmecken, fühlen, sehen etc.) »sinnvolle« Einheiten bilden, die sich »richtig« anfühlen und die Selbstwahrnehmung stärken.

103 Schein, E. (2010): Ed Schein benutzte das Seerosenbild, um inneren Skripte zu verorten: Das Seerosenmodell dient eigentlich zur Illustration einer Organisationskultur auch als »Kulturebenen-Modell« bekannt.

104 Vgl. Hüther, G. (2014).

105 Interessanterweise hat er vor allem seine eigenen Kinder beobachtet und seine Erkenntnisse daraus abgeleitet. Er gilt als einer der wichtigsten Wissenschaftler in der Entwicklungspsychologie.

106 Sczygiel, C. (2017) S. 243.

Komplexitätsreduktion
Kurz: Innere Bilder, mentale Modelle usw. dienen der Komplexitätsreduktion[107] und Menschen greifen automatisch auf diese Modelle zurück, wenn eine Routine »abgerufen« wird. Beim Arbeiten, Fahrradfahren, Streiten oder im Konflikt, genauso wie in anderen vertrauten Situationen. Gerade zu Beginn ihrer Tätigkeit haben Führungskräfte noch keine Routinen ausgebildet, sind sie doch meistens wegen ihrer fachlichen Expertise Führungskraft geworden. Diese vorgenannten Routinen sind stabil in uns verankert, so dass wir auch darauf zurückgreifen, wenn sie uns einschränken, behindern oder soziale Beziehungen stören, irritieren oder unmöglich machen. Da Menschen jedoch nicht auf eine einzige Routine festgelegt sind, haben sie oft die Wahl, für welche dieser Muster sie sich entscheiden. Sie können davon ausgehen, dass sich manchmal schon nach einem minimalen Erkenntnisgewinn Dinge anders darstellen und Ihnen andere Lösungsideen einfallen werden.

Grundsätzlich kann man sagen, dass Komplexitätsreduktion auf drei Weisen geschieht:

- Quantitative Beziehungen werden auf qualitative reduziert.
- Die betrachteten »Stichproben« werden verkleinert.
- Durch Analogiebildung wird auf bekannte Sachverhalte zurückgegriffen.

Quantitative Beziehungen werden auf qualitative reduziert.

In der Überforderung ziehen sich Menschen ganz oft zurück und pflegen nur noch Beziehungen mit Menschen, die ihnen nahe sind oder keine Anforderungen an sie stellen. Das gibt ihnen Sicherheit und es reduziert Angst vor Überforderung. Gleichzeitig erhöht es die Fähigkeit, eigene Bedürfnisse zu spüren und angemessen zu reagieren und z. B. für mehr Schlaf oder bessere Ernährung zu sorgen.

Die betrachteten »Stichproben« werden verkleinert.

Viele Dinge gleichzeitig zu organisieren, Entscheidungen und Lösungen voranzutreiben und in der Fülle der Informationen den Überblick zu behalten, ist für Führungskräfte immer mit Unsicherheit und Risiko verbunden. Sie müssen dennoch entscheiden. Hier hilft es, eine Auswahl zu treffen und mit der Unsicherheit zu leben.

107 Wirtz, M.A. (2019).

Stichwort: VUKA[108] Das Risiko der Stichprobe ist immer, dass ein Teil der Realität ausgeblendet wird.

Durch Analogiebildung wird auf bekannte Sachverhalte zurückgegriffen.[109]

Analogiebildung reanimiert Lebenserfahrung und schafft einen erklärbaren Überblick über unübersichtliche Situationen. Wenn Menschen so etwas sagen wie »Das ist wie neulich« oder »Im letzten Monat habe ich das so gelöst« oder »Bei mir hat sich bewährt, dass …«, dann sind das Reduktionen auf eine vermutete Ähnlichkeit. Diese Analogiebildung hilft, schnelle Entscheidungen zu treffen. Das birgt jedoch die Gefahr, Wichtiges zu übersehen. Wenn Führungskräfte oft im Nachhinein bestätigt werden, das Richtige getan zu haben, werden sie diese Abkürzung über die Analogie häufiger wählen.

Es gibt immer wieder große erfolgreiche Organisationen, die – obwohl vieles falsch läuft – in Handlungs- und Entscheidungsroutinen festhängen, während sie immer tiefere Spurrillen graben und das Offensichtliche nicht sehen wollen oder können. Aufgrund des wirtschaftlichen Erfolgs leiten deren Führungskräfte nun ab, dass sie alles richtig gemacht haben müssen. Ähnlich ist das mit den Unternehmen, die aufgrund ihres Alleinstellungsmerkmals nicht oder zu spät merken, dass ihr Geschäftsmodell disruptiv unterlaufen wird, während die gesamte Führungsriege in alten Routinen feststeckt. Kodak ist so ein Beispiel, Schlecker, Quelle, Nokia und Thomas Cook zeigen die negativen Auswirkungen. Gleichzeitig gibt es sehr erfolgreiche Unternehmer*innen und Erfinder*innen, die sich durch ihren Misserfolg nicht davon abhalten ließen, einen als richtig vermuteten Gedanken so lange zu verfolgen, bis sie erfolgreich wurden. Thomas Edison, Gottlieb Daimler, Karl Benz, Steve Jobs, Elon Musk usw. haben Visionen gehabt und Ideen vorangetrieben, die vor ihnen keiner so konsequent in den Fokus nahm. Ihre Spurrillen waren und sind zum Teil immer noch wegweisend.

Die Annahme, dass unsere Handlungsmuster genetischen Ursprungs sind, hat sich eindeutig als falsch erwiesen. »Das menschliche Genom enthält nicht mehr Gene

108 Das Akronym VUCA steht für die Begriffe **V**olatilität (Schwankungen), **U**ngewissheit, **K**omplexität, **A**mbiguität (Mehrdeutigkeit).

109 Vgl. Wirtz, M.A. (2019).

als das der Würmer«[110] und 99,5 % unseres Erbgutes sind mit dem unserer tierischen Vorfahren (den Affen) identisch. Unser heutiges Sein und Handeln hat sich über Tausende von Jahren aus interaktiven Prozessen und Vorbildern und einem Gehirn entwickelt, das auf Problemlösung geeicht ist und sein genetisches Potenzial nutzt, um aus Fehlern zu lernen und einsichtsfähig zu sein. Unser Erinnerungsvermögen hat einen erheblichen Anteil an der kulturellen Evolution.[111]

Darum kann als richtig angenommen werden, dass wir Menschen im Laufe unseres Lebens viele unterschiedliche Erfahrungen machen, aus denen wir »lernen«, aus denen sich unsere inneren Bilder speisen, so dass unser Handlungsspielraum meist viel größer ist, als wir glauben. Und dieser Spielraum kann Ihnen als Führungskraft zukünftig helfen, neue Routinen im Umgang mit Ihren Mitarbeiter*innen zu entwickeln. Menschliche Lernfähigkeit und unser Gedächtnis sind dabei hilfreiche Unterstützer. Und ab und zu brauchen wir Fährtenleser*innen und Bergführer*innen,[112] um uns in unserem eigenen Routinen-Dschungel zu orientieren und neu auszurichten.

110 Hüther, G. (2020), S. 210.
111 Vgl. Hüther, G. (2020), S. 209.
112 Coaches, Mentor*innen, Freund*innen, Partner*innen.

7 Fallbeispiele aus der Führungspraxis

7.1 Einführung

Was zeichnet eine erfolgreiche Führungskraft aus? – Fragen und Lösungsmöglichkeiten

Wenn Sie die folgenden Seiten und den einen oder anderen Praxisfall in diesem Kapitel gelesen haben, könnte die Frage auftauchen, ob Sie der Richtige sind für die hier vorgestellte psychologisch orientierte Führungsstrategie. Werden Sie jemals etwas Ähnliches erleben und umsetzen? Sind Ihre Führungsaufgaben nicht schon kompliziert genug, werden Sie vermutlich denken: sich an die eigenen Regeln zu halten, sich selbst einigermaßen treu zu bleiben und jetzt auch noch Psychologie?

Schulz von Thun bietet Ihnen eine humorvolle Antwort an. Die ideale Führungspersönlichkeit braucht »die Würde eines Erzbischofs, die Selbstlosigkeit eines Missionars, die Beharrlichkeit eines Steuerbeamten, die Erfahrung eines Wirtschaftsprüfers, die Arbeitskraft eines Kulis, den Takt eines Botschafters, die Genialität eines Nobelpreisträgers, den Optimismus eines Schiffbrüchigen, die Findigkeit eines Rechtsanwaltes, die Gesundheit eines Olympiakämpfers, die Geduld eines Kindermädchens, das Lächeln eines Filmstars und das dicke Fell eines Nilpferds«[113].

Oder Sie folgen Hüther:

»Wir brauchen […] eine andere Führungskultur. Wir brauchen Manager, die mit Leidenschaft führen und ihre Mitarbeiter begeistern. Eine der wichtigsten Erkenntnisse der Hirnforschung ist, dass Menschen nur dann ihre Potenziale entfalten, wenn sie sich für etwas begeistern.«[114]

Sie können nun überlegen, ob sich die folgenden Aspekte in Ihren Alltag und Ihren spezifischen Führungsstil integrieren lassen. Möglicherweise reicht es fürs Erste, ein paar davon in Betracht zu ziehen, wie Sie in der heutigen Arbeitswelt Ihren Mitarbeiter*innen ein verlässliches Gegenüber anbieten. Das Umsetzen psychologischer

113 Schulz von Thun, F. (2019), S. 13.
114 Hüther, G. (2010), S. 44.

Betrachtungen in Ihre Arbeit kann nur gelingen, wenn Sie auch an anderer Stelle glaubwürdig sind. Wenn Sie folgende Themen bereits umsetzen, haben Sie dafür eine stabile Grundlage gelegt.

Präsenz[115]

Heutige Arbeitsformen sind unmittelbar mit digitaler Hard- und Software verknüpft, so dass manche Menschen per E-Mail kommunizieren, obwohl sie im selben Raum sitzen. Oder Kolleg*innen nutzen digitale Wege der Absicherung, um jede Art von Unsicherheit zu kontrollieren, unerwünschte Situationen werden einfach weggeklickt. Sie sollten also ab und zu real anwesend sein, ansprechbar, hilfreich, unterstützend und interessiert. Führen Sie also keine wichtigen Gespräche mit Ihren Mitarbeiter*innen, wenn Sie unter Zeitdruck sind.

Beharrlichkeit

Ihr Alltag besteht vermutlich überwiegend aus der Suche nach Lösungen und Meetings. Es gibt Aufgaben, die jedoch ein großes Maß an Beharrlichkeit erfordern. Nicht einfach in einer Welt, in der es scheint, als ließen sich viele Lösungen schnell erreichen. Ihre Mitarbeiter*innen werden es zu schätzen wissen, wenn Sie die Gehaltserhöhung oder Höhergruppierung nicht immer ans Ende Ihrer Alltagsroutine stellen und nur reagieren, wenn Sie mal wieder angesprochen worden sind. Viele wichtige, aber zeitintensive Dinge werden gar nicht erledigt. Versprechen Sie nichts, was Sie nicht halten können.

Transparenz

Unter »Transparenz« verstehe ich hier nicht die Öffentlichkeit, die Menschen in den sozialen Medien herstellen, oder das schnelle, private Video, das mal eben gepostet wird. Im Arbeitskontext bedeutet Transparenz, dass Ihr Handeln von Verantwortung geprägt ist und Sie sagen können, warum Sie etwas so machen, wie Sie es machen, warum Sie so oder so entschieden haben oder dem doch eigentlich selbstständig denkenden Team eine Entscheidung möglicherweise nicht zugetraut haben.

Vernetzung

Digitale Vernetzung ist so einfach (WhatsApp, Threema, Facebook, Xing u. a.), dass die Fähigkeit, sich mit realen Menschen in einer realen Welt zu treffen, sich auszu-

115 Vgl. Baumann-Habersack, F.H. (2017), S. 96.

tauschen, voneinander zu lernen und zu profitieren, zunehmend auf Partys oder Kneipengänge reduziert wird. Selbst Meetups sind im Allgemeinen temporär. Wenn Sie Glück haben, sind Ihre Mitarbeiter*innen aktiv in einer Bürgerinitiative, im Sportverein oder bei der Freiwilligen Feuerwehr und haben noch reale Freund*innen, mit denen sie sich treffen, um etwas gemeinsam zu unternehmen, das nicht mit Konsumieren zu tun hat, sondern mit Begegnung, mit Kontakt.

Wenn Sie Ihren Mitarbeiter*innen in einer komplexen Umgebung wie einem Unternehmen in einer schwierigen Situationen eine Hilfe sein oder eine ungewöhnliche Entscheidung treffen wollen (z. B. ein zeitlich befristetes Arbeitszeitmodell für die Pflege von kranken Kindern oder Eltern u. Ä.), müssen Sie gut vernetzt sein. Sie sollten wissen, wer im Unternehmen eine solche Entscheidung mitträgt, wen man als Erstes anspricht, wer etwas mutiger ist, neu zu denken usw. Für solche Entscheidungen sollten Sie auf ein Netzwerk zurückgreifen können. Netzwerke sind Zweckgemeinschaften auf Gegenseitigkeit.

Verantwortung übernehmen

Wenn Sie sich als Führungskraft und Mensch trauen, Entscheidungen zu treffen, dann machen Sie irgendwann auch Fehler. Das lässt sich noch gut abfedern, wenn es »nur« ein materieller Schaden ist. Wenn Sie jedoch Mitarbeiter*innen gekränkt, unterschätzt, ausgegrenzt oder schlicht übergangen haben, dann ist eine Entschuldigung fällig, eine echte, keine kleine, kaum wahrnehmbare Geste zwischen Tür und Angel. Hier zeigt sich auch menschliche Größe, Mitarbeiter*innen wissen das nämlich sehr zu schätzen.

Selbstkontrolle/Selbsterfahrung

Wenn man die Unterschiede zwischen den Generationen auf wenige zentrale Aspekte reduzieren möchte, scheinen mir die folgenden besonders ins Auge zu fallen.

Die Generationen der seit den 90er Jahren Geborenen (Generation Y und Z) sind überwiegend in materiellem Überfluss groß geworden. Sie können sich häufig nicht mehr vorstellen, dass sich frühere Generationen viele Einschränkungen auferlegt haben, um eine größere Anschaffung zu machen oder sich einen längeren Urlaub leisten zu können. Gleichzeitig haben viele Menschen dieser Generationen eine uneingeschränkte und oftmals völlig überzogene elterliche Fürsorge (»Beelterung«) erlebt. Sie sind es gewöhnt, dass sie im Mittelpunkt stehen und selbst Fehler gewürdigt oder von den Eltern ausgebügelt werden. Eine realistische Selbsteinschät-

zung ist dadurch kaum möglich. Selbsterfahrung braucht ehrliche Freund*innen oder Mentor*innen, die auch mal sagen, was nicht gut läuft, woran jemand dringend arbeiten sollte, wenn er oder sie eine gleichberechtigte private oder berufliche Beziehung gestalten will.[116] Selbstkontrolle ist ein Zeichen dafür, dass sich die Haltung an Verantwortung für das eigene Handeln und Nichthandeln orientiert. Wenn dem Versuch widerstanden wird, den anderen oder den Umständen die Verantwortung zuzuschieben, dann kann echte Begegnung stattfinden.

Und mal ehrlich: Einen glaubwürdigen Job zu machen gelingt nur, wenn jeder weiß, woran er ist. In diesem Sinne wünsche ich Ihnen Mut und ein gesundes Augenmaß bei der Umsetzung.

Praxisbeispiele und Lösungsideen
Die folgenden Fallbeispiele rekrutieren sich ausschließlich aus meiner beruflichen Praxis der letzten 25 Jahre. Um die realen Personen zu schützen, wurden Informationen, die Rückschlüsse auf konkrete Personen oder Organisationen ermöglichen, verfremdet oder ausgelassen. Nach meiner Erfahrung gibt es unglaublich viele ähnliche Fragestellungen in der Führungspraxis, so dass ich es begrüßen würde, wenn Sie sagen könnten, dass Sie einen ähnlichen Fall in Ihrem aktuellen Umfeld kennen oder sogar eine konkrete Person dort beschrieben sehen.

Die von mir getroffene Auswahl der Fallbeispiele beschreibt alle vorgestellten Persönlichkeitsmuster (vgl. Kapitel 2). Sie allein werden in Ihrem Führungsalltag entscheiden, ob der eine oder andere Fall Ihnen als Orientierung dient.

An dieser Stelle sei nochmals darauf hingewiesen, dass wir Menschen nicht ändern können[117] und dass es auch nicht darum geht. Im besten Fall erreichen Sie, dass Ihre Mitarbeiter*in Ihnen glaubt und vertraut und sich emotional angesprochen fühlt, auch ohne erklären zu können, wodurch das bewirkt worden ist.

Ein weiterer Aspekt betrifft die Führungskraft selbst. Führung wird meist nicht gelehrt. Sie ist selten Teil ihrer Ausbildung. Deshalb wird die Wirksamkeit Ihrer Interventionen als Führungskraft eng verknüpft sein mit Ihren eigenen Persönlich-

116 Baumann-Habersack, F.H. (2017), S. 18, überarbeitet und geändert im Mai 2020 v. C. Sczygiel.
117 Vgl. Roth, G. (2019), dort insbesondere Kapitel 2.

keitsmustern, Ihrer Lebens- und Berufserfahrung. Es ist ein Zeichen sozialer Kompetenz, sich bei manchen Fragestellungen Hilfe zu holen. Organisationsintern durch geeignete Personen in der Personalabteilung oder bei der Mitarbeitervertretung. Meiner Erfahrung nach findet ein vertrauensvolles Coaching selten *innerhalb* eines Unternehmens statt, gute und hilfreiche Mentor*innen kann es jedoch geben. Deshalb fahren Sie besser mit externen Berater*innen, z. B. in einem Coaching. Das gilt ebenso für Trainer*innen und Berater*innen wie für mich selbst. Seit mehr als 25 Jahren nehme ich an Treffen mit anderen Berater*innen teil, die mir dabei helfen, mir meiner blinden Flecke bewusst zu werden und meinen Handlungsspielraum zu vergrößern. Wir nutzen zudem das Instrument der kollegialen Fallberatung. Eine solche Beratung schafft Klarheit und hilft Ihnen dabei, allzu stereotypische Zuschreibungen gegenüber Mitarbeiter*innen aufzulösen. Dadurch führt sie zu besseren Ergebnissen. Die Fälle werden Ihr Repertoire an Denkmodellen vergrößern.

7.2 Fall 1: 20 Jahre Erfahrung mit dem Output von 60 %

Ausdruck und Sichtbarkeit: Verstandesorientierung, Gefühlsorientierung und ein fürsorgliches Eltern-Ich

7.2.1 Fallbeschreibung

Im Coaching berichtet die Führungskraft mir von einem gut 40-jährigen Mitarbeiter, der über zwei Jahre seine Frau gepflegt hatte und in dieser Zeit weit hinter seiner Leistung zurückgeblieben war, die man von ihm kannte. In der Zeit, bis zu ihrem Tod, war er Pfleger, Ehemann und Vater für zwei Kinder; das eine in pubertärem Alter und das andere gerade fertig mit dem Abitur. Außerdem hatte der Mitarbeiter ein erhebliches Gewichtsproblem, dem er mit Sport beizukommen versuchte.

Seit ein paar Wochen wird ihm angeboten, mehr Stunden als bisher anwesend zu sein, und es wurde erwartet, dass er wieder zu seiner alten Leistung zurückkehren würde. Sein Stundenkontingent aufzustocken, lehnte er jedoch ab. Außerdem blieb auch nach Wochen seine Leistung auf dem Niveau von etwa 60 %. Als gut bezahlter Ingenieur verärgerte dies mehrere Kolleg*innen, die ihn lange entlastet hatten und ihm Unpünktlichkeit und Unzuverlässigkeit nachgesehen hatten, was unter den Umständen seiner Mehrfachbelastung nachvollziehbar war.

Seine Führungskraft wollte nun von mir wissen, was sie möglicherweise anders oder besser machen könne. Sie schloss auch nicht aus, zu lange zu nachgiebig gewesen zu sein. Die Führungskraft nahm an, dass ihr Mitarbeiter den Tod seiner Frau überwunden hatte, weil er wieder neu liiert war und meistens ausgeglichen und zufrieden wirkte.

7.2.2 Kontext

Die Organisation ist ein Technikunternehmen mit mehr als 6.000 Mitarbeiter*innen. Es ist wirtschaftlich gesund und noch immer, obwohl nicht mehr familiengeführt, ein für seine soziale Haltung beliebter Arbeitgeber in der Region.

7.2.3 Fragestellung

Welche Möglichkeiten habe ich (als Führungskraft), den Mitarbeiter zu motivieren? Welche Aspekte habe ich übersehen? Was bräuchte er von mir bzw. vom Unternehmen, um zu seiner alten Leistung zurückzukehren?

7.2.4 Psychologische Hypothesen

Zum Verständnis der Hypothesen möchte ich anmerken, dass psychologische Annahmen immer erst nach einer Phase von Fragen möglich sind. In meinen Seminaren für Führungskräfte bereiten sich die Teilnehmer*innen ausführlich vor und ermöglichen so einen guten Einblick in die Umstände und das Verhalten der Mitarbeiter*innen. Im Coaching finden meist mehrere Sitzungen statt, die die Puzzlesteine für einen Teil der Geschichte liefern können.

Mehrere Persönlichkeitsmuster bieten sich in diesem Fallbeispiel an, die sowohl durch das Handeln des Mitarbeiters für die Familie als auch durch seinen Beruf naheliegen. Ein gefühlsorientiertes und ein verstandesorientiertes Muster können angenommen werden. Aus der Sicht der Transaktionsanalyse (vgl. Kapitel 3) musste er sehr lange ein fürsorgliches Eltern-Ich anbieten, um seine Frau zu pflegen und auch seine Kinder nicht zu vernachlässigen. Diese parallele Transaktion hat gut funktioniert und wurde weder von seiner Frau noch von seinen Kindern infrage gestellt. Zumindest wurden Konflikte zwischen ihm und seinen Kindern nie thematisiert.

Wie es scheint, findet der Mitarbeiter nach einer langen Zeit der Fürsorge für seine inzwischen älteren Kinder nicht aus dieser Rolle heraus. Vermutlich haben die Kinder sich an die Fürsorge gewöhnt. Nach der Schilderung der Führungskraft hat er seinen Kindern gegenüber zu viel Verantwortung übernommen. Hier gibt es interessanterweise eine Parallele zum Verhalten der Führungskraft selbst. Es ist vermutlich nicht leicht, das richtige Maß in einer solchen Situation zu finden.

Die verstandesorientierte Seite des Mitarbeiters ermöglichte es ihm offenbar, einen »kühlen Kopf« zu behalten und seinen privaten und beruflichen Alltag einigermaßen zu steuern. Dass er dabei seine Prioritäten eindeutig bei der Familie gesetzt hatte, wird durch die Verärgerung der Kolleg*innen sichtbar: Er sei unzuverlässig und unpünktlich gewesen und sie hätten ihm oft den Rücken freigehalten. Die Kolleg*innen

neigten eher zu einer verdeckten Transaktion, sind ihm gegenüber ins fürsorgliche Eltern-Ich gegangen und waren nun enttäuscht, dass er ihr Entlastungsbemühen wenigstens nachträglich nicht ausreichend gewürdigt hatte.

Ohne Alternativen zur gegenwärtigen Lebensgestaltung wird der Mitarbeiter vermutlich an den bewährten Mustern festhalten wollen. Dieses Muster ist dann eher ordnungsorientiert. Ich vermute, dass es nachranging zu den anderen Mustern wirksam ist. Es verhilft zu innerer und äußerer Stabilität und zuverlässigen Routinen, die er für die Bewältigung seiner Situation dringend benötigt hatte.

Möglicherweise könnte ein sinnvolles Angebot von der Führungskraft darin bestehen, dass der Mitarbeiter lernen muss, einen Teil der Persönlichkeitsmuster in sein Berufsleben zu transferieren.

7.2.5 Lösungsoptionen

Als Führungskraft ist dies keine leichte Aufgabe, da sie hier mehrere Formen des Interessenausgleichs anstreben muss, nämlich die Interessen

- des Unternehmens,
- der Kolleg*innen und
- des Mitarbeiters.

Zunächst steht ein Gespräch an, um die gegenseitigen Interessen auszuloten. Die Führungskraft sollte zunächst dem Mitarbeiter die Gelegenheit geben, seine schwere Zeit mit allen ihren Herausforderungen zu beschreiben, und eine Form finden, diese Leistung zu würdigen. Das Gewichtsproblem deutet darauf hin, dass Essen als eine Art von Selbstwürdigung diente. Wer viel leistet, muss auch gut essen können.

Dabei reicht es nicht aus, eine Frage zu stellen und den vielleicht überforderten Mitarbeiter nach zwei Minuten in die Richtung zu lenken, die der Führungskraft vorschwebt. Beim Üben von Mitarbeitergesprächen habe ich oft erlebt, dass Führungskräfte weder Pausen aushalten können noch gelernt haben nachzufragen, um mehr als nur oberflächliche Informationen zu bekommen. Stattdessen haben sie den größeren Redeanteil. Wenn diese persönlichen Gespräche selten stattfinden, haben beide Parteien wenig Übung und wollen es oft schnell »hinter sich bringen«.

Stellen Sie Fragen danach, *was* jemand erlebt oder gemacht hat, fragen Sie, *wie* er oder sie es erlebt hat, und meiden Sie Warum-Fragen. Erst wenn der Mitarbeiter aus unserem Fallbeispiel ein echtes Interesse spürt, wird er vermutlich mehr erzählen. Die Leistung dieser zwei Jahre anzuerkennen ist nur möglich, wenn Sie ein bisschen mehr wissen als nur die bekannten Fakten. Auch Fragen, die bereits ein Teil der Anerkennung enthalten, können die Mitteilungsbereitschaft erhöhen. Fragen Sie z. B.: »Wie haben Sie diese enorme Belastung gemeistert?«

Erst wenn Sie eine Idee von der Belastung gewonnen haben, können Sie die Leistung authentisch würdigen. Als Brücke zu Ihrem Thema kann seine frühere Leistung genutzt werden. Für Ihre Themen sollten Sie Alternativen bereithalten. Vielleicht will der Mitarbeiter nicht wieder so viel leisten wie früher, vielleicht hat er Schuldgefühle, weil er seine Familie vernachlässigt hatte und das nicht wiederholen möchte. Sagen Sie klar, was Sie wollen, bezogen auf Anwesenheit, Leistung und Stundenkontingent. Seien Sie eindeutig, wenn der Mitarbeiter seine Leistung falsch einschätzt oder mehr Zeit für die Familie haben will. Dann braucht es möglicherweise einen anderen Arbeitsvertrag. Verstandesorientierte Menschen haben meist ein starkes Autonomiebedürfnis. Deshalb sollten Sie unbedingt eine Bedenkzeit mit ihm verabreden. Gefühlsorientierte Menschen brauchen zuverlässige Beziehungsangebote. Das spricht dafür, ähnliche Gespräche vierteljährlich zu wiederholen, bei denen dann die Arbeit stärker in den Fokus gerückt wird. Neben einer anderen Arbeitszeitregelung im Arbeitsvertrag wäre es auch möglich, ihm ein Projekt anzubieten, in dem sein fürsorgliches Eltern-Ich eine anspruchsvolle Herausforderung sieht und auch sein Autonomiebedürfnis angesprochen wird und er möglicherweise Freiräume erkennen kann. Der Führungskraft ist hier auch dringend zu raten, die eigene fürsorgliche Rolle zugunsten einer Beziehung auf Augenhöhe[118] im Erwachsenen-Ich anzustreben.

118 Parallele Transaktion auf Augenhöhe im Erwachsenen-Ich.

7.3 Fall 2: Ein junger Mitarbeiter fehlt oft montags und bittet um Verständnis

Ausdruck und Sichtbarkeit: Risiko- und Verstandesorientierung

7.3.1 Fallbeschreibung

Zum Zeitpunkt des Coachings der Führungskraft war ihr Mitarbeiter Anfang Zwanzig. Der junge Mann wirkte aufgeschlossen, lebendig und brachte »Schwung in den Laden«. Die freie Gestaltung von Arbeitsabläufen lag ihm gut, Termintreue eher weniger. Nach etwa fünf Monaten – also kurz vor Ende der Probezeit – verschlief er ab und zu den Montagmorgen und ging häufig auffallend früh nach Hause, so dass er nach nur vier Wochen etwa zehn Minusstunden angesammelt hatte. Seine Entschuldigungen waren durchaus kreativ und der Arbeitgeber (die Führungskraft) war bereit, ihm zu glauben, dass es sich um Ausnahmen gehandelt habe. Gegen die Absicht, die Probezeit zu verlängern, um seine Ernsthaftigkeit zu prüfen, wehrte er sich vehement mit dem Hinweis, er wäre immer sehr zuverlässig und erlebe das als sehr harte Maßnahme. Die Organisation hat sich dann entschieden, darauf einzugehen.

Nach etwa einem viertel Jahr fehlte er wieder häufiger, besonders montags, und auch Minusstunden kamen wieder hinzu. Die Führungskraft hat diese Situation mehrfach angesprochen, woraufhin sich der Mitarbeiter ungerecht in den Fokus genommen fühlte. Die Arbeitsleistung war entgegen seiner Selbstwahrnehmung schwankend – mal gut, mal schwach, sehr abhängig von seiner Tagesstimmung. Gespräche über die Montagsausfälle und die Schwankungen in der Leistung mündeten meist in Versprechen, dass er darüber nachdenken wolle. Indirekt appellierte er an seine Führungskraft, hier doch großzügiger zu sein. Durch die Blume ließ er sie wissen, dass junge Menschen schließlich auch feiern wollten und sich je nach Temperament durch Arbeitszeiten in ihrer Freiheit beschränkt fühlten. Auch wenn er es nur indirekt gesagt hat, so meinte er, es sei seine Sache, wenn er bis Montag früh durchfeiern würde, dann wäre es halt schwierig, früh aufzustehen. Angebote, über andere Arbeitszeitmodelle nachzudenken, also seine Stelle in eine Dreißig-Stunden-Stelle umzuwandeln und montags frei zu haben, wollte er auf keinen Fall akzeptieren. Die Beziehung zu den anderen Mitarbeiter*innen litt unter seiner Haltung. Er ließ immer wieder durchblicken, dass sein Verhalten niemanden etwas angehe. Er führe nun mal ein anderes Leben und verstehe nicht, dass man ihm das nicht zugestehen wol-

le. Außerdem könne er nicht erkennen, jemandem geschadet zu haben. Dass andere seine Minderleistung ausbügeln mussten, wollte er nicht so sehen. Der Betriebsrat mahnte zu mehr Gelassenheit und weniger Druck. Die Dynamik blieb volatil.

7.3.2 Kontext

Die Arbeit des Mitarbeiters besteht überwiegend im Verfassen von Texten für einen bestimmten Kundenkreis. Gute Recherchearbeit, auf fremde Menschen zugehen und selbstständiges Arbeiten gehören zu den Anforderungen an diesen Arbeitsplatz. Die Arbeitsergebnisse des gesamten Teams fließen dann einmal im Monat zusammen und münden in dem Produkt, das die Organisation monatlich erstellt. Regelmäßige Treffen, meistens am Montag, bündeln Aufgaben und machen deutlich, wer wo steht und welche Themen fortgeschritten oder noch sehr unklar sind. Erfahrene Mitarbeiter*innen können sehr selbstständig arbeiten, sobald sie die Themen durchdrungen haben, was im Allgemeinen nach ein paar Jahren der Fall ist. Der Mitarbeiter in unserem Fall hat durchaus erfrischende Ideen eingebracht, jedoch nicht konsequent umgesetzt. Die fehlende Kontinuität konnte er nicht mit größerer Kreativität kompensieren. Sein Bedürfnis, Recht haben zu wollen, manches besser zu wissen, ohne wirklich genug Erfahrung zu haben, zusammen mit seinen regelmäßigen Abwesenheiten, die er als persönliche Freiheit deklariert hat, haben die Arbeitsbeziehungen belastet.

7.3.3 Fragestellung

Die Führungskraft wirkte ratlos, weil sie erlebte, wie sie dem Mitarbeiter mehrfach Brücken gebaut hatte, über die er nicht gehen wollte. Der Mitarbeiter hat durchaus Talent, jedoch nicht immer geschickt agiert. Die Führungskraft würde ihm gern eine Chance geben, weiß aber nicht wie.

7.3.4 Psychologische Hypothesen

Vieles spricht dafür, dass bei diesem Mitarbeiter zwei Grundmuster im Vordergrund stehen. Sein Freiheitsbedürfnis (Grenzen wie die gesetzten Arbeitszeiten erlebt er als Eingriff in seine persönliche Freiheit) deutet auf eine risikoorientierte Persönlichkeit hin.

Nochmals zur Erinnerung: Risikoorientierte Menschen neigen zu sprunghaften Entscheidungen, die einer ganz eigenen Logik folgen. Nicht selten verweigern sie sich Regeln, Anweisungen und vorgeschriebenen Prozessen. Wenn ihren Ausreißversuchen Grenzen gesetzt werden, wollen sie Sonderaufgaben oder mehr Selbstständigkeit. Dieses Muster ist der Reaktion aus dem Kind-Ich sehr ähnlich. Schwer erfüllbare Wünsche sind besonders attraktiv.

Mitarbeiter*innen, die zu diesem Typus gehören, sind oft sehr selbstbewusst und legen sich nicht gern fest. Immer wieder nötigen sie ihre Umwelt zu deutlichem Abgrenzungsverhalten, wenn sie sich gegen deren Vereinnahmung wehren muss. Die Montagsausfälle können als diese eigene Logik verstanden werden. Auch verstandesorientierte Menschen bringen manchmal sehr viel Selbstbewusstsein mit. Hier kommt dieses Muster gleich doppelt zur Geltung. Der Mitarbeiter in unserem Fallbeispiel verteidigt seine persönlichen Freiheiten mit einer großen Selbstverständlichkeit und ist überrascht, dass die Führungskraft das Recht des Arbeitgebers, die Präsenz seines Mitarbeiters an einem Montagmorgen einzufordern, so nachhaltig aufrechterhält. Hier kommt durchaus noch ein anderer Aspekt in Betracht.

Zurzeit neigt der Mitarbeiter (noch) zur Selbstüberschätzung, was wenig beziehungsstiftend ist. Kontakt entsteht nur, wenn beide Seiten sich vom anderen »berühren« lassen durch das, was jemand sagt oder tut oder wie er oder sie Grenzen in Form von Unterschiedlichkeit anbietet.

Außerdem gibt es hier viele Hinweise, dass der Mitarbeiter unseres Falls verstandesorientiert agiert.[119] Er wirkt zwar selbstbewusst, zeigt aber immer wieder Gefühle, wenn er etwas als hart oder ungerecht erlebt. Das sind Hinweise auf sein inneres Erleben. Verstandesorientierte Menschen sind in ihrem Inneren manchmal labil und leicht verwundbar. Deshalb gehen sie von Anfang an lieber auf Distanz oder suchen sich Rollen als Außenseiter, wo ihnen niemand zu nahe kommt. Unter der daraus resultierenden Einsamkeit leiden sie zwar, doch hilft ihnen ihr oft scharf ausgeprägter Intellekt, dies entweder auf ihre Außergewöhnlichkeit zurückzuführen oder den anderen die Schuld an ihrer Isolation zuzuschreiben, was dem Umstand der Projektion gut beschreibt. Seine Kolleg*innen berichten gelegentlich davon, dass er ziemlich

119 Zum Begriff »Agieren«: Nicht immer meint Agieren einfach nur handeln. In der Psychologie wird darunter oft verstanden, dass jemand andere Beweggründe als die offensichtlichen hat und eine Reaktion damit bei seinem Gegenüber auslösen will. Agieren geschieht meist unbewusst.

dick aufträgt, wenn er sein Wissen oder seine Erfahrung zum Besten gibt. Dann ziehen sie ihn auf oder ignorieren ihn. Beides kann ihn beschämen, was er allerdings niemals zugeben würde. Scham ist nicht selten ein Grundgefühl von Betroffenen. Die Gegenbewegung ist dann nicht selten Arroganz. Das haben sie mit den Risikoorientierten gemeinsam. Letztere nutzen Arroganz allerdings eher aus einem Gefühl der Überlegenheit, verstandesorientierte Menschen, weil sie ihre Scham verbergen oder nicht spüren wollen.

7.3.5 Lösungsoptionen

Der junge Mann ist offenbar noch nicht berufserfahren genug, um die Wechselwirkung zwischen seinem Verhalten und der Wirkung auf seine Kolleg*innen zu erkennen. Um der Logik des Musters zu folgen, bieten sich zwei unterschiedliche Reaktionen an. Erstens braucht der junge Mitarbeiter mehr Orientierung, was der Arbeitsplatz möglicherweise so nicht hergibt, und gleichzeitig braucht er ab und zu Herausforderungen, an denen er auch scheitern kann. Das kostet insofern mehr Führungszeit, da die Führungskraft die Ergebnisse gut auswerten sollte, weil das Ergebnis entweder exzellent oder ungenügend ist. Der Mitarbeiter kann an solchen Erfahrungen wachsen, wenn er sich darauf einlässt bzw. die Führungskraft ihn mit seiner Intervention erreicht. Nur ein ehrliches Kontaktangebot wird der Mitarbeiter annehmen können, eines das nicht eine andere Art von Beschämung nach sich zieht.

Die verstandesorientierte Seite braucht einen Vertrauensvorsprung. Hier ist die Führungskraft gut beraten, ihm ab und zu eine Kompetenz zu unterstellen, die vielleicht nur im Ansatz vorhanden ist. Ich nenne das **Kompetenzzuschreibung** oder **Kompetenzunterstellung**. Es kann ihn stärken, wenn die Führungskraft ihm etwas zutraut, von dem er im Grunde selber weiß, dass er mehr davon zeigen müsste. Es kann ihn motivieren. Wenn die Organisation keine (anderen) Konsequenzen aus den verlorenen Montagen ziehen will, empfiehlt es sich, seine intrinsische Motivation zu stimulieren. Er will ja gut sein und überschätzt sich noch. Das braucht klare Rückmeldungen, die nichts beschönigen. Gleichzeitig bringt es die meisten Menschen in Schwung, wenn jemand ihnen etwas zutraut. Es lohnt, immer wieder Zwischenergebnisse einzufordern. Wenn er merkt, dass die Gespräche wegen der Montage einen anderen Tenor bekommen, werden die Fehltage wahrscheinlich auch seltener.

Unabhängig von diesem Fall scheint es so, dass dieses Phänomen – bei Rechten und Pflichten den Fokus auf die Rechte zu legen – ein häufiges Problem ist und möglicherweise auch eine Generationenfrage. Führungskräfte beobachten und beschreiben häufig, dass insbesondere jüngere Mitarbeiter*innen gute Kenntnisse ihrer Rechte haben, besonders wenn es um die Nutzung von Mobiltelefonen oder den »kreativen« Umgang mit Arbeitszeiten geht. Es ist ihnen selbstverständlich, diese Rechte einzufordern, ohne eine angemessene Gegenleistung dafür anzubieten. Insbesondere wenn der familiäre Background auf intellektuelle und/oder finanzielle Großzügigkeit hindeutet, wirkt es gelegentlich so, als wenn das Risiko, die Arbeitsstelle zu verlieren, bereits »eingepreist« ist. Diese Auslegung und Überbetonung von Rechten ist manchmal auch bei Mitarbeiter*innen zu finden, die schon sehr lange im Unternehmen sind und sich für unkündbar halten.

Wenn Sie diese Gruppe erreichen wollen, ist enges Führen, man könnte auch sagen kontaktvolles Führen das Mittel der Wahl. Mit Druck läuft hier gar nichts. »Drohen« Sie nichts an, was Sie nicht halten können. Wenn die Beziehung zwischen Ihnen und den entsprechenden Mitarbeiter*innen nicht für eine Verhaltensänderung reicht, werden Sie die anderen Gremien einbeziehen müssen. An erster Stelle steht hier immer der Personal- oder Betriebsrat. Eine qualifizierte Personalabteilung kann von unschätzbarem Wert sein.

7.4 Fall 3: Einem Mitarbeiter unterlaufen grobe Fehler trotz langjähriger Berufserfahrung

Ausdruck und Sichtbarkeit: Verdeckte und offene Transaktionen zwischen Eltern-Ich und Kind-Ich, Verstandes- und Risikoorientierung

7.4.1 Fallbeschreibung

Mein Coachee wurde aus den Reihen seiner Mitarbeiter*innen zum neuen Leiter ausgewählt. Etwa ein Jahr davor ist der Mitarbeiter eingestellt worden, der hier im Fokus stehen wird. Dessen ruppige Umgangsformen und seine Art, alles besser zu wissen, gingen den Kolleg*innen bald auf die Nerven. Dazu kamen Fehler, die jemandem mit 15 Jahren Berufserfahrung nicht passieren dürften. Technische Fehler, die das Unternehmen viel Geld gekostet hatten. Da diese Phänomene bereits in der Probezeit auftraten, wollte der scheidende Leiter von den Kolleg*innen wissen, ob er das Ende der Probezeit nutzen sollte, um die Einstellung zu verhindern. Die Diskussion wurde sehr kontrovers geführt mit einer Tendenz zur Beendigung des Beschäftigungsverhältnisses. Der jetzige Leiter hatte auch vor seiner Ernennung einen guten Stand und so hat seine Stimme den Ausschlag gegeben, diesen Mitarbeiter im Team zu lassen.

Inzwischen passierten weitere Fehler, die immer wieder mit Kosten verbunden waren. Außerdem stellte sich heraus, dass der Mitarbeiter Besucher (Kunden) zum Teil sehr grob behandelte, sich eher wie ein Türsteher verhielt und sein Hausrecht ins Feld führte, um Gäste einzuschüchtern oder, wie es schien, sein Geltungsbedürfnis in die Waagschale zu werfen. Wenn Kolleg*innen etwas dazu sagten, fielen seine Antworten besserwisserisch aus und wurden als unverschämt beschrieben.

Der neue Leiter führte nun verschiedene Gespräche mit ihm, um an seine Einsicht zu appellieren, ohne sichtbaren Erfolg. Der »Neue« wusste zwar, dass er seine Einstellung dem aktuellen Leiter zu verdanken hatte, ließ sich davon aber nicht beeindrucken. Ab und zu zeigten die Gespräche Wirkung und drei oder vier Wochen lang zeigte er, dass er auch einen anderen Ton beherrschte und durchaus als Dienstleiter denken und handeln konnte. Von außen betrachtet wirkte sein Verhalten jedoch hölzern und künstlich, wie bei jemandem, der einen Smoking tragen soll, obwohl er schon Anzüge verabscheut. An seinem früheren Arbeitsplatz war sein Stil genau der Richtige, weil die Besucher dort die »Sprache« seiner auch körperorientierten Omnipräsenz gut verstanden

und sich auf diese Weise an die Regeln des Hauses hielten. Die Sprache der Eckkneipe ist eben eine andere als im Feinschmeckerlokal und das ist auch völlig in Ordnung so.

Nun hat der jetzige Leiter inzwischen Zweifel daran, ob sein Mitarbeiter zum einen versteht, warum er von ihm eine Verhaltensänderung einfordert, und zum anderen, ob er in der Lage ist, diese für ihn neue Haltung einzunehmen. Bisher hat er für alle Fehler Ausflüchte gesucht und es war nicht erkennbar, ob er bereit ist, die Verantwortung für sein Handeln zu übernehmen.

7.4.2 Kontext

In dieser Organisation besteht ein starker Publikumsverkehr. Täglich nutzen etwa 800 bis 1.000 Menschen diese Einrichtung. Die Mitarbeiter*innen haben Service- und technische Überwachungsaufgaben und sorgen für eine soziale Regulierung zwischen verschiedenen Besucher- bzw. Interessensgruppen. Besucher*innen sind erwünscht, weil sie die wirtschaftliche Grundlage für dieses Geschäft sind. Das Kerngeschäft besteht darin, den Besucher*innen Service, Sicherheit und einen gewissen Wohlfühlfaktor zu bieten, damit sie wiederkommen. Die Mitarbeiter*innen arbeiten zum Teil viele Jahre dort, das Arbeitsklima ist gut und neue Mitarbeiter*innen kommen selten hinzu. Die Wahl des neuen Leiters wurde von den meisten begrüßt.

7.4.3 Fragestellung

Die teuren Fehler seines Mitarbeiters, sein wenig einsichtiges Verhalten und sein – wie er es nannte – »Mackerverhalten« im falschen Umfeld ließen Zweifel aufkommen, ob dieser Mitarbeiter hier gut aufgehoben sein würde. Von mir wollte der Leiter nun wissen, welche Chance er als Führungskraft hat, Einfluss auf eine Veränderung zu nehmen, und welche Interventionen angemessen sind.

7.4.4 Psychologische Hypothesen

Vier psychologische Menschenbilder habe ich Ihnen in Kapitel 2 vorgestellt. Zum einen bietet sich hier das verstandesorientierte Muster an. Großspurigkeit und distanzierendes Verhalten passen gut dazu. Die Fehler des Mitarbeiters gehen auf eine

Mischung aus Selbstüberschätzung und Schlampigkeit zurück, was auf eine fehlende innere Struktur – stattdessen auf risikoorientiertes Verhalten – hindeutet, aber auch auf eine projizierende Kontaktvermeidung: Großspurigkeit und Uneinsichtigkeit bei offensichtlichen Fehlern sind Indizien für dieses Persönlichkeitsmuster.

Wenn wir nun aus dem Blickwinkel der Transaktionsanalyse (vgl. Kapitel 3) auf den Fall schauen, wird deutlich, dass viele Fragestellungen von mehr als einem Standpunkt aus analysiert und verstanden werden können.

Der Leiter deutete an, dass er vom Verhalten des Mitarbeiters enttäuscht sei, zumal seine Stimme den Ausschlag für die endgültige Einstellung gegeben hatte. Er erwartete so etwas wie Dankbarkeit und Respekt. Sowohl die Enttäuschung als auch das Bedürfnis nach Anerkennung sind Hinweise auf eine verdeckte (!) Transaktion aus dem Eltern-Ich zum Kind-Ich des Mitarbeiters. Diese beiden (unbewussten) Erwartungen des Leiters wurden nicht erfüllt, eher im Gegenteil: Der Mitarbeiter versucht ihn in seiner Abwesenheit auszutricksen, wenn es um Arbeitszeiten geht, und auch die Kolleg*innen haben den Eindruck, dass er seine Arbeitszeitgrenzen sehr großzügig auslegt. Die Tricksereien des Mitarbeiters und seine rebellische Seite bedienen die Deutung, dass er sich überwiegend im Kind-Ich aufhält. Das ist jedoch nicht verdeckt, sondern offensichtlich.

Wir können hier nicht die Kindheit des Mitarbeiters analysieren, um dem Muster auf die Schliche zu kommen, aber rein hypothetisch kann angenommen werden, dass er einen strengen Vater hatte, der ihn weder gut förderte noch wohlwollend gefordert haben wird. Es ist auch nicht auszuschließen, dass der Mitarbeiter der väterlichen Übermacht nur mit Tricks und einer eigenmächtigen Auslegung von Grenzen entkommen und nur auf diese Weise seine Autonomie bewahren konnte. Alles andere hat er dann mit körperlicher Überlegenheit geregelt. Offen zu rebellieren war möglichweise gefährlich, einerlei ob er das als Kind nur angenommen hat oder diese Erfahrung real machen musste. Viele verdeckte Transaktionen werden von beiden Seiten stattgefunden haben.

7.4.5 Lösungsoptionen

Verdeckte und offene Transaktionen, die sich in erster Linie zwischen Eltern- und Kind-Ich abspielen, benötigen mindestens bei einer der agierenden Personen sehr viel Klarheit und Bewusstheit für das Geschehen zwischen Chef und Mitarbeiter*in. Manchmal

erfordert die Beobachtung eine Hilfestellung von außen, zum Beispiel in Gestalt eines Coaches. Führungskräfte werden immer wieder in Situationen geraten, die sie möglicherweise auch durch die Art ihrer Intervention forciert haben, die ihnen seltsam, irritierend oder unangenehm vorkommt, ohne im Einzelnen benennen zu können, was da passiert ist. Dann lohnt es sich, psychologisches Wissen hinzuzuziehen.

Ich möchte an dieser Stelle nochmals meiner Überzeugung Nachdruck verleihen: **Führungskräfte sind keine Erziehungsberechtigte.** Alle Mitarbeiter*innen sind erwachsen, auch wenn sich das nicht immer im Verhalten widerspiegeln mag. Also ist dies die Ebene, auf der die zukünftige Begegnung stattfinden sollte: die Ebene des Erwachsenen-Ich.

Die Führungskraft – in diesem Fallbeispiel auch Leiter der gesamten Organisation – sollte hier einen Zeithorizont von etwa zwei Jahren annehmen. Zunächst geht es darum, dem neuen Mitarbeiter die gesamte Situation vor Augen zu führen, also ihm zu zeigen, wie die Führungskraft sie erlebt, und um eine Einschätzung durch den Mitarbeiter zu bitten. Dann geht es darum, zunächst die vorhandene wohlwollende Meinung zu äußern und mit aller Klarheit eine Änderung einzufordern. Der Leiter hat signalisiert, ihn halten zu wollen, sofern er Veränderungen und Bemühen erkennen kann. Das sollte der Mitarbeiter erfahren. Wichtig: Dabei sollten keine Drohungen und keine Wenn-dann-Formulierungen verwendet werden, weil das die Dynamik zwischen Eltern- und Kind-Ich erneut in Gang setzt. Stattdessen sollte der Leiter mit Kompetenzunterstellungen arbeiten und, wenn möglich, nach Aufgaben suchen, die Alleinstellungsmerkmale des Mitarbeiters bedienen, für die er mehr Verantwortung übernehmen soll. Ein wohlwollender Rat kann auch das Thema Selbstüberschätzung und die ständige »Ich kenne die Welt besser als ihr alle zusammen«-Rede berühren. Sagen Sie ihm, wie das auf andere (auf Sie) wirkt und dass es nicht zu mehr Anerkennung führt, sondern dass die Gruppe ihn langfristig meiden wird. Sollte er dann mit einer Abwertung der Gruppe reagieren, spiegeln Sie ihm, dass diese Reaktion zur gleichen Kategorie gehört und Sie ihm nicht glauben, dass ihm dies egal sei.

Führen Sie ihn ab sofort etwas enger und geben Sie ihm so zeitnah wie möglich Rückmeldungen im Guten wie im Schlechten.

7.5 Fall 4: Zwei ältere Mitarbeiterinnen wollen keine Veränderungen mehr mitmachen

Ausdruck und Sichtbarkeit: Ordnungsorientierung und Gefühlsorientierung

7.5.1 Fallbeschreibung

Vor etwa zehn Jahren wurde ein digitales Lagersystem eingeführt, das für viel Unruhe gesorgt hatte, aber inzwischen als selbstverständlich akzeptiert ist. Die beiden Mitarbeiterinnen, um die es hier geht, sind gut integriert und treten selbstbewusst auf. Die Veränderungen in der Wirtschaft, Digitalisierung und die Situation am Arbeitsmarkt haben nun auch dieses Unternehmen erreicht, so dass neue Abteilungen, Schnittstellen und Arbeitsplätze geschaffen werden, die wieder für viel Unruhe sorgen. Dabei beklagen diese beiden Mitarbeiterinnen die Irritationen, die das erzeugt, und verweigern die Auseinandersetzung mit den digitalen Veränderungen. Ihre Hauptbegründung besteht in der Aussage, dass sie dafür zu alt seien.

7.5.2 Kontext

In diesem Unternehmen mit etwa 500 Mitarbeiter*innen werden Teile vorsortiert, weiterverarbeitet oder es fallen Lagerarbeiten an. Die betreffenden Personen müssen körperlich leichte Arbeiten ausführen, die sie bisher weder intellektuell noch körperlich überfordert haben. Die beiden Mitarbeiterinnen sind Anfang 50 und schon sehr lange im Unternehmen. Das Arbeitsklima wird als gut beschrieben.

7.5.3 Fragestellung

Wie bekomme ich die Mitarbeiterinnen dazu, sich mit den neuen Bedingungen auseinanderzusetzen und auf ihre trotzige Haltung zu verzichten bzw. sich auf die Veränderung einzulassen?

7.5.4 Psychologische Hypothesen

Vorüberlegung zum Thema

Veränderung (Change) gehört seit vielen Jahren zum Berufsleben aller Menschen. Gleichzeitig gibt es bei den meisten Menschen ein Bedürfnis nach Zuverlässigkeit, Machbarkeit und Ähnlichkeit von Arbeit und Arbeitsumgebung, ohne nennenswerten Einfluss auf die persönliche Lebensplanung oder Freizeit. Unternehmen dagegen sind oft vom Markt getrieben, müssen sich umstellen, neue Medien einführen, Prozesse ändern und von ihren Mitarbeiter*innen Flexibilität verlangen. Jüngere Menschen sind da im Vorteil, weil sie anders lernen und oft mit Veränderung aufgewachsen sind. Ältere Menschen können auf Lebenserfahrung und Routinen zurückgreifen, die sie schneller sein lassen, aber auch die Anpassung an neue Bedingungen erschweren. Es gibt Untersuchungen, die belegen, dass die Gefahr auszubrennen zunimmt, wenn der Druck der Neuanpassung zu groß wird.[120] Hier sind risikoorientierte Menschen klar im Vorteil, da sie Veränderung als Möglichkeit sehen, aus Routinen herauszukommen.

Hypothesen

Beide Frauen erleben die Veränderung als Affront des Unternehmens gegen sie als Person. Nach vielen Jahren Zugehörigkeit dürfte eine gewisse Loyalität gewachsen sein, die implizit davon ausgeht, dass diese Loyalität einen Preis hat. Beide wirken mit ihrem Widerstand naiv, Anfang Fünfzig sollte man noch mehr Fähigkeiten zum Lernen und zur Weiterentwicklung vermuten. Ich möchte deshalb hier trennen zwischen realistischen und emotionalen Widerständen. Wenn ich davon ausgehe, dass hier eine Loyalitätszumutung stattgefunden hat, ist der Widerstand verständlich und nachvollziehbar. Es ist möglich, dass sie sich entwurzelt fühlten, weil der Verlust von Arbeitsgewohnheiten und sozialer Verbundenheit ihnen den Boden unter den Füßen weggezogen hat. Es geht nicht darum, ob die Einschätzung der Mitarbeiterinnen richtig ist, es geht um das persönliche emotionale Erleben. In der Innenperspektive des individuellen Erlebens erscheint Widerstand fast immer angemessen! Widerstand ist ein Schutzmechanismus, gegen den nichts einzuwenden ist. Eine Frage ist auch, ob eine jüngere Führungskraft das nachvollziehen kann. Es würde schon hilfreich sein, wenn sie um diese Mechanismen weiß. Thomas Boyce hat das

120 Institut für angewandte Innovationsforschung der Ruhr-Universität Bochum und Experten der Kliniken Essen-Mitte.

Permanenzgefühl genannt. Stabile und zuverlässige Erfahrungen in der Familie fördern Gesundheit und die Fähigkeit, mit Stressoren besser umzugehen, und zwar bis ins Erwachsenenalter. Die Sicherheit, die das Unternehmen bisher geboten hatte, wurde durch die Veränderungszumutung erschüttert und wahrscheinlich als persönlicher Angriff gewertet.

Ob die beiden Mitarbeiterinnen rationalen Argumenten gegenüber offen sind, wird sehr stark vom Vorgehen der Führungskraft abhängen. Unabhängig von der Coping-Kompetenz[121] dieser beiden Frauen, brauchen sie das Gefühl, dass ihr Erleben ernst genommen wird. Möglicherweise brauchen sie eine bildliche Ansprache, wie etwa eine Metapher[122] und jemand, der ihnen zuhört, ihnen ermöglicht über ihre Ängste zu reden, ohne sie davon überzeugen zu wollen, dass ihre Ablehnung unbegründet oder »falsch« sei.

Führungskräfte entgegnen mir oft, dass sie psychologisch nicht geschult seien oder dass sie doch keine Therapeut*innen seien und es sich schließlich um einen Arbeitsplatz handele und nicht um eine Betreuungseinrichtung. Ja, es ist ein Arbeitsplatz, und hier wird deutlich, weshalb dieses Lernfeld unbedingt in der Führungskräfteentwicklung Platz haben muss. Es geht also nicht um eine therapeutische Arbeit. Führung bedeutet, Menschen zu führen. Es geht nicht darum, sie an die Hand zu nehmen, ihnen aber die Hand zu reichen, um über eine Brücke zu gehen. Ein Aspekt davon ist, Bedenken ernst zu nehmen, ein anderer, Fortbildungen anzubieten, wenn es um Fertigkeiten geht, die man lernen kann, wie ein Computerprogramm oder Kommunikationstechniken. Zwei Persönlichkeitsmuster können hier zutreffen: die Ordnungsorientierung und die Gefühlsorientierung.

7.5.5 Lösungsoptionen

Falls die beiden oft zusammen auftreten, macht es Sinn, auch das Gespräch zusammen zu führen. Es bietet sich an, zunächst über ihre Befindlichkeit[123] zu sprechen,

121 Coping ist die Kompetenz, sich von schwierigen Lebenssituationen nicht krank machen zu lassen. Vgl. Antonovsky, A. (1997).

122 Zum Beispiel Arbeit als Reise oder Reiseorganisation o. Ä.

123 Für das gefühlsorientierte Muster.

aber auch über die Zukunftsplanung,[124] um die beiden Persönlichkeitsmuster zu bedienen. Dafür sollten Sie sich Zeit nehmen und gegebenenfalls immer wieder um Präzisierung bitten, wenn Allgemeinplätze betreten werden. Dann würde ich den beiden Mitarbeiterinnen deutlich machen, dass sie viel Erfahrung haben, und ihren Einsatz ehrlich würdigen. Wenn sie über ihre Zukunft sprechen, könnte man eine Frage einbauen, z. B. danach, wie sie Veränderungen in der Vergangenheit angefasst haben oder wie sie z. B. eine große Reise organisiert haben. Und dann kann man diese Metapher nutzen, um zu beschreiben, dass Unternehmensveränderung im Grunde auch nur eine Reise ist, bei der niemand allein ist. Dass es Zwischenstopps gibt und man immer jemanden fragen kann, wenn man den Weg nicht so genau kennt usw. Es kann sehr hilfreich sein, die Personen danach zu fragen, ob sie etwas mit dem Bild anfangen können. Wenn dies nicht der Fall ist, lässt man sie selbst nach einem Bild suchen, das ihnen einfällt. Dabei geht es weniger um das Bild, sondern mehr darum, deren Denkweise zu verstehen und eventuell nachzuhaken, wie denn aus ihrer Sicht eine gute Lösung aussähe.

Anschließend könnte man zum Ausdruck bringen, dass man sich freuen würde, wenn sie bei der Reise dabei sind. Sollte jemand in den Widerstand gehen (z. B. »Ich gehe nirgends mehr hin!«), fragen Sie, wie das dann gehen soll in dem letzten Drittel ihres Arbeitslebens, denn 14 Jahre sind zu viel, um am Straßenrand zu stehen und zuzuschauen, wie die Welt sich von ihnen wegbewegt. Und wenn immer noch keine Bereitschaft erkennbar ist, bitten Sie sie, sich dazu Gedanken zu machen, das Angebot, an der Reise teilzunehmen, steht nach wie vor. Und dann geben Sie ihnen zwei Wochen Zeit, sich Gedanken zu machen. Vermeiden Sie jede Art von Drohung, Ultimaten oder ähnlichen Interventionen, betonen Sie stattdessen, dass Sie jeder guten Lösung zustimmen werden. Auf der anderen Seite sollten Sie keinen Zweifel daran aufkommen lassen, dass die Unternehmensveränderung wieder rückgängig gemacht werden könnte.

Sie sollten immer Alternativen anbieten können, die sich in Arbeitszeitmodellen oder einer Arbeitsplatzänderung abbilden lassen. Holen Sie dabei Ihre HR-Abteilung und gegebenenfalls den Betriebs- oder Personalrat mit ins Boot.

124 Für das ordnungsorientierte Muster.

7.6 Fall 5: Eine Teamleiterin geht arrogant mit Teammitgliedern um

Ausdruck und Sichtbarkeit: Verstandesorientierung, Ordnungsorientierung und ein angepasstes Kind-Ich

7.6.1 Fallbeschreibung

Eine Führungskraft schildert mir den folgenden Fall: Die Teamleiterin sei meist recht flexibel und gehe auf den Wissensstand der anderen Teammitgliedern oft gut ein. Leider äußert sie sich in deren Abwesenheit dann schon mal abfällig. Ihre Arroganz blitzt auch immer wieder auf der sachlichen Ebene durch, wenn sie glaubt, permanente Ratschläge geben zu müssen. Gelegentlich gibt es verbale Rangeleien um die Sinnhaftigkeit ihrer manchmal überzogenen Ideen. An den Rangeleien hat sie einen erheblichen Anteil. Dabei spielt der Ton eine besondere Rolle. Darauf angesprochen, versteht sie den Einwand nicht. Wenn die Führungskraft sie lobt, ist ihr das sehr wichtig. Meistens macht die Teamleiterin einen guten Job, so dass sie dafür durchaus Respekt erhält. Die Stimmung im Büro wird als gut beschrieben. An dem folgenden Verhaltensmuster würde die Führungskraft auch gern etwas ändern: Die Teamleiterin gräbt sich oft viel zu tief in ihre Aufgaben ein, so dass sie Dinge nicht rechtzeitig abliefern kann. Dann bittet sie um Priorisierung durch ihre Führungskraft.

7.6.2 Kontext

Das Team – im Sinne der Definition eher eine Arbeitsgruppe – ist eines von vielen innerhalb der Organisation und leistet klassische Büroarbeit in der Verwaltung. Die Stimmung ist meistens gut, mehr als die üblichen Uneinigkeiten (Fenster offen oder geschlossen, Klimaanlage aus oder an u. Ä.) kämen nicht vor. Die Arbeitsgruppe ist in den letzten Jahren stark gewachsen, weshalb die Rolle der Teamleiter*in eingeführt wurde. Jede Teamleiter*in koordiniert eine Gruppe von maximal zehn Personen. Sie bildet die Schnittstelle zur Führungskraft, die durch diese neuen Rollen entlastet werden soll. Die meisten Teamleiter*innen sind Leistungsträger*innen und wurden

von der Geschäftsleitung und der Führungskraft der Abteilung ausgesucht, also vorgegeben. Der Unmut der Arbeitsgruppen hielt sich in Grenzen.

Das Unternehmen ist im mittelständischen Bereich angesiedelt.

7.6.3 Fragestellung

Wie kann ich die Teamleiterin unterstützen, so dass sie einerseits ihren Wissensvorsprung wohlwollend und unterstützend zur Verfügung stellt, ohne gleichzeitig ihre Teammitglieder abzuwerten oder sich selbst allzu wichtig zu nehmen?

Wie kann ich sie dazu bringen, durchaus genau zu arbeiten, jedoch diese Arbeit schneller zu erledigen.

7.6.4 Psychologische Hypothesen

Arroganz kommt meistens bei verstandesorientierten oder risikoorientierten Menschen vor. Die ersteren, weil sie ihren Wissensvorsprung oder ihre intellektuelle Auffassungsgabe überbetonen müssen, die risikoorientierten, weil sie sich über die Langsamkeit oder fehlende Flexibilität der anderen lustig machen. Ihr Ideenreichtum ist manchmal beeindruckend, schwierig wird es, wenn sie das allzu überheblich vortragen.

In diesem Fallbeispiel ist es wahrscheinlich, dass die Teamleiterin verstandesorientiert ist. Die Neigung, sich tief in Probleme oder eine Fragestellung einzugraben und dann die Zeit aus dem Blick zu verlieren, spricht außerdem für ein ordnungsorientiertes Persönlichkeitsmuster. Die auffällig beschriebene Reaktion auf das Lob der Führungskraft und durchaus auch ein Teil der Arroganz sprechen für eine Mitarbeiterin, die bevorzugt aus dem angepassten Kind-Ich agiert.

7.6.5 Lösungsoptionen

Die Persönlichkeitsmuster der Teamleiterin gut auszubalancieren ist eine durchaus anspruchsvolle Aufgabe. Rein psychologisch gedacht, ist die Teamleiterin präsent und weiß, was sie kann. Sie wird vermutlich deshalb schon früh in diese Rangelei

geraten sein, weil sie kein Gehör gefunden hat mit ihren vielleicht manchmal allzu provozierenden Ideen. Hier die Tür aufzuhalten, ihr zuzuhören, die Ideen auf ihre Plausibilität und ihren Sinn abzuklopfen, kann zur Befriedung der Situation beitragen.

Hier wird eine andere Seite des Kind-Ichs sichtbar, die trotzige. Es ist vermutlich auch so, dass sie mehr Übung darin hat, symbolisch gegen die Tür zu treten als anzuklopfen. Das wird sie lernen müssen, denn ein solches Kontaktangebot kann nicht erfolgreich sein. Immer dann, wenn sie zu laut klopft und sich dadurch nicht durchsetzen kann (also auch bei anderen), kann die Frage helfen, ob sie eine Vermutung hat, was ihr Anteil daran sein könnte, dass ihr niemand zuhören möchte. Falls sie die anderen dafür abwertet (also z. B. sagt, die anderen seien halt dumm oder unflexibel oder hätten von solchen Sachen eben keine Ahnung usw.), ist es wichtig, ihr die Rückmeldung zu geben, dass sie andere nicht richtig abgeholt hat oder dass sie von anderen nicht als wertschätzend genug wahrgenommen wird oder Ähnliches. Dies ist auch ein typisches Phänomen bei projektiven Kontaktformen.

Mit dieser Konfrontation oder Intervention stärkt die Führungskraft gleichzeitig auch ihre eigene Rolle, die nicht darin bestehen kann, ein wohlwollendes Eltern-Ich abzugeben. Es wird der Teamleiterin helfen, sich mehr in die Richtung einer wertschätzenden Grundeinstellung zu bewegen. Sollte sie sich langsam in diese Richtung entwickeln, ist hier das wohlwollende Eltern-Ich gut eingesetzt, aber möglichst nicht vor anderen Mitarbeiter*innen. Wenn sie dann irgendwann ihren Weg in das Team gefunden hat, wird sie möglicherweise merken, dass sie dadurch weit mehr Anerkennung bekommt als vorher. Diese Anerkennung wird sie dann auch weniger bei ihrer Führungskraft suchen, und beide können sich zunehmend auf der Ebene des Erwachsenen-Ich begegnen. Diese Dynamik ist gleichzeitig für die Führungskraft eine tolle Chance, mit wissensstarken Personen umzugehen. Fällt die Teamleiterin gelegentlich in ihr altes Muster zurück, ist es unterstützend, ihr das immer wieder zu spiegeln. Damit dürfte das verstandesorientierte Muster ausreichend bedient worden sein. Einige Verhaltensweisen der Teamleiterin deuten auf Projektion hin, die vor allem Distanz schafft – eine sogenannte projektive Entlastung.

Die Eigenschaft, sich tief in bestimmte Themen einzuarbeiten und sich dabei zu verzetteln, entspricht insbesondere ordnungsorientierten Menschen. Diese Art, mit Arbeitsthemen umzugehen, füttert das Bedürfnis nach Sicherheit und Kontrolle. In diesem Kontext könnte es so verstanden werden, dass die fehlende Anerkennung

durch die Arbeitsgruppe für ihre vermeintlich unterstützende Rolle ihr Kontroll- und Sicherheitsbedürfnis eher beflügelt hat. Gleichzeitig hat sie sich mit ihrem Engagement verzettelt, statt von ihrer Führungskraft dafür gewürdigt zu werden. Das könnte als Einladung verstanden werden, sich beim nächsten Mal noch tiefer in ein Thema einzugraben, um die ersehnte Anerkennung zu bekommen.

Mit der Führungskraft würde ich nun erörtern, ob es andere Bereiche gäbe, der Teamleiterin zu mehr Sicherheit zu verhelfen. Die Führungskraft erwähnte in einem Gespräch, dass sie viel miteinander lachen würden. Humor ist bekanntlich ein guter Zugang zu mehr Leichtigkeit, der einen wirklichen Austausch auf Augenhöhe ermöglicht.

7.7 Fall 6: Eine Führungskraft ist ambivalent bei einem Alkoholproblem

Ausdruck und Sichtbarkeit: Retroflektion der Führungskraft und Gefühlsorientierung

7.7.1 Fallbeschreibung

Vorbemerkung
Anders als bei den anderen Fällen führte bereits die erste und einzige Beratung zu ausreichenden Erkenntnissen und einer Antwort auf die zentrale Frage. Das Anliegen wurde in einem Konflikttraining vorgetragen, so dass wir viel Zeit hatten und ich auch methodisch die Gruppe als Resonanzboden nutzen konnte. Die Methode werde ich hier nicht vorstellen, weil der Erklärungsbedarf sehr hoch ist, wenn jemand weder die Methode kennt noch sie jemals selbst erlebt hat. Gemäß der buddhistischen Weisheit, dass man niemandem den Geschmack einer Erdbeere erklären könne, wenn die Person nie eine gegessen hat.

Ein weiterer Aspekt ist der Umstand, dass hier auch der Vorgesetzte selbst im Fokus steht, was ihn von allen anderen Fällen deutlich unterscheidet. Meines Erachtens ist es wichtig, einen Fall auch einmal aus dieser Perspektive zu betrachten, weil es Ihnen als Leser*in ermöglicht, immer auch ihre eigene Rolle in einer schwierigen Situation mit den Mitarbeiter*innen zu reflektieren. Und hier sehen Sie auch, dass sich manche Verwicklungen nur mit einem Unterstützenden (Coach, Kolleg*in, psychologisch geschulte Person) auflösen lässt.

Der Fallgeber war zum Zeitpunkt des Trainings Industriemeister und führte etwa 60 Mitarbeiter*innen. Er wirkte in seinen Beschreibungen sehr erfahren, war etwa 55 Jahre alt und beschreibt folgenden Fall: Eine seiner Mitarbeiter*innen hatte seit vielen Jahren ein Alkoholproblem, das er zwar wahrgenommen, aber nie verfolgt hatte. Seine Meisterkolleg*innen hatten ihn oft darauf angesprochen. Er konnte sich selber nicht erklären, weshalb er gerade ihr gegenüber so nachgiebig und inkonsequent war. Normalerweise – so erzählte er auf Nachfragen – handele er konsequent und nachdrücklich, um seine Mitarbeiter*innen zu führen, und ließ wenig Zweifel, wer die Regeln setzt und welche Konsequenzen sich daraus ergeben würden. Nur in diesem Fall war es anders. Nach mehreren gescheiterten Versuchen, es im Guten zu lösen, entschied er sich, endlich professionell damit umzugehen, und leitete die Maßnah-

men der Betriebsvereinbarungen ein, die im Fall von Alkoholmissbrauch üblich sind. Die Mitarbeiterin habe erleichtert reagiert, als er das Alkoholproblem zum Thema gemacht hatte, und zunächst einen Entzug und anschließend eine Therapie mit Klinikaufenthalt begonnen.

7.7.2 Kontext

Das Unternehmen hat am Standort gut 30.000 Mitarbeiter*innen und ist einer der größten Arbeitgeber im Umkreis von 60 Kilometern. Die Führungskraft selbst hatte bereits in diesem Unternehmen gelernt und seine Meisterausbildung gemacht. Die Identifikation mit dem Unternehmen und seiner Arbeit wurde von ihm glaubwürdig beschrieben, so dass es für den zunächst inkonsequenten Umgang mit dieser Mitarbeiterin keine plausible Erklärung gab. Seine Kolleg*innen haben ihn mehrfach darauf angesprochen und ihn wegen seiner laxen Haltung kritisiert. Er habe sein Verhalten lange verteidigt, weil er meinte, dass sie eine Chance verdient hätte, ohne Öffentlichkeit die Alkoholsucht zu überwinden, trocken zu werden und zu bleiben. Wider besseren Wissens hat er ihr jedes Mal die Beteuerungen abgenommen, dass sie ihn nicht erneut enttäuschen wolle.

Menschen, die mit Süchtigen arbeiten, haben die Erfahrung gemacht, dass diese Versprechen so gut wie nie funktionieren und die Abhängigen eher erleichtert reagierten, wenn das Versteckspiel endlich aufhören konnte. Die Schonhaltung hat deshalb die Problematik um die Sucht nur verlängert und die Veränderung hinausgezögert, sie aber nicht gestoppt. Genau genommen schont sich hier derjenige, der die Sucht zum Thema machen sollte. Außerhalb des Unternehmens sind es die Angehörigen, im Unternehmen die Führungskräfte, die dieses Thema proaktiv aufgreifen sollten. Oft gibt es Betriebsvereinbarungen, die das Vorgehen regeln.

Die Führungskraft wollte nun ihre Mitarbeiterin in der Klinik besuchen, was bei ihren Meisterkollegen zu großem Unverständnis geführt hatte. Er solle sie in Ruhe ihre Therapie machen lassen, seine Aufgabe beginne erst wieder, wenn sie zurückkäme.

7.7.3 Fragestellung

Dem Fallgeber wollte es nicht einleuchten, weshalb er seine Mitarbeiterin nicht in der Klinik besuchen solle, es wäre doch ein Zeichen der Fürsorge. Seine Meisterkolleg*innen fanden, dass der Klinikaufenthalt ihre Privatsache sei und er nur stören würde. Seine Frage an mich war nun, wie er sich entscheiden solle.

7.7.4 Psychologische Hypothesen

Wie in jedem anderen Fall lässt sich mehr als nur eine plausible Antwort finden – selbst wenn es sich nur um Hypothesen handelt –, wenn der Fallgeber genug Fragen beantwortet, die den Kontext und in diesem Fall auch sein Anliegen ausleuchten. Um an unbewusste Prozesse und Hintergründe zu kommen, braucht es meistens anderer Methoden als die der Fragen.

Aus der Erfahrung sind psychologisch bzw. therapeutisch erfahrene Menschen schneller auf der Spur solcher Phänomene. Wie hoch die Treffsicherheit ist, hängt von der Rückmeldung und dem Reflexionsvermögen des Fallgebers ab.

Zunächst will ich glauben, dass der Wunsch, seine Mitarbeiterin zu besuchen, dem Gedanken von Fürsorge der Führungskraft als Stellvertreter des Arbeitgebers entspricht. Er ist hier im fürsorglichen Eltern-Ich. Das ist zunächst eine angemessene Reaktion, birgt jedoch die Gefahr, dass die Mitarbeiterin sich durch seinen Besuch in der Klinik in die Kind-Ich-Rolle begibt und dadurch die Kränkung, die eine Suchterkrankung meist in sich birgt, eher verstärkt wird. Würde er warten, bis sie gestärkt aus der Klinik zurückkäme, könnten sich beide auf der Ebene des Erwachsenen-Ich begegnen. Darin liegt zugleich eine Lösungsoption. Dass in diesem Fall die Kolleg*innen eine so deutliche Warnung ausgesprochen haben, ist immerhin ein Hinweis für deren Erfahrung, aber eben auch für deren professionelle Distanz. Dass der Fallgeber diese vermissen ließ, ist aus meiner Sicht keine Schwäche, sondern ein Hinweis, dass er eine persönliche Geschichte mit Sucht/Alkohol oder Erfahrungen mit Süchtigen hat – meist in der Verwandtschaft oder im nahen Umfeld.

Nachdem ich diese Hypothese ausgesprochen hatte, erzählte die Führungskraft folgende Geschichte: Sein Großvater war auch Alkoholiker. Wenn er betrunken war, durfte ihm niemand zu nahe kommen, weil er zu gewalttätigen Ausbrüchen neigte. Immer wieder war die Polizei zu Besuch, um ihn in die Schranken zu weisen, was jedoch niemals nachhaltig war. Nur er durfte in solchen Zeiten in seine Nähe und so half er ihm ins Bett, wischte Erbrochenes weg oder warnte seine Großmutter, jetzt lieber nicht ins Haus zu gehen.

Als er 16 Jahre alt war, kam er eines Tages nach Hause und fand den Großvater tot in Erbrochenem liegen. An diesem Tag war er nicht gleich nach der Schule zu seinem Großvater gekommen, sondern hatte sich zunächst mit Freunden getroffen.

In seiner Fantasie hätte er ihn vielleicht gerettet, wenn er wie immer gleich nach der Schule nach Hause gegangen wäre. Diese Geschichte hat ihn lange verfolgt, intellektuell war ihm durchaus klar, dass er keine Schuld trägt, emotional hat er das offenbar nie ganz verarbeitet. Es verfolgte ihn immer wieder.

Eine weitere Hypothese leitet sich aus dieser Geschichte ab. Wenn jemand sich schuldig für etwas fühlt, zählt nicht, ob es wahr oder nur fantasiert ist. Im inneren Erleben verselbstständigt sich das Schuldgefühl und wird immer dann »abgerufen«, wenn eine Alltagssituation – egal ob beruflich oder privat – der alten unerledigten Erfahrung ähnelt. Unsere psychologische Lerngeschichte ruft Handlungsmuster (innere Bilder) ab, die eine bestimmte Handlung oder Unterlassung aktiviert und manchmal erzwingt. Einer solchen Dynamik können sich Menschen nur sehr schwer entziehen, diese Muster erwarten uneingeschränkte Gefolgschaft. Das gilt natürlich für alle Muster, also auch diejenigen, die sich positiv auswirken. Und sie müssen gar nicht unbewusst sein. Wir merken manchmal mitten im Handeln, dass wir etwas tun oder lassen, was sich zu unserem Vor- oder Nachteil auswirken könnte – wir können es nicht unterlassen, obwohl wir »mittendrin« sind, es geschieht unwillkürlich. Zur Verdeutlichung: Wir machen viele Dinge unwillkürlich, ohne bewusst Einfluss zu nehmen. Wenn wir zum Beispiel gehen, Fahrrad fahren, essen usw. können wir uns selbst dabei beobachten. Sollen wir jedoch genau beschreiben, was wir da im Einzelnen tun, verhaspeln wir uns meistens und brauchen dann erst wieder eine kleine »Übungsphase«, bevor es wieder unwillkürlich funktioniert.

7.7.5 Lösungsoptionen

In der Hypothesenbildung sind bereits einige Lösungsoptionen enthalten. Der Fallgeber könnte …

- auf seine Kolleg*innen hören und seine Mitarbeiterin nicht in der Suchtklinik besuchen,
- trotz der Warnung hingehen,
- selbst eine Therapie machen, um die Geschichte mit dem Großvater aufzulösen,
- auf sein Gefühl hören und seine Mitarbeiterin fragen, ob er sie besuchen darf,
- in seiner Familie nachfragen, ob er sich an die Geschichte »richtig« erinnert,
- Gras über die Sache wachsen lassen,
- sich einen Coach gönnen und Handlungsalternativen finden,
- nichts machen und abwarten, was passiert, wenn die Mitarbeiterin zurück im Unternehmen ist.

Schließlich hat der Fallgeber und Teilnehmer des Seminars mit meiner Begleitung und wertvollen Impulsen aus der Gruppe einen Erkenntnisprozess angestoßen, aus dem er selbst den Schluss gezogen hatte, dass die Mitarbeiterin möglicherweise nur eine Stellvertreterin seines Großvaters war und er augenblicklich keinen Impuls verspürt, sie nun noch besuchen zu wollen. Das Besondere dieser Lösung ist, dass von außen keine Vorschläge kamen, die auf ein Richtig oder Falsch hingedeutet haben, so dass diese Entscheidung einzig und allein vom Teilnehmer (Fallgeber) kam. Ich hatte zwischenzeitlich sogar angenommen, dass er die Erkenntnis in den Wind schlagen könnte, und war fast überrascht, mit welcher Klarheit er seine Entscheidung getroffen hat.

7.8 Fall 7: Mitarbeiter*innen, die privat telefonieren und im Internet surfen

Ausdruck und Sichtbarkeit: Jedes der vier Persönlichkeitsmuster kommt infrage ebenso das trotzige Kind-Ich

7.8.1 Fallbeschreibung

Führungskräfte berichten oft davon, dass Mitarbeiter*innen ihre Arbeitszeit für private Zwecke nutzen. Sie führen private Telefongespräche, surfen im Internet oder legen häufig ausgedehnte Raucherpausen ein. Dabei betonen sie, wie schwer es ist, bei solchem Verhalten eine klare Grenze zu ziehen: Welches Verhalten ist (noch) akzeptabel und wann sollte man einschreiten?

Dabei geht es um Mitarbeiter*innen, die

- oft im Internet vor allem private Dinge erledigen,
- einen Internet-Shop nebenberuflich organisieren,
- eine ehrenamtliche Tätigkeit in einem Verein ausüben – telefonisch oder per E-Mail,
- sich mit Kolleg*innen in der Teeküche treffen und sich »verplaudern«,
- Mittagszeiten großzügig auslegen,
- mehr mit der Kontrolle eingegangener privater Telefonanrufe und Kurznachrichten als mit der operativen Arbeit beschäftigt sind,
- nach einem Meeting sehr lange brauchen, um wieder am Arbeitsplatz zu erscheinen,
- im Homeoffice nicht erreichbar sind,
- überdurchschnittlich oft und lange in der Raucherecke stehen usw.

Grundsätzlich ist davon auszugehen, dass die meisten Mitarbeiter*innen angemessen mit ihrer Arbeitszeit umgehen und wissen, wie man seinen Arbeitstag einteilt und welche Tätigkeiten privater oder beruflicher Natur sind. Dennoch lohnt es sich, dieses Phänomen zu diskutieren und einer psychologischen Analyse zu unterziehen.

In allen Bereichen der Gesellschaft ist das Mobiltelefon zu einem wichtigen Kommunikationsmittel geworden und die meisten Menschen (hier: Arbeitnehmer) können sich ein Leben ohne mobile Telefonie nicht mehr vorstellen. Auf der Straße, in Zügen, in Cafés oder bei der Ärztin – Menschen sind körperlich anwesend, während sie häu-

fig zugleich am anderen Ende ihres Gerätes in einer Kommunikation verstrickt sind. Jemand, der ohne dieses Gerät aus dem Haus geht, fühlt sich abgehängt von seiner sozialen Gruppe. Manche berichten, sie seien fast arbeitsunfähig, weil sie nicht mitbekommen, wer etwas von ihnen will, oder sie nicht mehr innerhalb von Minuten antworten können. Eine Abwägung von Angemessenheit findet meistens nicht statt.

Rauchzeiten, Internet- und Telefonnutzung stehen deshalb an erster Stelle, wenn Führungsverantwortliche die Frage stellen, wie sie damit angemessen umgehen können. Wenn sie ihren Mitarbeiter*innen vertrauen können, dass diese Abwägung gelingt, wird sich das auch im Arbeitsergebnis widerspiegeln. Spätestens wenn das Arbeitsergebnis deutlich und langfristig unter 100 % (quantitativ und qualitativ) liegt und Gespräche nicht mehr weiterhelfen, gibt es weiteren Handlungsbedarf. Gut dran ist, wer sich auf eine Betriebsvereinbarung stützen kann. Die sind zu diesem Thema jedoch immer noch eine Ausnahme. Die Einbeziehung der Personalabteilung und gegebenenfalls auch der Mitarbeitervertretung erscheint spätestens jetzt dringend geboten.

Die Führungskraft berichtet über eine Mitarbeiterin, die trotz mehrfacher Aufforderung etwa zwanzig Mal pro Stunde nach ihrem Mobiltelefon greift und auch per Kurznachricht antwortet. Beim Gespräch mit ihrer Führungskraft (Fallgeberin) bestreitet sie die Häufigkeit und beschwert sich, dass die Führungskraft mitgezählt habe. Dies würde ihrer Ansicht nach den Tatbestand eines Mobbings erfüllen. Die Mitarbeitervertretung rügte dieses Vorgehen ebenfalls. Nach Gesprächen zu diesem Thema konnte die Mitarbeiterin maximal drei Tage den Gebrauch ihres Mobiltelefons reduzieren, aber nicht darauf verzichten. Der Qualität ihrer Arbeitsergebnisse und der Quantität an Fällen, die sie bearbeitete, war anzusehen, dass ihre Arbeitsleistung deutlich abfiel. Bei Gesprächen zeigte sie keine Einsicht und war fest davon überzeugt, dass ein Verbot ihre Rechte verletzen würde. Außerdem stellte sich die Mitarbeitervertretung auf die Seite der Arbeitnehmerin. Dazu kamen Beschwerden der Kolleg*innen, die den Eindruck hatten, dass sie deutlich mehr arbeiteten und sich durch gelegentliches lautes Telefonieren der Kollegin gestört fühlten. Eine Betriebsvereinbarung war am Widerstand der Mitarbeitervertretung gescheitert und die Führungskraft auf der nächsten Ebene wollte eine Abmahnung nicht mittragen.

7.8.2 Kontext

Die Mitarbeiter*innen dieser Abteilung beantworten Kundenanfragen zu laufenden Verträgen. Ein Ticket- und Punktesystem soll helfen, dass die Arbeit gerecht verteilt ist nach Quantität (Anzahl der Tickets) und Qualität (Schwierigkeitspunkte).

Zwei bis drei Jahre vor diesen Vorfällen war diese Mitarbeiterin gut integriert, machte eine durchschnittlich gute Arbeit, so dass Beschwerden oder kollegiale Kritik eine Ausnahme darstellten.

7.8.3 Fragestellung

In diesem Fall möchte ich auf zwei unterschiedlichen Fragen fokussieren.

Manchmal fragen Führungskräfte,

1. welche Möglichkeiten es grundsätzlich gibt (wie in diesem vorliegenden Fall), eine Mitarbeiter*in wieder zu erreichen.
2. wie man mit Mitarbeiter*innen umgeht, die Ende 50 sind und sich – so scheint es zumindest – ihrer Unkündbarkeit bewusst sind und deshalb aus dem Arbeitsprozess aussteigen und sich Nischen schaffen, die auch mit Regelverletzungen einhergehen.

7.8.4 Psychologische Hypothesen

Im **Fall der Frage 1** scheint die Mitarbeiterin mit der suchtähnlichen Telefonnutzung eine Haltung aus dem trotzigen Kind-Ich eingenommen zu haben. Ihre Einsichtsfähigkeit ist gering, trotzige Reaktionen häufig. Gefühlsorientierte Menschen reagieren nicht selten gekränkt, wenn man sie auf den Arbeitsvertrag hinweist. Sie fühlen sich dann von der Person auf Formales reduziert. Ein weiterer Aspekt ist, dass in diesem vorgestellten Fall einiges auf ein Suchtverhalten hindeutet, das von der Mitarbeiterin reflexartig verteidigt wird. Ähnlich wie eine Süchtige kehrt sie jede Verantwortung für das eigene Handeln gegen den anderen. Schuldzuweisung ist eine solche Umkehrung, die hier in Form von Mobbingvorwürfen in Erscheinung tritt. Das ist insofern geschickt, weil es ihr zunächst Luft verschafft und sie dabei von der Mit-

arbeitervertretung noch gestärkt wird, was die Führungskraft wiederum schwächt. Häufig tragen Chef-Chefs den nächsten Schritt nicht mit, nämlich zuzulassen, dass die Mitarbeiter*in abgemahnt wird, wenn alle Gespräche an der Uneinsichtigkeit der Mitarbeiterin scheitern. Mitarbeitervertretungen sind im Allgemeinen auch für diejenigen Mitarbeiter*innen da, die unter dieser Form von fehlender Kollegialität leiden, und würden mit einer Betriebsvereinbarung ein Weg zur Lösung aufzeigen. Geschieht das nicht und lässt sich keine Einigung erreichen, sind natürlich arbeitsrechtliche Fragen zu klären.

Die Führungskraft steht hier ziemlich allein da. Der Vorteil dieser Lage ist, nicht gleich an Sanktionen zu denken, sondern die Möglichkeit einer psychologischen Herangehensweise in Erwägung zu ziehen.

Im **Fall der Frage 2** nimmt ein Mitarbeiter, der häufig ausgedehnte Rauchpausen macht, offensichtlich auch eine Haltung ein, die auf das trotzige Kind-Ich hinweist. Anders als im Fall der Mitarbeiterin, die ständig mit ihrem Mobiltelefon spielt, ist hier ein anderes Suchtverhalten handlungsleitend. Der Mitarbeiter ist überzeugt, dass es ihm zustünde, seine Arbeitszeit selbstständig zu regulieren, z. B. über besonders lange Raucherpausen, die er selbst als Arbeitszeit deklariert, weil hier wichtige Informationen ausgetauscht werden würden. Ausstempeln kommt deshalb für ihn nicht infrage. Auf der Ebene des Erwachsen-Ichs ist er zum Zeitpunkt der Fragestellung nicht zu erreichen gewesen. Da er »nur« noch sieben Jahre zu arbeiten habe, fühle er sich nicht verpflichtet, sich mit modernen Arbeitsmitteln und -formen zu beschäftigen. Wenn man das Kontaktmodell (vgl. Kapitel 4) hinzuzieht, könnte man seine Meinungsäußerung und sein Handeln als Kontaktangebot verstehen. Sich zu verweigern, ist nur *ein* Aspekt seines Handelns, er »sagt« gleichzeitig, dass er in seiner Sonderrolle gesehen werden will. Es kann durchaus sein, dass er ein Wissensträger ist, der sich in seinem Wert für das Unternehmen nicht ausreichend gewürdigt fühlt und jetzt den Rückwärtsgang einlegt. Es ist insofern als Kontaktangebot zu werten, weil Mitarbeiter*innen, die sich verweigern wollen, in der Regel eher heimlich agieren, so dass die anderen es möglichst nicht merken sollen. Und das ist das Gegenteil eines Kontaktangebotes.

Hier wird auch die Qualität unterschiedlicher Menschenbilder sichtbar, die je nach Modell eine andere Sicht auf das Geschehen ermöglichen.

7.8.5 Lösungsoptionen

Jenseits psychologischer Lösungen sind immer auch rechtliche Aspekte zu berücksichtigen. Dazu an dieser Stelle zwei Zitate von Pascal Croset aus der eZeitschrift *Impulse*: »Grundsätzlich können Zigarettenpausen, für die Arbeitnehmer Gehalt kassieren, auch eine fristlose Kündigung rechtfertigen. Das zeigt ein Urteil des Landesarbeitsgerichts Rheinland-Pfalz: Ein Arbeitnehmer stempelte während seiner Raucherpausen nicht aus, obwohl er zuvor schon zweimal deswegen abgemahnt worden war.«[125]

Ein weiterer Aspekt zu diesem Thema: »Lässt ein Arbeitnehmer sich für Arbeitszeit bezahlen, die er nicht geleistet hat, ist das eine Pflichtverletzung gegen seinen Arbeitsvertrag und ein Vertrauensmissbrauch gegenüber dem Arbeitgeber. Arbeitszeitbetrug kann daher eine verhaltensbedingte oder eine außerordentliche, fristlose Kündigung rechtfertigen.«[126]

Die Zitate repräsentieren natürlich nur *einen* Blick auf dieses Thema. Die meisten Arbeitgeber sind gut beraten, hier mit viel Augenmaß heranzugehen. Besonders wenn das Arbeitsaufkommen sehr viel größer ist, als es Mitarbeiter*innen gibt, die Krankheitsfälle bei Kolleg*innen abfedern, häufig Überstunden machen oder mal deutlich länger bleiben, um noch etwas Wichtiges abzuschließen, die Familie immer wieder warten lassen und Ähnliches. Arbeitsleistung und Vergütung – auch in Form von Sonderleistungen – sollten für beide Seiten ausgewogen sein. Mitarbeiter*innen, die mehr geben, als der Arbeitsvertrag hergibt, sollten auf andere Weise belohnt werden, wenn der (Tarif-)Vertrag keine Mehrbezahlung zulässt: etwa durch einen großzügigen Umgang mit der Internetnutzung oder längeren Mittagspausen, sofern die Mitarbeiter*innen diesen Ausgleich angemessen finden. Eine gute Stimmung am Arbeitsplatz, ein wohlwollender Umgang miteinander und ein großzügiger Ausgleich für Lebenszeit, die innerhalb statt außerhalb der Arbeitszeit stattfindet, kann als Wertschätzung erlebt werden. Ob sich die Mitarbeiter*innen wohlfühlen an ihrem Arbeitsplatz, lässt sich meist sehr gut am Krankenstand und dem Umgang miteinander ablesen.

Immer gilt: Beziehung kann man nicht kaufen, sie will hergestellt werden.

125 https://www.impulse.de/recht-steuern/rechtsratgeber/arbeitszeitbetrug/7482414.html?conversion=ads.
126 https://www.impulse.de/recht-steuern/rechtsratgeber/arbeitszeitbetrug/7482414.html?conversion=ads.

Zu Frage 1
Wir kennen die Lebensgeschichte der Mitarbeiterin mit dem suchtähnlichen Telefonverhalten nicht. Eine weitere Hypothese wäre, dass sie sich schnell ungerecht behandelt fühlt und deshalb gleich »beißt«, wenn man ihr liebgewonnene Privilegien wegnehmen oder diese zumindest reduzieren will.

Bevor wir zu Lösungen kommen, ist zunächst Beziehungsarbeit von Nöten mit Themen, die weniger brisant sind. Versuchen Sie herauszufinden, was sie besonders gut kann, welche Hobbys sie hat und welche Interessen neben der Arbeit. Schauen Sie sich Arbeiten an, die zwei, drei Jahre zurückliegen, sofern Ihr IT-System, das ermöglicht. Distanzieren Sie sich ein wenig von dieser Situation, die Sie so stört, und machen Sie sich ein Bild des Menschen. Eventuell können Sie etwas über ihre Lebenssituation herausfinden, das Ihnen eine Erklärung für die Telefonsucht ermöglicht. Führen Sie ein nächstes Mitarbeitergespräch, das stärker auf die Themen Zukunft und Lebensplanung fokussiert, und versuchen Sie herauszufinden, ob die Kollegin möglicherweise unterfordert oder die Arbeit für sie ein notwendiges Übel ist.

Denken Sie anschließend gemeinsam über Lösungen nach, die die Mitarbeiterin motivieren könnten. Lassen Sie sich nicht abspeisen, wenn sie das Gespräch möglichst kurzhalten will. Benutzen Sie Sätze wie: »Ich würde gern besser verstehen, was Sie brauchen, um Spaß bei der Arbeit zu haben, was Ihnen in unserer Abteilung fehlt, was Ihnen gefällt, wovon Sie mehr oder weniger bräuchten?« Und lassen Sie Ihrer Mitarbeiterin Zeit zu antworten, legen Sie ihr keine Antworten in den Mund, machen Sie kein Multiple-Choice-Fragebogen aus Ihrem Gespräch. Das ist immer die Gefahr, wenn das Gespräch am Anfang zäh wirkt. Lassen Sie Pausen zu. Um unangenehme Pausen zu erleichtern, kann es hilfreich sein, wenn Sie Ihr Dilemma der Situation benennen. Ich nenne diese Gesprächsstrategie »Share your Dilemma«. Das macht es Ihrer Gesprächspartnerin leichter, ihre Probleme zu benennen. Sie könnten zum Beispiel so etwas sagen wie: »Die Situation ist auch für mich nicht ganz leicht, ich würde trotzdem gern verstehen, wie ich Sie darin unterstützen kann, mehr Freude bei der Arbeit zu haben.« Ob es das Thema Freude oder ein anders ist, haben Sie natürlich vorher herausgearbeitet, denn Sie wollen Ihrer Gesprächspartnerin ja nichts unterstellen.

Bitten Sie diese Mitarbeiterin, über das Gespräch und über Lösungen nachzudenken. Setzen Sie ein Folgegespräch an, das spätestens innerhalb der nächsten 14 Tage stattfinden sollten.

Sollte die Mitarbeiterin ohne Lösung und ohne Idee für eine bessere Arbeitssituation ins zweite Gespräch kommen, nutzen Sie auch die Beratungskompetenz der Mitarbeitervertretung. Und überlegen Sie gemeinsam mit Führungskräfte-Kolleg*innen, ob sich jemand vorstellen kann, Ihre Mitarbeiterin für eine Weiterentwicklung zu übernehmen. Wenn das alles keine Option ist, führen Sie die Mitarbeiterin noch enger: Führen Sie immer wieder Gespräche über das Telefonieren am Arbeitsplatz und platzieren Sie dieses Thema langfristig im Kreis der Leitung, so dass mehr Personen an einer Betriebsvereinbarung interessiert sind.

Zu Frage 2

Ich gehe im Fall des Mitarbeiters mit den ausgedehnten Rauchpausen davon aus, dass die großzügige Auslegung von Arbeitszeit und die Weigerung, sich mit modernen Arbeitsformen und -mitteln auseinanderzusetzen, ein Stellvertreterthema ist.

Ich unterstelle diesem Mitarbeiter eine grundsätzliche Kompetenz, diese Umstellung leisten zu können, der er sich aus bisher unbekannten Gründen entziehen möchte. Das Thema dahinter ist meines Erachtens ein Respekt- und Wertschätzungsbedürfnis.

Das kann viele Gründe haben, liegt jedoch oft in ungenutzten Chancen, selber mehr Einfluss genommen und andere Schwerpunkte gewählt zu haben, zu lange zugesehen zu haben, wie etwas »den Bach runter geht«, oder sich nicht genug eingemischt zu haben. Manchmal ist es die fehlende Gehaltserhöhung oder die Beobachtung, dass die jungen Kolleg*innen besser und schneller mit den neuen Medien umgehen können und das eigene Wissen an Wert verliert. Ein anderer Grund ist die fehlende Würdigung für die Verdienste, die sich jemand erworben hat, der immer eher in der zweiten Reihe stand, während andere die Lorbeeren für Leistungen erhalten oder sich genommen haben, die auch in der zweiten Reihe errungen wurden. Persönliche Lebenskrisen und die Frage nach dem eigenen Wert können begleitend zu einer Sinnkrise geworden sein. Da die Rentenzeit naht, kann die Frage sich in den Vordergrund gedrängt und zu einer gewissen Gleichgültigkeit oder zu einer widerspenstigen Grundhaltung beigetragen haben.

Es geht also eher selten um die Frage, ob und wie viele Rauchpausen man nimmt oder nicht, es geht um eine trotzige Reaktion (aus dem Kind-Ich), die besonders gravierend ausfallen kann, wenn Sie als Führungskraft neu und/oder deutlich jünger

sind. Wenn es keine Zeugen mehr von früheren Leistungen gibt und die Neuen, sich für die »Heldengeschichte« ihrer älteren Mitarbeiter*innen nicht interessieren.

»Fangen« Sie diesen Mitarbeiter wieder ein, indem Sie seine Kompetenz und oder Erfahrung herausstreichen, machen Sie ihn zum Vorbild, packen Sie ihn bei der Ehre. Locken Sie seinen Ehrgeiz. Lassen Sie sich etwas von seiner Geschichte im Unternehmen erzählen, auch die Dinge, die Sie schon kennen, aber anders erinnern, als Ihr Mitarbeiter sie Ihnen erzählt. Es geht nicht darum, die Geschichte infrage zu stellen, sondern seine Variante als diagnostisches Instrument zu begreifen. So verstehen Sie, weshalb er sich heute dieses Image zugelegt hat, mit dem Sie sich jetzt auseinandersetzen (müssen).

Das wird Ihnen besonders gut gelingen, wenn Sie sich selbst in eine wohlwollende Grundhaltung bringen. Es kann durchaus ein halbes, möglicherweise ein ganzes Jahr dauern, bis er Ihnen glaubt, dass Sie ihm auf Augenhöhe (Erwachsenen-Ich) begegnen wollen.

Wenn sich Ihre Beziehung durch Ihre kontinuierlichen Beziehungsangebote stabilisiert hat, könnten Sie etwa Folgendes sagen: »Ich weiß, dass Sie immer wieder mal nicht ausstempeln, wenn Sie eine Zigarettenpause einlegen, und ich will das nicht kontrollieren, aber ich will, dass Sie sich Ihrer Vorbildfunktion bewusst werden.«

Der Machtkampf des Mitarbeiters ist einerseits ein Beziehungsangebot (Kontaktangebot) und andererseits ein Haken, an den Sie nicht gehen sollten. Fordern Sie stattdessen (Kind-Ich versus Erwachsenen-Ich) den Erwachsenen heraus. Sie werden viel dabei lernen, und es kann eine Win-win-Erfahrung für Sie beide werden.

Aus meiner Erfahrung kann man einen Machtkampf mit älteren Mitarbeiter*innen nicht gewinnen. Deshalb ist eine **Musterunterbrechung**, wie ich sie hier beschrieben habe, der Königsweg.

Wenn dieser Mitarbeiter jedoch immer wieder über Grenzen geht, Sie also auch nach einem Jahr keine Veränderung wahrnehmen, sollten Sie über eine Grenzziehung nachdenken. Nicht aber als Kampf: Loten Sie aus, was Sie ihm von sich anbieten, welche Dilemma-Mitteilung ihn erreichen könnte. Dabei kann ein Coach hilfreich sein. Trotzdem ist Umsicht hier geboten, weil so manche Grenzüberschreitung eine Form

der Manipulation darstellt. Er will Sie in den Kampf zwingen, Sie könnten den Kampf annehmen, ihn aber kaum gewinnen.

Wie jede Mitarbeiter*in ist der Mitarbeiter unseres Fallbeispiels möglicherweise auch in seinen Zwängen gefangen, und es könnte sein, dass er befürchtet, sein Gesicht zu verlieren, wenn er Ihre Friedensangebote annimmt. Hier könnte eine paradoxe Intervention passen: »Ich befürchte manchmal, Sie könnten mein Beziehungsangebot annehmen.«

Innere Bilder, die Lerngeschichte und Lebensmuster steuern menschliches Verhalten im jeweiligen Kontext. Man kann auch sagen, dass sie uns leiten, es sind Verhaltensweisen, die sich bewährt haben, sie sind sinnstiftend. Wenn dieser Mitarbeiter Grenzen auslotet, macht es das nicht überall, sondern in bestimmten Zusammenhängen – hier am Arbeitsplatz und vielleicht nur mit Ihnen als Führungskraft. Möglicherweise kann er nicht auseinanderhalten, was er dem Arbeitgeber anlastet und was Ihnen als Vertreter des Arbeitgebers. Deswegen möchte ich hier nochmals mit anderen Worten betonen:

Beziehung ist unverkäuflich, sie will hergestellt werden. So verstehe ich das Kontaktangebot, das er an Sie richtet. Das Wie ist hier die Herausforderung.

Frei nach Robert Baden-Powell könnte Ihre Haltung sein, dass Sie Ihr berufliches Umfeld ein wenig besser verlassen wollen, als Sie es vorgefunden haben. Das ist dann Ihr Verdienst.

7.9 Fall 8: Eine junge Mitarbeiterin verliert schnell das Interesse an ihren Aufgaben und ist häufig krank

Ausdruck und Sichtbarkeit: Risikoorientierung, Retroflektion

7.9.1 Fallbeschreibung

Eine zum Zeitpunkt der Fragestellung dieses Fallbeispiels 29-jährige Mitarbeiterin ist als Quereinsteigerin ins Unternehmen gekommen und nun seit zwei Jahren da. Sie ist anfangs engagiert, interessiert und arbeitet sich schnell in Themen ein. Die Führungskraft fand die Bezeichnung »Selbstoptimiererin« passend, was sich erst durch meine Fragen erschließt. Die Mitarbeiterin wird als jemand beschrieben, die sich schnell langweilt und nach neuen Aufgaben fragt, was anfangs als Interesse gedeutet wird. Wenn diese Aufgaben jedoch mehr Zeit benötigen, als sie angenommen hatte, versucht sie, diese an Kolleg*innen weiterzureichen. Erstaunlicherweise handelte es sich oft um attraktive Aufgaben, die durchaus geeignet waren, nach erfolgreichem Abschluss eine besondere Anerkennung durch die Führungskraft zu finden. Nach einer Weile bemerkten die Kolleg*innen diese Dynamik und lehnten dankend ab. Etwa zu diesem Zeitpunkt wurde diese Mitarbeiterin krank, kam nach zwei bis drei Wochen wieder, wirkte oft lustlos und tat zeitweilig nur das Nötigste. Gesprächen wich sie aus. Wenn die Führungskraft das Gespräch schließlich führen konnte, äußerte sie eine gewisse Unzufriedenheit, da sie den Eindruck hatte, entweder nicht die richtigen Aufgaben bekommen zu haben oder falsch eingeschätzt worden zu sein. Sie könne hier weder zeigen, was sie wirklich könne, noch sei das Aufgabenfeld optimal für sie. Als Ingenieurin[127] hätte sie aus Sicht der Führungskraft durchaus zeigen können, was sie kann, es wäre allerdings aufgefallen, dass sie Aufgaben nicht zu Ende brächte. Das wies sie von sich, konnte den Beispielen der Führungskraft allerdings keine Beispiele entgegensetzen. Auf die Konfrontation mit Kolleg*innen, die ihre Aufgaben übernommen und abgeschlossen hätten, verzichtete die Führungskraft zunächst. In den Folgewochen habe es mehrere Gespräche dieser Art gegeben. Auf die Frage, ob sie denn »hier im Unternehmen« richtig sei, habe sie empört re-

127 Die Abteilung erledigte in erster Linie Aufgaben, bei denen Ingenieurswissen durchaus hilfreich, aber nicht zwingend notwendig ist.

agiert. In den zwei Wochen danach, war sie dann immer wieder krankgeschrieben. Einen Zusammenhang zu den Gesprächen wollte sie darin nicht erkennen.

7.9.2 Kontext

Das mittelständische Unternehmen mit etwa 500 Mitarbeiter*innen ist im Landkreis ein anerkannter Arbeitgeber. Das Spektrum von direkten und indirekten Arbeitsplätzen (Produktion und Verwaltung) mit sehr unterschiedlichen Berufsgruppen spiegelt die Vielfältigkeit des Arbeitgebers wider. Für viele besteht die Attraktivität des Arbeitgebers auch darin, dass lange Anfahrtswege entfallen, was in eher ländlichen Gebieten sonst häufig der Fall ist. Insofern würde niemand seinen Arbeitsplatz leichtfertig aufs Spiel setzen. Und auch dieser Arbeitgeber legt großen Wert darauf, Mitarbeiter*innen immer wieder die Chance einzuräumen, Probleme zu lösen, die beruflich oder privat Auswirkungen auf die Leistung oder das Miteinander haben.

7.9.3 Fragestellung

Die Führungskraft möchte wissen, wie es die Krankschreibungen bewerten solle und ob es einen Weg geben könnte, die Mitarbeiterin an der Erkenntnis zu beteiligen, dass sie entweder mehr leisten oder sich um einen anderen Arbeitsplatz bemühen müsse. Letzteres könne durchaus innerhalb des Unternehmens geschehen.

7.9.4 Psychologische Hypothesen

Zunächst fällt auf, dass es eine gewisse Diskrepanz zwischen Selbst- und Fremdwahrnehmung gibt. Ähnlich verhält es sich mit dem Zusammenhang zwischen Kritikgespräch und den dann erfolgenden Krankschreibungen. Es ist eher normal bzw. verständlich, auf Überlastung mit Krankheit zu reagieren. Hier ist es aber so, dass die Mitarbeiterin überdurchschnittlich gut ausgebildet ist und die meisten Kolleg*innen kein Studium als Grundlage mitbringen. Sie könnte also ganz entspannt gute Leistung abliefern. Auf das Riemann-Modell (vgl. Kapitel 2) bezogen, ist sie wahrscheinlich risikoorientiert, wenn man die Stimmungsschwankungen und die wechselnde Dynamik betrachtet, da sie einerseits anspruchsvolle Aufgaben erbittet, diese an-

dererseits nur selten zu Ende führt. Auf der anderen Seite reagieren risikoorientierte Menschen auf Kritik eher mit Gegenangriff oder Überaktivität, was sich hier nicht beobachten lässt.

Ganz allgemein kann man das Krankwerden als Kontaktunterbrechung (siehe Kontaktmodell in Kapitel 4) verstehen. Es ist eher ein Muster, das Hilflosigkeit zum Ausdruck bringt. Der Mitarbeiterin ist es laut Führungskraft nicht oder nur selten gelungen, ihr widersprüchliches Verhalten zu erklären. Für diese »Sprachlosigkeit« spricht eines der Kontaktmuster: Retroflektion, das in Kapitel 4.2.4 dargestellt wird. Dazu eine Charakterisierung, die für diese Hypothese spricht:

»Selbstbestrafung oder Selbstbelohnung sind die Folge dieses kontaktvermeidenden Prozesses. Wenn der Handelnde befürchtet, von der Umwelt nicht das zu bekommen, was er sich wünscht, sucht er nach Wegen, es sich selbst zu beschaffen oder zu ermöglichen.«[128] Krankheit kann als Ausdruck eines Zuwendungsbedürfnisses verstanden werden, das ihre Leistung nicht hergegeben hatte, stattdessen erlebte sie die Gespräche offenbar als Entzug von Zuwendung (Anerkennung), Aufmerksamkeit ist ihr zuteil geworden, allerdings negative.

Retroflektierende werden oft als verschlossen, erduldend oder kühl erlebt. Das Gute daran: »Verantwortliches Handeln beinhaltet, gegebenenfalls Schuld und Fehler einzugestehen. Den moralischen Maßstab, den man an andere anlegt, muss man auch für sich selbst gelten lassen, also »retroflektieren« können.

Menschen, die retroflektieren, versagen sich wohlwollende wie aggressive Impulse, unterdrücken die Wut, die sie auf ihre Partner*in oder Kolleg*innen haben [...]. Stattdessen drücken sich die Gefühle dann körperlich aus: sie kratzen sich, schlagen mit der Faust gegen eine Wand oder verletzen sich durch Ungeschicklichkeiten.«[129] Die Vorgeschichte dieser Mitarbeiterin ist der Führungskraft nicht bekannt gewesen, der Wechsel vom früheren zum heutigen Arbeitgeber lässt sich deshalb hier nicht besprechen. Ich vermute aber, dass dieses Muster ein bekanntes ist und der Wechsel kann (muss aber nicht) damit zu tun haben. Ein anderer problematischer Aspekt dieses Musters ist die Nichtbesprechbarkeit. Sie können kaum erkunden, was in einer

128 Kapitel 4.2.4.
129 Ebd.

Person vorgeht, wenn diese selbst keinen Zugang dazu hat. Beobachtbare Phänomene lassen sich dagegen besprechen. Die Wechselwirkung zwischen kritischem Gespräch und den Krankschreibungen ist ziemlich eindeutig. Hier gibt es außerdem ein Spiegelphänomen. Wenn die Mitarbeiterin diesen Zusammenhang ignorieren muss, verlangt sie auch vom Gesprächspartner – hier die Führungskraft –, diesen Zusammenhang auszugrenzen.

7.9.5 Lösungsoptionen

Menschen, die im Arbeitskontext oft krank sind, »sagen« natürlich etwas über sich und ihre Art, mit Konflikten oder wie hier mit unausgesprochenen Erwartungen umzugehen. Gleichzeitig belastet das die Arbeitsbeziehung zu den anderen, die für diese Person Lücken in den Arbeitsergebnissen kompensieren müssen. Das bringt die Führungskraft über kurz oder lang in einen Zugzwang. Sie will einerseits, dass die Arbeit reibungslos funktioniert und erledigt wird, bekommt aber zugleich mit, wie der Unmut der oder dem Kranken gegenüber zunimmt. Selbst ein wohlwollender Arbeitgeber wird irgendwann handeln müssen. Der Arbeitgeber wird gezwungen sein, für diese Mitarbeiterin eine Lösung zu finden, wenn sie selbst keine Initiative ergreift. Wie hoffentlich deutlich geworden ist, ist die Krankheit in diesem Fall kein Erpressungsversuch, sondern Ausdruck der Hilflosigkeit beider Seiten.

An dieser Stelle sei nochmals darauf hingewiesen: Sie sind weder Psychologe oder Psychologin noch haben Sie einen pädagogischen Auftrag. Der Spielraum ist deshalb klein, dennoch einen guten Umgang mit dieser Situation zu finden. Mein Vorschlag geht in die Richtung, kleine Schritte zu machen und die Mitarbeiterin enger zu führen, die Arbeitsaufträge kleiner anzulegen und sich regelmäßig berichten zu lassen, *was* sie *wie* gemacht hat. Fragen Sie interessiert, nicht kontrollierend. Sprechen Sie genau ab, wie sie die Ausführung wünschen, oder lassen Sie sich von ihr vorschlagen, wie sie die Sache angehen will. Sie werden vermutlich immer wieder die Situation erleben, dass Absprachen nicht funktionieren, weil die Person zu lange wartet, bis sie etwas abklärt, Sie einbezieht etc. Bitten Sie um eine Zwischenrückmeldung, die zeitlich (!) befristet ist, damit die Rückmeldung nicht vom Inhalt oder dem Klärungsbedarf abhängt. Sollte die Mitarbeiterin signalisieren, dass alles klar oder in Ordnung sei, lassen Sie sich beschreiben, wo das Projekt steht, welche Fragen geklärt wurden, mit welchen Problemen zu rechnen sei usw. Damit werden Sie

die Mitarbeiterin unterstützen, ohne Druck auszuüben. Rechnen Sie damit, dass es mindestens ein Jahr dauert, bis sie den Austausch und Kommunikation nicht mehr als anstrengend erlebt. Dass Ihre Mitarbeiterin sehr viel seltener krank sein wird, dürfte ein Nebenergebnis sein. Fokussieren Sie also mehr auf die Arbeit und weniger auf das Krankheitsphänomen. Es sieht ganz so aus, als sei es unbesprechbar, solange die Mitarbeiterin diesen Zusammenhang leugnet. Sie tut es sehr wahrscheinlich, weil ihr Muster den Blick darauf blockiert. Verlieren Sie das Thema trotzdem nicht aus den Augen. Legen Sie Notizen an, um zunächst zu dokumentieren, wann kritische Gespräche stattgefunden haben und wie oft danach eine Krankschreibung folgte. Zunächst geht es nicht darum, diese Notizen für ein Gespräch zu nutzen, sondern um zu sehen, dass mit zunehmender beruflicher Aufmerksamkeit (durch enge Führung), das Phänomen seltener wird oder die Krankheitsphasen danach kürzer sein werden. Die Notizen dienen also mehr der Diagnostik und Ihrem Führungserfolg. Es klingt vielleicht anstrengend, aber wahrscheinlich werden Sie nicht mehrere solcher anspruchsvollen Führungsthemen gleichzeitig haben. Stattdessen wird diese Erfahrung Teil Ihrer Expertise sein und in einem anderen Unternehmen oder einer anderen Abteilung werden Sie diese wieder »auspacken« und mit größerer Selbstverständlichkeit und vielleicht mehr Leichtigkeit umsetzen.

7.10 Fall 9: Umgang mit deutlich älteren Mitarbeiter*innen

Ausdruck und Sichtbarkeit: Eltern-Ich und Kind-Ich

7.10.1 Fallbeschreibung

Eine junge Führungskraft (24 Jahre) übernimmt zur Überraschung aller ein Team mit 15 Personen, von denen mehrere seit Langem hier arbeiten und mehr als doppelt so alt sind wie sie. Die anderen sind fünf, etwa zehn und knapp 20 Jahre älter. Besonders zwei der älteren Kolleg*innen (Mitte Fünfzig) hätten diese Rolle auch gern angenommen, sind aber nicht gefragt worden. Die Führungskraft hat ein abgeschlossenes Hochschulstudium und wirkt auf mich trotz Unerfahrenheit (zwei Jahre nach dem Hochschulabschluss) und des Alters besonnen und gut reflektiert, sowohl auf ihre Rolle als auch auf die Aufgabe bezogen. Keiner der Anwesenden ist länger als zehn Jahre im Unternehmen. Ab und zu machen die beiden Älteren Bemerkungen, die darauf schließen lassen, dass die Entscheidung des Unternehmens, ihnen eine so junge Führungskraft »vor die Nase gesetzt zu haben«, von ihnen als kränkend erlebt wurde.

7.10.2 Kontext

Das kleine, aufstrebende Unternehmen, das erst seit gut zehn Jahren auf dem Markt ist und sich mit innovativen Ideen schnell zu einem Marktführer entwickelt hat, ist offenbar mutig genug, um einer jungen Mitarbeiterin eine Chance für die Übernahme von Führungsaufgaben zu geben. Es hat den Anschein, dass die Führungsebene die Mitarbeiter*innen dieses Teams gut beobachtet hat, bevor sie diese Entscheidung getroffen hat. Fachlich hätten die beiden älteren Kolleg*innen durchaus diese Stelle ausfüllen können, aber ihre soziale Kompetenz – laut Führungskraft – würde dagegensprechen. Andere verspotten und abzuwerten, weil sie manches anders sehen und in einigen Punkten eine andere Lebenseinstellung hätten, spricht nicht für Führungskompetenz. Außerdem würden sie ihr Wissen ungern teilen, die Jungen müssten halt selber lernen. Mit solchen und ähnlichen Meinungsäußerungen hätten sie sich keine Freunde gemacht. Im Gegensatz dazu hat die neue Führungskraft sich offenbar durch ihr Auftreten eine Reputation bei der Geschäftsführung erworben, die zu dieser Entscheidung geführt haben wird.

7.10.3 Fragestellung

Die Führungskraft hatte zwei Fragen: Wie kann sie mit Mitarbeiter*innen umgehen, die deutlich älter sind als sie? Wie kann sie mit den beiden Kolleg*innen umgehen, die ihre Stelle gerne gehabt hätten, aber nicht gefragt wurden?

7.10.4 Psychologische Hypothesen

Es ist grundsätzlich nachvollziehbar, dass die beiden älteren Kolleg*innen sich bei der Wahl übergangen fühlen, zumal ihre neue Führungskraft noch nicht lange im Unternehmen arbeitet und außerdem deutlich jünger ist. Die Problematik ist auch ein Generationenthema. Gleichzeitig ist es oft so, dass die Personengruppe sich meist jahrelang wenig für Führung interessiert und dann überrascht ist, dass sie von einer Person geführt werden soll, die die eigene Tochter oder der eigene Sohn hätten sein können. Es geht also um Neid, Konkurrenz, Enttäuschung, versäumte (Lebens-) Entscheidungen und darum, eigene Bedürfnisse erst dann wahrzunehmen, wenn sie durch eine Entscheidung von außen wachgerufen werden. Kränkungen und das Gefühl, ungerecht behandelt worden zu sein, werden nahezu immer negativ erlebt und beeinträchtigen natürlich die Bereitschaft, sich weiterhin für die Arbeit zu engagieren. Dies sind einige Aspekte, die Einfluss auf die Hypothesenbildung haben.

Erwachsenwerden und -sein bedeutet immer auch, mit Enttäuschungen und Fremdbestimmung umzugehen. Es gilt auch, dass wir (Erwachsene) für unsere Entscheidungen, unser Handeln und Nichthandeln, das Einhalten sozialer Regeln, für das Einlösen von Absprachen, die auf Gegenseitigkeit beruhen (wie z. B. Lohn gegen Arbeit), verantwortlich sind. Der Umgang mit unangenehmen Gefühlen ist immer eine Herausforderung und persönliche Reife drückt sich auch darin aus, wie jemand diese Gefühle »besprechbar« macht, statt sie zu agieren. Unangenehme Erfahrungen oder Gefühle mit dem Betreffenden zu besprechen ist in der Tat nicht leicht, weshalb viele zu Ersatzhandlungen oder zu sogenanntem Übersprungshandlungen neigen.

Übersprungshandlungen
Übersprungshandlungen (Übersprungsbewegung) ersetzen »eigentliches« Handeln und machen in dem Kontext oder der entsprechenden Situation keinen Sinn. Aus Unsicherheit, Verlegenheit oder Angst kommt es bei vielen Menschen zu diesem Ausweichverhalten, das in erster Linie verhindern soll, dass das Gegenüber also die nahe

Umwelt diese Ratlosigkeit oder Angst oder Scham sieht. Es gäbe durchaus elegantere Lösungen, doch die Handlungsmuster für diese Situation stehen dem Handelnden gerade nicht zur Verfügung. Der Begriff der Übersprungshandlung bzw. -bewegung wurde von Konrad Lorenz und Nikolaas Tinbergen im Rahmen ihrer Forschungen zur Instinkttheorie ausgearbeitet.

Meist besteht die Lösung oder eine kluge Alternative darin, dem Gegenüber etwas von seinem Dilemma mitzuteilen. Die Strategie »Share your Dilemma« wird Fritz Perls zugeschrieben. Statt auszuweichen auf eine Ersatzhandlung, könne die ratlose Person dem anderen mitteilen, jetzt ratlos zu sein und auch nicht so genau zu wissen, was jetzt richtig oder erlaubt wäre oder was sie jetzt lieber lassen solle. In schambesetzten Situationen ist das Teilen des Dilemmas meistens nicht möglich, weil Scham ein sehr dominierendes Gefühl ist und unser Gehirn damit zu tun hat, die Scham zu verbergen. Im Film werden solche Situationen gern genutzt. Für die Zuschauer*innen, die sich wiedererkennen, werden die zugehörigen Gefühle wachgerufen und im besten Fall können sie darüber lachen, weil sie genug Abstand dazu haben. So ganz nebenbei ist das Mitteilen des Dilemmas ein Kontaktangebot, deshalb funktioniert diese Strategie auch so gut.

7.10.5 Lösungsoptionen

Die Frage der Führungskraft beruht auf der Erfahrung, dass einige Mitarbeiter*innen sich nicht führen lassen wollen, die ihr das Recht auf Führung absprechen und sich offen oder versteckt verweigern. Sie handeln dann meist im Kind-Ich, Trotz statt Gespräch, Widerstand statt das Aushandeln von Möglichkeiten dominieren in solchen Situationen.

In unserem Fall lässt sich die Führungskraft erstaunlicherweise wenig beirren, trifft sich mit allen Mitarbeiter*innen, um Wünsche zu erfragen und auszuloten, wie viel Loyalität vorhanden ist. Es gelingt ihr, trotz widriger Umstände im Erwachsenen-Ich zu bleiben.

Nach etwa einem Jahr haben die meisten Mitarbeiter*innen sich auf sie als Führungskraft eingelassen. Ob sie resigniert oder die Situation akzeptiert haben, geht aus der Schilderung nicht eindeutig hervor. Konsequent im Erwachsenen-Ich zu handeln, hat sich hier ausgezahlt.

Umgang mit deutlich älteren Mitarbeiter*innen

Die zweite Frage betrifft den Umgang mit deutlich älteren Mitarbeiter*innen. Interessanterweise wird diese Frage von jungen Führungskräften häufig gestellt. Meine Antwort beginnt oft mit dem Hinweis, dass Alter kein Privileg ist. Das mag in einem anderen Jahrhundert anders gesehen worden sein oder in einem anderen Kulturkreis noch immer so gelten. Respekt kann nicht auf Alter begrenzt sein, es ist unabhängig davon. Grundsätzlich ist es kein Verdienst, ein gewisses Alter erreicht zu haben, Verantwortung zu übernehmen dagegen schon.

Wenn eine junge Führungskraft erwachsene Mitarbeiter*innen gewinnen will, hilft es, sie für ihre Leistung anzuerkennen, für ihre Unterstützung von jungen Mitarbeiter*innen, oder sie zumindest zu ermutigen, ihr Wissen weiterzugeben. Überzeugen beginnt mit Glaubwürdigkeit, lassen Sie sich nicht auf die Ebene des Kind-Ich ziehen und erlauben Sie nicht, dass die (älteren) Mitarbeiter*in ins Eltern-Ich geht und glaubt, sie müsse ihr Alter in die Waagschale werfen. Die Kränkung ist, wie bereits beschrieben, nachvollziehbar, sie legitimiert jedoch keine Verweigerung.

Gelegentlich ist ein langer Atem hilfreich. Sie werden nicht gleich alle Mitarbeiter*innen erreichen, nicht mit allen schnell in gutes Fahrwasser kommen. Beginnen Sie also mit denen, die die neue Situation anerkennen und möglicherweise sogar froh sind, dass es so ist wie es ist.

Nutzen Sie, falls möglich, die eigenen Chef*in als Coach. Vielleicht ist auch mal ein Gespräch unter sechs Augen hilfreich, in dem Ihr Vorgesetzter Sie stärkt und mit »Macht ausstattet«. Wirkungsvolle Macht muss nicht ausgeübt werden, sondern wirkt für sich allein durch die Tatsache, dass der andere sie Ihnen zugesteht. Manchmal muss das durch einen offiziellen Akt geschehen. Deshalb kann es außerordentlich wichtig sein, dass es eine »kraftvolle« Inthronisierung gibt.

7.11 Fall 10: Die Mitarbeiter*innen wollen autoritär geführt werden

Ausdruck und Sichtbarkeit: Beziehungsorientierung, Projektion und Introjektion, Kind-Ich

7.11.1 Fallbeschreibung

Als die Führungskraft vor etwa zehn Jahren zum ersten Mal im Coaching war, hatte sie gerade vier Jahre zuvor eine Leitungsstelle übernommen. Die ausgeschiedene Führungskraft hatte eine klare Devise: Alles über meinen Schreibtisch. Das hieß im Einzelnen: maximale Kontrolle, eng führen, den Mitarbeiter*innen wenig Entscheidungsspielraum geben, die strategische Ausrichtung ist Chefsache. Diese Informationen wurden der Führungskraft von der Person vermittelt, von der sie selbst geführt wurde. Einige Mitarbeiter*innen erzählten ihr Ähnliches. Man habe sich nun für sie entschieden, weil sie ihr zutrauten »den Laden« umzukrempeln, die strategische Ausrichtung neu zu formulieren und die Mitarbeiter*innen ins Boot zu holen.

Als erste Maßnahme hat sie in jedem Team eine Leitung wählen lassen. Diese Teamleitungen taten sich lange sehr schwer damit, wollten sie doch lieber Teil des Teams sein. Sie weigerten sich zum Teil beharrlich, den Rollenwechsel zu vollziehen. Den Teamleiter*innen wurden viele Brücken gebaut, ohne dass sich etwas bewegte. Erst eine Gehaltserhöhung stieß ein langsames Umdenken an. Ein Teamleiter war bereits 30 Jahre im Unternehmen, kannte sich bestens aus und hatte eine lose freundschaftliche Verbindung zur ehemaligen Leitung. Er griff die neue Leitung besonders häufig an und forderte mehr Führung ein, mehr Orientierung, mehr Präsenz. Faktisch jenen Führungsstil, den er seit mindestens 20 Jahren gewöhnt war. Dabei vergriff er sich immer wieder im Ton. Auch andere Mitarbeiter*innen stellten Forderungen auf, denen die Führungskraft möglichst sofort nachkommen sollte. Tat sie es nicht, äußerten sie Enttäuschung, so als wäre eine Forderung eine Garantie, dass sie auch umgesetzt werden würde.

7.11.2 Fragestellung

Wie kann eine Führungskraft Mitarbeiter*innen führen, die gewohnt waren, dass andere die Entscheidungen für sie trafen, und die weitestgehend davon »befreit« waren, die Geschicke ihrer Abteilung mit zu lenken oder sich selber über die Ausrichtung Gedanken machen zu müssen. Kurz: Die Mitarbeiter*innen wussten die neue Freiheit nicht immer angemessen zu handhaben. Die Führungskraft fühlte sich bedrängt und stand der Frage ratlos gegenüber, weshalb ihre Teams die neue Freiheit nicht zu nutzen wussten. Wenn die Mitarbeiter*innen doch einmal Vorschläge machten, fühlten sie sich vor den Kopf gestoßen, wenn die Leiterin die Vorschläge nach einer Überprüfung ablehnte. Eine neue Kaffeemaschine für 8.000 Euro löste offenbar mehr Veränderungsfantasie aus als eine strategische Neuausrichtung oder neue Formen der Kundengewinnung.

7.11.3 Psychologische Hypothesen

In diesem Fallbeispiel wirken drei Muster zusammen: Die Führungskraft selbst ist trotz ihrer klaren Neu- und Umstrukturierung aller Abteilungen und im Führungsstil (Kompetenz: Ordnungsorientierung) beziehungsorientiert und neigt zur Introjektion. Der beschriebene »schwierige« Mitarbeiter neigt dagegen zur Projektion. Zwei Muster, die wunderbar Hand in Hand gehen. Der Projizierende muss keine Verantwortung übernehmen, weil in seinen Augen sein Chef Versäumnisse zu verantworten hat, eigene Anteile können so projiziert und Chancen für eine größere Mitbestimmung oder Autonomie müssen nicht genutzt werden. Die Führungskraft selbst fühlt sich einerseits in ihrer Bemühung, sich auf Augenhöhe zu begegnen, nicht gewürdigt (beziehungsorientiert) und kann sich nicht angemessen abgrenzen (Introjektion), was die eigene Souveränität schwächt und Zweifel aufkommen lässt, ob der »schwierige« Mitarbeiter vielleicht doch recht haben könnte. Introjizierende Menschen haben die Kompetenz, wohlwollend mit Impulsen und Angeboten der äußeren Welt umzugehen. Gleichzeitig fällt es den Betroffenen schwer, kritisch oder sogar konfrontierend mit ihrer Umwelt zu sein.

Wenn diese Abgrenzung ein Beziehungsangebot sein soll, müssen eigene Bedürfnisse deutlicher sichtbar werden.

Der projizierende Mitarbeiter bringt eigene Introjekte mit, die seine neue Führungskraft nicht bedient, und so würde er gern die unerwünschten Affekte, die das auslöst,

»davonjagen«, was einfacher ist, wenn diese der eigenen Führungskraft zugeschrieben werden. Selbst wenn nicht jede Projektion eigene Anteile haben muss, so sind es meistens jene unerwünschten Introjekte die eine Ablehnung erzwingen und die Projektion fördern.[130] Diese Introjekte können zum Beispiel eine Abweichung von Normen sein, also etwas, was jemand nicht auf die gewünschte Weise umsetzt usw.

7.11.4 Lösungsoptionen

Die Führungskraft hat in diesem Fall zwei Baustellen. Erstens: Sie muss sich der eigenen Introjektion bewusster werden und Strategien entwickeln, wie sie damit aktiver umgehen kann. Zweitens: Sie muss die Projektion des Mitarbeiters hinterfragen. Introjizierende neigen dazu, sich in solchen Situationen zu verteidigen, den anderen mit Argumenten zu überzeugen. Das klappt hier nur nicht, weil der Projektionsimpuls unbewusst ist und deshalb Personen in diesem Prozess argumentativ nicht zugänglich sind. Stattdessen gehen sie in den Trotz oder reagieren überheblich.

Lernaufgabe für die Führungskraft
Der Königsweg kann in dieser Situation alles sein, was beziehungsstiftend ist und *gleichzeitig* eine Abgrenzung etabliert, die deutlich macht, welcher Anteil wem gehört.

Die Führungskraft wird sich im Gespräch mit dem »schwierigen« Mitarbeiter Fragen zurechtlegen müssen, die etwas beinhalten von …

- ihrer **Wahrnehmung**:
  - »Ich erlebe Sie gerade so oder so …«
  - »Worum geht es Ihnen genau …?«
  - »Was ist die Botschaft für mich?«
  - »Ich würde das gern besser verstehen …« usw.
- der **Wirkung** auf sie:
  - »Auf mich wirkt das unangemessen, …«
  - »Auf mich wirkt der Ton unverschämt/frech/grenzüberschreitend.«
  - »Mich irritiert, dass Sie das in dieser Sitzung sagen, obwohl das schon x Wochen her ist.«

130 Vgl. Kapitel 4.2.3.

- dem **Wunsch**, den sie daran knüpfen will:
  - »Ich würde gern mit Ihnen an diesem oder jenen arbeiten.«
  - »Ich hätte es gut gefunden, wenn Sie damit früher zu mir gekommen wären.«

Diese Fragen dienen dem eigenen Schutz und machen dem Mitarbeiter klar, wer führt und dass er eine rote Linie überschritten hat. Die Führungskraft sollte sich auch darüber im Klaren sein, dass sie durch ihr Verhalten in der Vergangenheit in gewissem Sinne auch eine »Einladung« ausgesprochen hat, dass es ungefährlich ist, rote Linien bei ihr zu überschreiten. Eine begrenzte Durchlässigkeit von Grenzen in der Führung von Mitarbeiter*innen kann gleichzeitig auch zu Leichtigkeit und ein Miteinander auf Augenhöhe beitragen. Hier wurde das Beziehungs- und Mitbestimmungsangebot jedoch als Schwäche und fehlende Führung erlebt und ausgelegt.

Umgang mit dem Mitarbeiter
Tempo rausnehmen, wenn es hitzig wird, und für Genauigkeit sorgen: Wer hat was wann wie gesagt. Bekunden Sie Lösungsinteresse und achten Sie darauf, dass Sie sich nicht in einen Rechtfertigungsmodus begeben, wenn Sie einer Unterlassung oder einer anderen Sache »beschuldigt« werden. In emotional aufgeladenen Situationen ist der oben beschriebene Kanon aus Wahrnehmung, Wirkung und Wunsch nicht passend, weil es in erster Linie darum geht, die Dynamik zu entschleunigen.

Stellen Sie offene Fragen:
- »Was meinen Sie (denn) genau?«
- »Ich verstehe gerade nicht, worauf Sie hinauswollen.«

Oder: Stellen Sie Fragen zu Ihrer Beziehung:
- »Die Art, wie Sie fragen, finde ich ärgerlich und grenzüberschreitend [oder was auch immer Sie in so einer Situation empfinden], der Inhalt könnte jedoch interessant sein?«
- »Ist das ein inhaltlicher Aspekt oder eine Botschaft an mich?«
- »Wenn ich mal den Vorwurf in Ihrer Frage überhöre, worum geht es Ihnen wirklich?«

Wenn Sie das Anliegen Ihres Mitarbeiters berechtigt, Sie jedoch den Ton nicht in Ordnung finden, vertagen Sie das Gespräch so, dass Sie unter vier Augen darüber sprechen können. Wenn der Mitarbeiter jedoch den Schutz der anderen oder das Team als Theaterkulisse haben möchte, wählen Sie ihre Worte gut aus im Sinne von

»eigentlich gehören kritische Gespräche dieser Art in einen geschützten Raum, sind Sie sicher, dass Sie (!) das Gespräch vor allen führen wollen?« Und: »Darf ich wirklich ehrlich sein?«

Und dann sagen Sie freundlich aber eindeutig, wie Sie die Situation kurz zuvor erlebt haben, was Sie herausgehört haben, was Sie für Schlussfolgerungen daraus ziehen usw. Lassen Sie sich nicht dazu verleiten, jetzt auszuteilen. Bleiben Sie in einem beschreibenden Stil und stellen Sie Fragen wie: »Mir ist noch nicht ganz klar geworden, weshalb Sie Mitarbeit als Zumutung erleben« oder »Ich würde gern besser verstehen, weshalb dieses oder jenes [hier sollten Sie so konkret wie möglich sein] so vehement ablehnen und gleichzeitig an der oder der Stelle einfordern?«

Beschreiben Sie Beobachtungen, vermeiden Sie Deutungen und Unterstellungen und verteidigen Sie Ihre Handlungen oder Entscheidungen niemals in dieser Runde. Außer Sie haben sich in einem wichtigen Punkt geirrt.

Fazit

Ob es Führungskräften gefällt oder nicht, sie erhalten sehr oft eine Elternzuschreibung durch ihre Mitarbeiter*innen. Nur so lässt sich erklären, weshalb Mitarbeiter*innen sich in ihrem persönlichen Wirken und Wohlergehen so abhängig von ihren Führungskräften machen. Nimmt die Unzufriedenheit zu, wechseln sie die Abteilung oder das Unternehmen, statt ihre Entwicklung selbst in die Hand zu nehmen. Fortbildung geht immer, interne Weiter-Entwicklung zu beschleunigen ist natürlich deutlich schwieriger. Im Kontext von Seminaren und Trainings frage ich manchmal, wer seine Fortbildung selbst bezahlt, was ein Hinweis darauf sein könnte, ob jemand seine persönliche Entwicklung vom Wohlwollen des eigenen Chefs abhängig macht. Etwas mehr als einer von hundert, also ein bis zwei Prozent der Teilnehmer*innen sind bereit, ihre Fortbildung selbst zu bezahlen. Stellt man diese Frage in Gruppen, die in erster Linie von Pädagog*innen oder Psycholog*innen besucht werden, liegt die Quote bei 80 %. Ich möchte nicht bewerten, was das bedeutet, aber was zumindest gesagt werden kann, ist, dass Menschen aus diesen Berufsgruppen ihre Fortbildung selber in die Hand nehmen und sich weniger abhängig von ihren Führungskräften und Organisationen machen. Rudolf Wimmer[131] hat in einem Führungsmodell diese Dilemmas abgebildet. Es besteht bei Mitarbeiter*innen im Umgang mit ihren Führungskräften nahezu immer aus der Dynamik zwischen Abhängigkeits- und Wachstumsbedürfnis. So wie Sie einen Leistungsanspruch an Ihre Mitarbeiter*innen haben und gleichzeitig wollen, dass diese eigeninitiativ denken und handeln. Diese Dilemmas können Sie nicht vollständig auflösen, es ist aber gut zu wissen, dass es Konflikte gibt, die in fast allen Organisationen vorkommen.

Sowohl Sie als auch Ihre Mitarbeiter*innen handeln in einem Organisationskontext, den Sie im Grunde nicht verändern können. In Ihrer Macht liegt es, die Kompetenz Ihrer Routinen zu erweitern, Menschen das Recht einzuräumen, anders zu sein, als man sie gerne hätte und sich selber, nicht jeden zu mögen. Was Sie immer leisten können, ist, neugierig zu bleiben für sich und andere und soziale Situationen als Herausforderung anzunehmen, auf die Sie sehr wohl Einfluss nehmen können.

Und Mitwirkungspflicht steht Mitwirkungsrecht gleichberechtigt gegenüber – für Sie und Ihre Mitarbeiter*innen.

131 Rudolf Wimmer, nicht veröffentlichtes Konzept, mit freundlicher Genehmigung.

Anhang

Einige Grundbegriffe der Psychologie

So unterschiedlich die verschiedenen Menschenbilder auch sind, sie haben diverse Schnittmengen, die sich zum Beispiel in ihrem Wording abbilden. Oft werden dieselben Begriffe verwendet, und jede Schule hat versucht, diesen Begriffen eine eigene Bedeutung zu geben. Viele Begründer der in diesem Buch vorgestellten psychologischen Theorien waren Psychoanalytiker, bevor sie ihre eigenen Modelle und Methoden entwickelt haben. Das gilt für Fritz Riemann und C.G. Jung, für Eric Berne als Begründer der Transaktionsanalyse, für Lore und Fritz Perls als Mutter und Vater der Gestalttherapie. Sie alle standen der Theorie Sigmund Freuds nah und waren entweder von ihm oder einem seiner Schüler ausgebildet worden. Ihre persönliche Geschichte hat sie dann angetrieben, das Erlernte zu überdenken oder völlig neu zu denken. Auf diese Weise haben sie ihre eigene Individuation vorangetrieben.

Auf den folgenden Seiten sollen einige Grundbegriffe der Psychologie erläutert werden, die für die in diesem Buch vorgestellten Modelle und Theorien eine zentrale Rolle spielen.

Ich

Die Psychologie des Ichs geht auf Anna Freud zurück. Dem Ich wird die Fähigkeit zugeschrieben, »sich erinnern zu können, etwas bewusst wahrnehmen zu können, aufmerksam sein zu können, sich konzentrieren zu können, die Bewegungen koordinieren zu können und sprechen zu können – also alles das, womit Menschen sich selbst bewusst steuern können«.[132] Das Ich ist ein Teil der Struktur, die der menschlichen Psyche zugesprochen wird: Ich, Es und Über-Ich. Von Freud wurde auch der Begriff Selbst benutzt. Menschen sind immer in einer Art »Prüfungsprozess«, damit sie entscheiden können, ob die erlebte Realität eine äußere oder innere ist. »Die Gehirnforschung sagt, dass mehr als 80 % aller Reize, die wir von außen über die Sinne wahrnehmen, von inneren Nervenbahnen weiterverarbeitet werden, die keinen Kontakt mit dem ›Außen‹ haben.«[133] Es ist also kein simpler Prozess, für welche Wahrheiten sich meine Wahrnehmung entscheidet. Gunther Schmidt hat vorgeschlagen, diesen Prozess deshalb als »Wahrgebung« zu bezeichnen. Das ist schlüssig, weil

132 Stangl, W. (2020)_1.
133 Sczygiel, C. (2017), S. 25.

jeder Mensch in jeder Situation neu entscheidet, welche seiner Wahrheiten er der Situation zuschreibt. Und genau auf die gegebene Wahrheit reagiert er dann, was im besten Fall von der Umgebung anerkannt wird, weil die relevante Umwelt jener Wahrheit keine andere Wahrheit entgegensetzt.

Das Ich hat nun die Aufgabe, »eigene Gefühle wahrzunehmen, aktuelle Bedürfnisse zu spüren und die eigenen Verhaltensmuster zu kennen (besonders in ganz widersprüchlichen Situationen und bei gegensätzlichen Emotionen wie Aggression und Depression, Trauer und Wut, Enttäuschung und Ansprüche an andere Menschen usw.) [...]«[134] Diese Aspekte sind »von zentraler intrapersonaler Kompetenz.«[135] Die Ich-Psychologie untersucht nun, wie sich Menschen orientieren in der Welt, in der sie leben, wie sie sich anpassen und ihre Beziehungen gestalten.

In Anlehnung an das Ich wird dieser Instanz auch eine Entwicklung zugestanden. »Ich-Entwicklung[136] zeigt die Art (Muster des Handelns und Denkens), wie er (Mensch) sich selbst in die Umwelt einbringt, wie er sich selbst sieht, wie sich jemand die Welt zu eigen macht oder wie er mit anderen in Kontakt tritt. Das Modell orientiert sich auch an Piagets konstruktivistischem Entwicklungsverständnis.«[137] Freud hat dem Ich lange keine eigene Existenzberechtigung zugesprochen und vom Ich gesagt, dass es Repräsentant des Es im Äußeren also sichtbaren Bereich des Menschen ist.

Die begriffliche Nähe zu den Ich-Zuständen der Transaktionsanalyse hat immer wieder dazu geführt, dass hier alter Wein in neuen Schläuchen vermutet wurde. Den Transaktionsanalytikern ist es deshalb wichtig, dass die Ich-Zustände sich deutlich unterscheiden, sie beschreiben ein sichtbares und erlebbares Verhalten und sind nicht als theoretische Konstrukte zu verstehen.

Es

In der psychologischen Struktur des Menschen erfüllt das Es die »Aufgabe«, die Triebe zu vertreten. »Das Es in Freuds Strukturmodell hat zwei Aspekte: Es ist vorerst das Insgesamt von allem natürlich Gegebenen wie Konstitution, Vererbung, Geschlechtszugehörigkeit, Triebe und archaische Bilder (bei Jung als Archetypen

134 Sczygiel, C. (2017), S. 128.
135 Sczygiel, C. (2016), S. 17.
136 Loevinger, J. (1976).
137 Sczygiel, C. (2016), S. 17.

bezeichnet). Sodann ist es das Auffangbecken von allem Verdrängten, das weiterhin aus dem Es heraus wirkt und psychisches Geschehen beeinflusst.«[138] Freud hatte noch angenommen, dass der Mensch von Geburt an zunächst nur aus »Es« besteht und die beiden anderen Instanzen (Ich und Über-Ich) sich erst im Laufe des Lebens entwickeln.

Piaget und andere Entwicklungspsychologen tendieren zu der Auffassung, dass Menschen bereits mit einem Charakter geboren werden. Andere Autoren sprechen hier von Temperament.[139] Und der Charakter wird eher dem Ich zugeschrieben. Das Es ist von Friedrich Nietzsche zum ersten Mal erwähnt worden, er schrieb dem Es eine dunkle und geheimnisvollen Seite des Menschen zu. Erich Rothacker nahm den Begriff auf und bezeichnete das Es als unbewussten Urgrund des Menschen.[140]

Über-Ich

Das Über-Ich wird als dritte Instanz verstanden – neben Ich und Es. Wie bei den anderen Instanzen laufen viele Prozesse unbewusst ab. Menschen können selten genau sagen, warum sie was in einer bestimmten Situation gemacht haben. Gleichzeitig nehmen sie bestimme Verhaltensweisen durchaus wahr, ohne diese bewusst stoppen zu können. Wenn z. B. jemand aus einem Ärger heraus laut wird und nicht mehr kontextsensibel reagiert, merkt er dies vielleicht, kann es jedoch nicht sofort abstellen. Welche Bedeutung er diesem Verhalten gibt, wird vom Über-Ich »festgelegt« – es wird die Lautstärke moralisch bewerten. »Das Über-Ich oder Superego ist nach Ansicht der Psychoanalyse jener Teil der Persönlichkeit, der laut Freud die internalisierten Ideale und Normen repräsentiert, die Richtschnur für die Urteilsfähigkeit (Gewissen) liefert und Ziele für die Zukunft setzt. [...] Da das Über-Ich nach dem Vorbild des elterlichen Verhaltens entstanden ist, enthält es diese leitenden gesellschaftlichen Traditionen, Wertvorstellungen und Normen. Im Elterneinfluss wirkt jedoch nicht nur das Wesen der Eltern, sondern auch der durch sie fortgepflanzte Einfluss von Familientradition oder Volkstradition sowie die von ihnen vertretenen Anforderungen des jeweiligen Milieus. Gleichzeitig nimmt das Über-Ich im Laufe der individuellen Entwicklung Beiträge von [...] Ersatzpersonen der Eltern auf, etwa von Erziehern, öffentlichen Vorbildern aber auch in der Gesellschaft verehrte Ideale.«[141]

138 Stangl, W. (2020)_3.
139 Vgl. Roth (2019), eBook, Kapitel 2.
140 Arnold, Eysenck, Meili (1993), Band 1, Spalte 525.
141 Stangl, W. (2020)_2.

Das Unbewusste
Bei der Suche nach einer einfachen Beschreibung des Unbewussten ist auffallend, wie viele Definitionen gleichberechtigt nebeneinanderstehen.

»1. Definition: ›Das Unbewusste bezieht nicht nur verdrängte Inhalte mit ein, sondern auch alles dasjenige psychische Material, das den Schwellenwert des Bewusstseins nicht erreicht.‹ (Jung, 1964, S. 195)

2. …

3. Definition: Das Unbewusste gibt jedem Wesen das, was es zur Erhaltung braucht, wozu sein bewusstes Denken nicht ausreicht. Z. B. es gibt dem Menschen den Instinkt zum Verständnis der Sinneswahrnehmung. (vgl. Hartmann, 1869, S. 311)

4. Definition: ›Alle psychischen Funktionen, die wir kennen, können ablaufen, ohne dass wir ein bewusstes Wissen davon haben. In diesem Sinne gibt es unbewusste psychische Vorgänge.‹ (Bleuler, 1916 S. 27)

5. Definition ›[…] das Verdrängte wirkt im Unbewussten unsichtbar weiter und führt so zu unerwünschtem Verhalten, zwischenmenschlichen Beziehungsstörungen und psychischem Leiden. Erst durch eine Bewusstmachung des Verdrängten vermag der Mensch sich von der Macht seines Unbewussten zu befreien.‹ (Lang, 2008, S. 2)«[142]

Nebenschauplatz: Es gibt viele Begriffe, die umgangssprachlich verstanden werden, auch wenn sie inhaltlich falsch sind. Der Fahrstuhl ist in den Augen von Ingenieuren ein Stuhl mit Rädern und nicht etwa ein Aufzug, und Kaufleute sprechen von Kosten und nicht von Unkosten, was ja das genaue Gegenteil wäre. Und so hat auch das »Unterbewusstsein« seinen Platz in der Fachliteratur gefunden. Selbst Psycholog*innen sind im Umgang mit diesem Begriff oft ungenau. Klinische Psychologie ist halt auch nur ein Teil ihres Fachbereichs. Vermutlich ist das ein Übersetzungsfehler aus der angelsächsischen Literatur, in dem der Begriff **Sub**conscious von Übersetzern mit **Unter…** statt **Un…** ins Deutsche übertragen wurde. Und selbst im Englischen ließe sich dieser Begriff wahrscheinlich finden. Freud hatte mit Sicherheit keine Hie-

142 Stangl, W. (2020)_5. Die Zitate kann man im Onlinelexikon nachschlagen. Die Zitathinweise sind ein Teil des hier zitierten Textes.

rarchie verschiedener Bewusstseinsebenen im Sinn. Das Gegenteil von »bewusst« ist halt »unbewusst«. Demnach dürfte nur der Begriff »Unbewusstes« richtig und gemeint sein. Wenn überhaupt, meint »unterbewusst« so etwas wie »vorbewusst«, was den Umstand beschreibt, dass eine Erinnerung immer wieder unter der Oberfläche durchblitzt, aber sprachlich noch nicht zu fassen ist. Und als Redewendung ist es das, was wir meinen, wenn wir sagen, dass wir z. B. einen Namen, der uns entfallen ist, »schon auf der Zunge haben«.

Fazit !

Je tiefer Sie in die psychologische Dimension von Führung eintauchen, desto mehr werden Sie vermutlich feststellen, dass die Themen nahezu grenzenlos sind. Sollten Sie bereits über eine breite psychologische Vorbildung verfügen, wird sich der eine oder andere Widerspruch in Ihnen geregt haben. Das begrüße ich, weil nicht kritisch genug mit diesem Wissen umgegangen werden kann. *Die* psychologische Wahrheit gibt es eben nicht; eine Annäherung ist aber möglich. Die vorgestellten Menschenbilder, die Fallbeispiele aus der Führungspraxis und die anderen Annäherungen an das Thema haben Ihnen die eine oder andere Erkenntnis gebracht und lassen Sie so manches Verhaltensmuster vielleicht in einem neuen Licht betrachten, wenn Sie sich entschieden haben, dass es für viele Phänomene im zwischenmenschlichen Miteinander mehr als eine Antwort gibt. Wohlwollen statt Abwertung kann so manche Situation und Beziehung entlasten, nicht weniger als klare Ansagen und ehrliche Rückmeldungen, die einen Ausblick dafür anbieten, welche Chance in der Bereitschaft steckt, sich zu bewegen, das eine oder andere anders zu machen und den Vorgesetzten mehr als Mentor*in, Unterstützer*in oder als Förderer zu sehen, als jemanden, der einem das Leben schwer macht.

Psychologie ist jedoch nur *ein* Aspekt von Führung und für Führungskräfte und keinesfalls ein Allheilmittel. Aber es ist ein zentraler Aspekt, da wir Menschen doch soziale Wesen sind und alle eine Kindheit gehabt haben, die einen erheblichen Anteil an unserem Gewordensein hatte und bis heute hat. Es drückt sich in unserem Handeln und Erleben aus, im Hier und Jetzt.

Exkurs: Sozial auffällige Muster

Es gibt sehr viele unterschiedliche Varianten menschlichen Erlebens und Verhaltens. Neben den Mustern, die hier bereits beschrieben worden sind, gibt es eine Vielzahl weiterer Menschenbilder und psychosozialer Muster. Und daneben gibt es Muster, die im sozialen Miteinander zu sozialen Irritationen führen, bei denen Ihre Einflussmöglichkeiten als Führungskraft sehr gering sind.

Sie sind in erster Linie eine Führungskraft und haben weder einen erzieherischen noch einen therapeutischen Auftrag, auch wenn Ihnen Ihre Mitarbeiter*innen am Herzen liegen, Sie diese optimal unterstützen und befähigen und deren intrinsischen Motive stärken wollen. Manchmal muss man dieses Bestreben anderen Berufsgruppen überlassen, wenn das Verhalten einer Mitarbeiter*in sich dauerhaft negativ auf die Stimmung am Arbeitsplatz auswirkt und sich mit üblichen Interventionen keine befriedigende Kommunikation und kein angemessenes Sozialverhalten erreichen lässt.

Im Arbeitsalltag einer Führungskraft geschieht es nicht selten, dass Sie sich plötzlich in der Vater- oder Mutterrolle wiederfinden. Das werden Sie nicht ändern können. Es ist leichter, damit umzugehen, wenn man es weiß. Überall, wo Beziehungsdynamik eine Rolle spielt, werden Bezugspersonen, zu denen eine gewissen Abhängigkeit besteht, in eine projektive Position gerückt. Häufig sind dies die Eltern oder ein Elternteil Ihrer Mitarbeiter*in.

Projektion !

Projektion ist ein unbewusster Vorgang, bei dem jemand ein eigenes Bedürfnis (z. B. der Wunsch nach einem gerechten, wohlwollenden Vater) auf seinen Chef projiziert und zufrieden ist, wenn dieser Wunsch erfüllt wird, oder eben unzufrieden, wenn die Erwartungen der Mitarbeiter*in enttäuscht werden (vgl. Kapitel 4.2.3).

Die Mitarbeiter*in möchte meistens in ihrem Wirken gewürdigt und gemocht werden. Das ist legitim, doch zugleich ist eine Führungskraft nicht dafür verantwortlich, wenn sie dieses Bedürfnis nicht immer bedienen kann oder will. Manchmal ist jedoch eine gewisse »Nachbeelterung« ein probates Mittel, um eine soziale Bindung zu stärken, was wiederum auch die intrinsische Motivation der Mitarbeiter*in stärken kann. Das heißt: die Selbstwirksamkeit und das Selbstbewusstsein der Mitarbeiter*in zu

stärken, statt sie abhängig zu machen. Nicht aufzulösen ist das Dilemma und der Spannungsbogen von Autonomiebestreben und Abhängigkeitsbedürfnissen.

Psycho-soziale oder neurologisch bedingte Persönlichkeitsmuster und Entwicklungsstörungen

Um Begriffe wie **Autismus** oder **Borderline** etwas besser erfassen zu können, beschreibe ich auf den folgenden Seiten kurz das allgemeine Verständnis dieser Muster, die oftmals negative soziale Auswirkungen haben, jedoch zum Teil angeboren sind, also nicht im Laufe der Sozialisation erworben werden. Die folgende Darstellung ist nicht vollständig, weil jede therapeutische Schule ihr eigenes Verständnis dieser Muster hat. Eine Psychoanalytikerin wird eine andere Beschreibung wählen als ein Gesprächstherapeut. Biologen oder Mediziner werden Ihnen andere Antworten geben als Psychologen oder Pädagogen. Besonders spannend wird es, wenn Sie Betroffene selbst fragen. Ich möchte Sie ermutigen, hier nicht in den Kategorien von krank oder gesund, falsch oder richtig zu denken. Viele Erklärungsmodelle werden im therapeutischen Alltag bestätigt, ohne dass ein Laie sie in ihrer ganzen Dimension jemals erfassen kann. Das ist aber auch nicht nötig.

Manchmal kann eine einzelne Mitarbeiter*in, die von solchen Persönlichkeitsmustern betroffen ist, ein große Unruhe in der Teamdynamik hervorrufen. Nicht immer haben Irritationen eine psychologische oder gar pathologische Dimension. So wurde z. B. einer Kollegin in einem Interview, das sie in einem Unternehmen durchgeführt hatte, berichtet, dass jemand, der mittags regelmäßig Geige oder Posaune geübt hat, weil er in seiner Freizeit in einem Orchester spielt, vom Team so lange bedrängt wurde, sich an dem gemeinsamen Mittagessen zu beteiligen, bis er schließlich die Abteilung deswegen gewechselt hat. Sein Üben wurde als »Teamunfähigkeit« diagnostiziert. Und es kann gut sein, dass die Art der Arbeit oder der daraus resultierende Zusammenhalt einer Gruppe es nahelegen, diesem Gruppenwunsch nachzukommen, statt in der Mittagspause etwas allein zu machen. Ein eindeutiges Falsch oder Richtig ist hier weder angestrebt noch möglich.

Autismus

»Autismus ist eine komplexe und vielgestaltige neurologische Entwicklungsstörung. Häufig bezeichnet man Autismus bzw. Autismus-Spektrum-Störungen auch als Störungen der Informations- und Wahrnehmungsverarbeitung, die sich auf die Entwicklung der sozialen Interaktion, der Kommunikation und des Verhaltensrepertoires

auswirken.«[143] Es ist allgemein anerkannt, dass es sich um eine angeborene Störung handelt.

Betroffene, die darunter leiden, werden von außen als Personen wahrgenommen, die sich wiederholende, eingeschränkte und stereotype Verhaltensmuster zeigen. Selbst alltägliche Aufgaben können nur in sehr ähnlicher Weise, also nicht jedes Mal etwas anders, erledigt werden. Das Bedürfnis, Handlungen ständig genau zu wiederholen, korrespondiert mit der Schwierigkeit, sich auf veränderte Abläufe einzustellen. Das gilt auch für die räumliche Orientierung, wenn z. B. Möbel nicht mehr am gleichen Platz stehen oder die Dekoration sich verändert. Betroffene wirken oft distanziert und können selten direkten Kontakt mit anderen aufnehmen. Sie schauen stattdessen auf den Boden und wirken gelegentlich abwesend.

Manchmal kann eine Gruppe von Mitarbeiter*innen mit einem autistischen Persönlichkeitsmuster zusammen ein sehr effektives Team bilden, eine einzelne autistische Mitarbeiter*in jedoch die Teamdynamik völlig zum Kippen bringen. Systemisch[144] gesehen ist dieses Geschehen dann der Dynamik aller geschuldet, nicht etwa dem sogenannten Symptomträger allein anzulasten. Die Dynamik lässt sich mit dem Wissen um ihre Wirkungsweise dennoch selten auflösen. Sie können das gesamte Team schlecht einem therapeutischen Prozess aussetzen oder je nach Arbeitskontext eine Supervision machen lassen, in der diese Dynamik thematisiert wird. Ein bestimmtes Reflexionsvermögen muss bei allen Anwesenden vorhanden sein. Da es sich um eine angeborene Störung handelt, ist sie mit Mitteln des Gesprächs oder Austausches nicht aufzulösen.

Borderline

Wenn von »Borderline« gesprochen wird, ist eine Persönlichkeitsstörung gemeint, deren Name sich aus der Annahme ableitet, dass das Geschehen dieser Persönlichkeitsstörung an der Grenze zwischen Neurose und Psychose verortet wurde.

---

143 https://www.autismus.de/was-ist-autismus.html.

144 Systemisch zu denken, kommt ursprünglich aus der Familientherapie und hat sich auch in der Organisationsberatung als Denkmodell durchgesetzt. Dabei wird davon ausgegangen, dass z. B. in einer Familie, in der jemand ein Suchtproblem hat, das System Familie süchtige Strukturen herausgebildet hat, in der die Erwachsenen in gegenseitiger Abhängigkeit Verhaltensmuster entwickeln, die miteinander korrespondieren. Es ist also nicht einfach ein Familienmitglied Alkoholiker, die Familie als Ganze hat süchtige Muster herausgebildet und kann als süchtig beschrieben werden.

Ein starkes emotionales Erleben äußert sich durch impulsive Handlungen wie etwa unkontrollierte Wutausbrüche. Die Betroffenen leiden oft unter Selbstzweifeln und einer ausgeprägten Verlustangst. Gleichzeitig fürchten sie die Nähe zu anderen Menschen.

Im sozialen Miteinander kommt es häufig zu Konflikten, in denen die Dynamik aggressiver Auseinandersetzung mit Mitmenschen, Kolleginnen und Kollegen nicht eindeutig zeigt, von wem die Aggression ausging. Das ist symptomatisch für diese Persönlichkeitsstörung. Meistens lassen sich die Spannungen nicht ausreichend abbauen, so dass sie in Teams oftmals nur durch eine Arbeitsplatzveränderung, manchmal nur durch Kündigung aufzulösen ist. Tragisch ist, dass Menschen mit einer Borderline-Störung nicht für ihre Persönlichkeitsstörung verantwortlich sind, darunter leiden, aber oftmals überhaupt nicht merken, dass sie diejenigen sind, die das Aggressionspotenzial immer wieder anheizen. Das lässt sich durch Führungshandeln nicht auflösen. Ein weiterer wichtiger Aspekt hängt an Personalabteilungen, die die beschriebene Dynamik meistens weder nachvollziehen können noch bereit sind, Konsequenzen daraus abzuleiten. Das ändert sich meist erst dann, wenn sie plötzlich selbst in diese Dynamik verwickelt werden.

Betroffene sind Menschen wie du und ich, man merkt ihnen die Störung nicht an. Je dichter und persönlicher Teams zusammenarbeiten, desto stärker werden die Gefühlsschwankungen in den Vordergrund treten.

Beispiel: Besonders deutlich ist diese Dynamik von einem Klienten beschrieben worden, der sehr autonom ist, sich ungern längerfristig auf Arbeitsstellen einlässt, aber in der Welt zu Hause ist. Er ist kommunikativ und ein gerngesehener Gast. Das Bedürfnis nach einer Liebesbeziehung verneinte er stets, wenn das Thema im Raum stand – zu wenig Freiheit. Vor ein paar Jahren lernte er nun eine Frau kennen, die seiner Art zu leben, nicht die übliche Skepsis entgegenbrachte, sondern sich von seiner Unabhängigkeit angezogen fühlte. Sie lernten sich bei Freunden kennen, wo beide zu Besuch waren. Als er sie nun ein paar Wochen später zu Hause besuchte, wandelte sich ihre Aufgeschlossenheit in offene Aggression. Sie beschimpfte ihn, hielt ihm allerlei Dinge vor, an die er sich nicht mehr erinnern konnte, so dass er seine Tasche packte und die 700 km zurückreiste. Er verstand die Welt nicht mehr.

Hier kommen zwei Charaktertypen zusammen. Der introjizierende Menschenfreund, der es allen recht machen will, und eine Person, die zwar große Sehnsucht nach Nähe hat, aber jeden vehement ablehnt, der bereit ist, dieses Bedürfnis zu erfüllen. Und jemand, der 700 km anreist, meint es offenbar ernst. Handlungsalternativen hatte diese Freundin nicht, sie konnte nicht rechtzeitig sagen, dass er nicht kommen solle oder sie sich vielleicht erst einmal an einem neutralen Ort treffen könnten u. Ä. Beiden fehlte die Erfahrung, wie man sich langsam zwischen kontaktbetonten und kontaktgelösten Begegnungen hin und her bewegt, wie man Nähe und Distanz auslotet. Die Wucht der Anziehung löste gleichzeitig eine wuchtige Aggression aus, für die beide keine Antworten hatten.

Nicht immer sind Begegnungen mit Borderlinern so heftig und es bedeutet auch nicht, dass sie nie wieder einem Menschen nahekommen könnten, ohne zu einer verbalen Waffe zu greifen, aber sie haben es sehr viel schwerer. Sie müssen von der Eisscholle herunter, die immer wieder wegdriftet, wenn sie festen Boden unter die Füße bekommen wollen. Das Beispiel kann auch zeigen, dass zu jeder starken Emotion beide Seiten beitragen eben mit ihren individuellen Mustern.

Psychopathie

Dieser Begriff ist höchst umstritten, weil er so negativ besetzt ist. Im psychologischen Sprachgebrauch ist er weitestgehend durch »Persönlichkeitsstörung« abgelöst worden.[145] Dieser allgemeine Begriff lässt wiederum die spezifische Problematik der Psychopathie zu eng an all die anderen Persönlichkeitsstörungen heranrücken, die weniger problematisch sind. Wenn man von einem Psychopathen spricht, meint man Menschen mit einer schweren Persönlichkeitsstörung, »die bei den Betroffenen mit dem weitgehenden oder völligen Fehlen von Empathie, sozialer Verantwortung und Gewissen einhergeht. Psychopathen gelten als furchtlos, impulsiv, gefühlskalt und manipulativ und waren oft schon in ihrer Kindheit wenig empfänglich für Bestrafung durch Eltern oder Lehrer.«[146] Die Psychologin Lydia Benecke betont, dass nicht jeder Psychopath ein Krimineller wird oder die Lust am Töten verspüren würde, was in der populären Literatur oft so dargestellt wird.

145 Faust, Volker (2020), vgl. http://www.psychosoziale-gesundheit.net/seele/ persoenlichkeit.html
146 Stangl (2020)_6.

Diese Beschreibung lässt vermuten, dass es einfach ist, jemanden als Psychopathen zu erkennen. Die Profilerin Suzanne Grieger-Langer sagt in ihrem Youtube-Beitrag, dass die meisten Psychopathen im Laufe ihres Lebens natürlich merken, dass ihr Verhalten irritierende Reaktionen bei Mitmenschen auslöst. Mit etwa 30 Jahren hätten sie dann gelernt, wie sie sich verstellen müssen, damit ihre Persönlichkeitsstörung nicht mehr bemerkt wird. Sie sagt auch, dass Psychopathen oft sehr erfolgreiche Führungskräfte seien – also Vorsicht mit der Annahme, Psychopathen seien vor allem kriminell und auffällig.

Psychose

Psychose ist ein Sammelbegriff für eine psychische Erkrankung, die leichte bis schwere Verzerrungen der allgemein gültigen Wirklichkeit aufweist und im schlimmsten Fall mit einem völligen Realitätsverlust einhergeht. Je nach Person und Art der Psychose kann der oder die Betroffene unter starken Erregungszuständen leiden, aber auch völlig apathisch sein (Katatonie). Die Betroffenen erleben Wahnvorstellungen, Halluzinationen und schwere Störungen in der Ich-Wahrnehmung. Eine Besonderheit ist, dass viele Betroffene in einer akuten Phase so gut wie keine Krankheitseinsicht haben. Typisch ist auch, dass sich Menschen mit gelegentlichen psychotischen Schüben nach einer längeren Medikamenteneinnahme wieder stabilisieren und einen unauffälligen Alltag leben können.

Aus konstruktivistischer Sicht sind alle Menschen davon überzeugt, dass die Welt so ist, wie sie sie sehen. Die Tatsache als solche ist erst einmal nichts Ungewöhnliches. Manche psychotischen Schübe führen zu einer sehr verzerrten, sehr eigenen Wirklichkeitskonstruktion, die die meisten Mitmenschen nicht mehr nachvollziehen können. Jemand, der meint, Außerirdische würden ihn steuern, oder jemand, der Stimmen hört, ist sich dieser Realität sicher, selbst wenn andere diese anzweifeln. Und grundsätzlich ist gegen diese andere Wirklichkeit nichts einzuwenden. Erst wenn das soziale Miteinander dadurch empfindlich gestört wird, kann es sein, dass die Fähigkeit, den eigenen Alltag zu strukturieren und zu bewältigen, lebensbedrohlich abnimmt.

Der Beginn dieser Schübe ist meist schleichend. Als Führungskraft haben Sie wenig Einfluss auf diesen Prozess, vertrauensvolle Beziehungen können jedoch die Bereitschaft erhöhen, Hilfe in Anspruch zu nehmen. Es kommt manchmal vor, dass Betroffene den psychotischen Schub zum Beispiel durch aktiven Schlafentzug pro-

vozieren, wenn Alltagsprobleme so zunehmen, dass es eine Sehnsucht nach Entlastung in Form klinischer »Geborgenheit« gibt. Der Aufenthalt in einer psychiatrischen Klinik hat seit Ende der 90er Jahre seinen Schrecken verloren und wird von vielen Betroffenen am Anfang eher als entlastend erlebt. Hilfreich und stabilisierend wirken verlässliche Beziehungen und Strukturen, ganz gleich, ob diese durch die Klinik oder im privaten Kontext angeboten werden.[147] Psychosen sind auf jeden Fall temporär und erfüllen selten Klischees.[148] Früher waren es meist Medikamente, deren Nebenwirkungen im Gesicht oder in der Art des Gehens und Bewegens sichtbar wurden. Die Nebenwirkungen der Medikamente haben diese körperlichen Auffälligkeiten erzeugt, nicht die Psychose selbst. Psychopharmaka sollen psychotisches Erleben dämpfen oder den Ausbruch verhindern. Unerwünschte Nebenwirkungen gibt es natürlich auch heute noch, sie sind jedoch weniger belastend und im Alltag nur für das geübte Auge sichtbar. In den meisten europäischen Ländern hat Mitte der 70er Jahre ein Umdenken stattgefunden, was dazu geführt hat, dass zunächst in Italien und dann in den 90er Jahren in Deutschland, Psychiatrien, wie sie in Filmen dargestellt wurden, aufgelöst wurden. Die Menschen, die dort oft über Jahre hospitalisiert wurden, sind in andere, offenere Betreuungseinrichtungen umgesiedelt und einer größeren Selbstständigkeit überantwortet worden.

Psychiatrische Aufenthalte können seitdem nur noch angeordnet werden, wenn eine Person für Fremde gefährlich werden kann oder selbstgefährdend handeln könnte. Gut ausgebildete Ärzte und bessere Medikamente können zu sehr viel milderen Verläufen beitragen. Durch extramurale also nichtklinische Angebote ist mehr Tagesstrukturierung und zuverlässigere soziale Einbindung im privaten Kontext möglich. Diese Angebote sind dann auch in der Krise belastbar.

Sie als Führungskraft sollten in diese ärztlichen oder sozialpädagogischen Prozesse nicht eingreifen, sie können aber durch gute Beobachtung rechtzeitig handeln, was auch dem Psychotiker zugute kommt, auch wenn er das in der akuten Phase vermutlich nicht einsehen und anerkennen wird.

---

147 Zaudig (2005).

148 In diesem Zusammenhang möchte ich die Filme »Don Juan DeMarco« von Jeremy Leven und »K-PAX – Alles ist möglich« von Iain Softley empfehlen sowie das Buch von Robert M. Pirsig: »Zen und die Kunst ein Motorrad zu warten«.

Abbildungsverzeichnis

Literaturverzeichnis

Antonovsky, Aaron (1997): Salutogenese. Zur Entmystifizierung der Gesundheit. dgvt Verlag, Tübingen.

Arnold, Eysenck, Meili (1993): Lexikon der Psychologie. Band 1–3. Herderverlag.

Bauer, J. (2008): Prinzip Menschlichkeit. Warum wir von Natur aus kooperieren. Heyne.

Baumann-Habersack, F.H. (2017): Mit neuer Autorität in Führung. Die Führungshaltung für das 21. Jahrhundert. Springer/Gabler, Wiesbaden, 2. Auflage.

Berne, Harris (1991): Transaktionsanalyse der Intuition: Ein Beitrag zur Ich-Psychologie. Junfermann Verlag, 4. Auflage.

Blankertz, S.; Doubrowa, E. (2017): Lexikon der Gestalttherapie, gikPRESS, Köln/Kassel.

Broekman, B. (2017): Führungskräfte nehmen Gestalt an. In: Gestaltfelder, S. 26–30.

Burnout, Themenliste aus: https://www.apotheken-umschau.de/burnout (Abrufdatum: 25.05.2020).

Douma, Y. (2020): https://www.barmer.de/gesundheit-verstehen/psychische-erkrankungen/geschichte-stressforschung-245286

Douma, Y. (2020): https://www.barmer.de/gesundheit-verstehen/psychische-erkrankungen/coronakrise-bewaeltigen-245552

Eilert, Dirk (2020): Körpersprache entschlüsseln & verstehen: Die Mimikresonanz-Profibox. Junfermann Verlag.

Erickson, Milton und Sidney Rosen (Hrsg.) (1994): Die Lehrgeschichten von Milton H. Erickson. Salzhausen 1994, Iskopress (Nachdruck 2006).

Forbes https://www.forbes.com/sites/berlinschoolofcreativeleadership/2016/01/23/why-managers-should-handle-employee-stress-during-a-financial-crisis/#18f2be106212. Stand: September 2020.

Fuhr, R.; Sreckovic, M. (2011): Handbuch der Gestalttherapie. Verlag: Hogrefe Verlag; Auflage: 3., neu ausgestattete Auflage 2017.

Gardner, H.; Csikszentmihalyi, M.; Damon, W. (2005): Good Work! Für eine neue Ethik im Beruf, Klett Cotta, Stuttgart.

Gestalttherapie. Forum für Gestaltperspektiven. Herausgeber: Deutsche Vereinigung für Gestalttherapie e. V., Jahrgänge 2016, 2017 und 2019.

Goleman, D. (2001) über das Führungskompetenzmodell in: The Economic Value of Emotional Intelligence Compentencies and EIC-Based HR Programs, S. 56 ff.

Gumin, H. und Meier, H. (1992) (Hg.): Einführung in den Konstruktivismus. Beiträge von Heinz von Foerster, Ernst von Glasersfeld, Peter M. Hejl, Siegfried J. Schmidt, Paul Watzlawick. München: Piper.

Hüther, G (2011): Was wir sind und was wir sein könnten: Ein neurobiologischer Mutmacher. Fischer eBook 2011. Heruntergeladen: Mai 2020.

Hüther, G (2014): Die Macht der inneren Bilder: Wie Visionen das Gehirn, den Menschen und die Welt verändern. Vandenhoeck & Ruprecht; 8. Auflage 2014.

Jähner, H. (2019): Wolfszeit: Deutschland und die Deutschen 1945–1955. Rowohlt Berlin: 12. Auflage.

Kantor, D.: unveröffentlichtes Papier. *(Die Informationen sind während einer Fortbildung in den USA gesammelt und in Deutschland von Teilnehmer*innen übersetzt, aber nicht veröffentlicht worden.)*

Keese, C. (2018): Disrupt Yourself: Vom Abenteuer, sich in der digitalen Welt neu erfinden zu müssen. Penguin Verlag.

Kriz, J. (2007): Grundkonzepte der Psychotherapie. Beltz Verlag.

Krizanits, J.; Eissing, M. (2017): Reinventing Leadership Development: Führungstheorien – Leitkonzepte – radikal neue Praxis. Schäffer-Poeschel.

Laufer, H. (2018): Problematische Mitarbeiter erfolgreich führen. Springer Gabler: Wiesbaden.

Blankertz, S.; Doubrawa, E. (2017): Lexikon der Gestalttherapie. gikPRESS, eBook Köln/ Kassel.

Loevinger, J. (1976): Ego Development. Conceptions and Theories. San Francisco: Jossey-Bass.

Müller-Stevens, G.; Lechner, C. (2005): Strategisches Management: Wie strategische Initiativen zum Wandel führen. 3. aktualisierte Auflage. Stuttgart: Schäffer-Poeschel.

Nevis, E. C. (2005): Organisationsberatung – ein gestalttherapeutischer Ansatz. EHP, Köln.

Oswald, M. (2010): Vertrauen in Organisationen. In: Vertrauensforschung 2010: A State of the Art. Frankfurt am Main: Peter Lang, Internationaler Verlag der Wissenschaften.

Perls, F. (1974): Gestalttherapie in Aktion. Verlag: Klett-Cotta.

Perls, F.; Hefferlein, R. (2019): Gestalttherapie. Grundlagen der Lebensfreude und Persönlichkeitsentfaltung. Klett-Cotta; 7., neu übersetzte Auflage.

Piaget, J. (1998): Gesammelte Werke 2. Der Aufbau der Wirklichkeit beim Kinde. Klett-Cotta /J. G. Cotta‹sche Buchhandlung Nachfolge, 2. Auflage.

Pirsig, Robert M. (1978): Zen und die Kunst, ein Motorrad zu warten. Fischer.

Pöppel, E. (2006): Der Rahmen: Ein Blick des Gehirns auf unser Ich. Carl Hanser Verlag GmbH & Co. KG, 2. Auflage.

Riemann, F. (2011): Grundformen der Angst. Ernst Reinhardt Verlag; 45. Auflage: 2019. Kindle Version: 2011.

Roth, Gerhard (2016): Warum es so schwierig ist, sich und andere zu ändern. Persönlichkeit, Entscheidung und Verhalten. Klett-Cotta: Stuttgart.

Rüttinger, R.; Kruppa, R. (2016): Übungen zur Transaktionsanalyse: Praxis der Transaktionsanalyse in Beruf und Organisation. Edition Windmühle ein Imprint von Feldhaus Verlag, 5. Auflage.

Schein, E. (2010): Organisationskultur. »The Ed Schein Corporate Culture Survival Guide«. EHP Edition Humanistische Psychologie; 3. Auflage.

Schein, E. (2018): Organisationskultur und Leadership. Vahlen, 5. Auflage.

Schmidt, G. (2018): Einführung in die hypnosystemische Therapie und Beratung. Carl-Auer Verlag, 8. Auflage.

Schulz von Thun, F. (2019): Miteinander reden: Kommunikationspsychologie für Führungskräfte. Rowohlt, Hamburg, 20. Auflage.

Sczygiel, C. (2017): Innere Bilder und Führungshandeln. Kassel University Press.

Seliger, R. (2012): Das Dschungelbuch der Führung. Ein Navigationssystem für Führungskräfte. Carl-Auer, 3. Auflage.

Seligman, MC. (1995): «The effectiveness of psychotherapy. The Consumer Reports study«. In: Psychologisches Journal; 50(12), Stuttgart: Klett Cotta. S. 965–974.

Senge, P.M. (1996): Die fünfte Disziplin. Kunst und Praxis der lernenden Organisation. Klett Cotta.

Stangl, W. (2020)_1. Stichwort: »Ich-Psychologie«. Online Lexikon für Psychologie und Pädagogik. Siehe: www: https://lexikon.stangl.eu/ 5530/ich-psychologie/ (Abrufdatum: 25.05.2020).

Stangl, W. (2020)_2. Stichwort: »Über-Ich«. Online Lexikon für Psychologie und Pädagogik. Siehe: www: https://lexikon.stangl.eu/ 3724/ueber-ich-superego/ (Abrufdatum: 25.05.2020).

Stangl, W. (2020)_3. Stichwort: »Es«. Online Lexikon für Psychologie und Pädagogik. Siehe: www: https://lexikon.stangl.eu/3441/es/ (Abrufdatum: 25.05.2020).

Stangl, W. (2020)_4. Stichwort: »Selbst«. Online Lexikon für Psychologie und Pädagogik. Siehe: www: https://lexikon.stangl.eu/ 5531/selbst/ (Abrufdatum: 25.05.2020).

Stangl, W. (2020)_5. Stichwort: »Unbewusstes«. Online Lexikon für Psychologie und Pädagogik. Siehe: www: https://lexikon.stangl.eu/ 1793/unbewusste/ (Abrufdatum: 25.05.2020).

Stangl, W. (2020)_6. Stichwort: »Psychopathie«. Online Lexikon für Psychologie und Pädagogik. Siehe: www: https://lexikon.stangl.eu/ 2333/psychopathie/ (Abrufdatum: 25.05.2020).

Steiner, V. (2005): Energiekompetenz: Produktiver denken, wirkungsvoller arbeiten, entspannter leben. Pendo, 1. Auflage.

Stewart, I.; Joines, V. (2000): Die Transaktionsanalyse. Eine Einführung. Herder Verlag, 12. Auflage.

Thomashoff, H.-O. (2017): Das gelungene Ich. Die vier Säulen der Hirnforschung. eBook. Ariston Verlag München.

Wikipedia 1: https://de.wikipedia.org/wiki/Mentales_ModellWittgenstein

Wikipedia 2: https://de.wikipedia.org/wiki/Gestalttherapie#Kontaktfunktionen

Wirtz (Hrsg.) (2019): Dorsch – Lexikon der Psychologie Verlag: Hogrefe AG, überarb. Aufl. 2019.

Zaudig, M. (2005): Therapielexikon Psychiatrie, Psychosomatik, Psychotherapie. Springer.

Stichwortverzeichnis

Danksagung

Bei der Entstehung dieses Buches haben sich mir zwei Dinge aufgedrängt: Schreiben braucht viel Zeit am Stück und jemanden, der bereit ist, einem den Rücken dafür freizuhalten. Und natürlich Menschen, die sich die Zeit nehmen, mal auf den Text zu schauen und eine Rückmeldung oder Anregung beizusteuern.

Die besondere Lockdown-Zeit im Frühjahr 2020 und Winter 2020/2021 hat mir sehr viel freie Zeit beschert, so dass das Projekt schnell vorankam. Für viele Anregungen und der Idee, den Aspekt Stress zu berücksichtigen, möchte ich meiner Koautorin Anna Wittgrebe danken. Zum Glück hat sie Zeit gefunden, das Thema inhaltlich beizutragen. Mein Dank gilt auch meinen Kollegen, die mich vielfältig unterstützt haben. Jürgen Ferchland, der mit mir schon lange vor Beginn des Schreibens immer wieder Beratungs- und Coachingfragen erörtert hat. Die zentrale Frage unserer Gespräche drehte sich oft um die Form des Kontaktes und welche Erkenntnis unserem Kunden eher helfen würde. Auf den konkreten Text bezogen haben Friedhelm Müller und Fritz Schütte mich angeregt, vor allem für das Kontaktmodell die eine oder andere Idee aufzugreifen. Ihren Hinweisen ist es zu verdanken, dass ich für bestimmte Begriffe und Zusammenhänge noch deutlicher die Leserperspektive einnehmen konnte. Und schließlich bedanke ich mich bei Lothar Franz, der mich in stilistischen Fragen beraten hat. Sein Beitrag, besonders zur Transaktionsanalyse, dürfte zu einer besseren Lesbarkeit und zum besseren Verstehen beigetragen haben.

Und schließlich möchte ich die strukturierende wie inhaltliche Unterstützung durch Peter Böke erwähnen, der als Lektor diesem Buch zu einer klaren Choreografie verholfen hat. Ihm verdanke ich, dass er selbst bei sehr fachspezifischen Inhalten hilfreiche Fragen gestellt und manchmal konkrete Formulierungen vorgeschlagen hat. Seine klare Art nachzuhaken hat mich immer wieder angeregt, die eine oder andere Aussage neu zu denken, was sich schließlich in Form und Inhalt widerspiegelt.

Berlin im Januar 2021

Christoph Sczygiel

Die Autor*innen

Christoph Sczygiel (Jg. 1954) arbeitet seit 1998 als freiberuflicher Berater und Trainer bei der Beratergruppe mitte consult. Er ist Mitgründer und Gesellschafter. Anfang der 80er Jahre studierte er Sozialpädagogik in Berlin und machte eine Ausbildung in Psychodrama und Gestalttherapie. Anschließend arbeitete er in einer Klinik für Psychosomatik als Therapeut, in einer Erziehungsberatungsstelle und schließlich in der ambulanten Psychiatrie. Fast zehn Jahre unterhielt er eine eigene therapeutische Praxis und war Ausbilder für Psychodrama und Gestalttherapie. Später studierte er Erziehungswissenschaften an der TU-Berlin und machte eine gestalt- und systemisch orientierte Beraterausbildung in Berlin und Wien. Seine Schwerpunktthemen als Trainer sind Konfliktmanagement und Führungskräfteentwicklung mit und ohne psychologischen Fokus.

Anna Wittgrebe (Kapitel 5 »Handeln in Stresssituationen«)

Anna Wittgrebe (Jg. 1963) studierte Pädagogik und Wirtschaft in Regensburg und Berlin. Neben einer Ausbildung zur Mediatorin, Weiterbildungen für Coaching und Organisationsberatung machte sie zahlreiche weitere Fortbildungen. Sie sammelte Erfahrungen in unterschiedlichen Berufsfeldern und arbeitet nebenberuflich als Trainerin für Kommunikation, Konfliktmanagement und Führungskräfteentwicklung sowohl für Mitarbeiter*innen aus der öffentlichen Verwaltung als auch im Profitbereich wie der Autoindustrie. Außerdem unterstützte sie Teams in ihrer Weiterentwicklung oder in Change-Prozessen als Kooperationspartnerin von mitte consult.